高等职业教育产教融合特色系列教材

粮食化学

主　编　熊素敏　任秀娟
副主编　张自立　任凌云　王　真
　　　　李桂霞　于长远
主　审　黎海红

北京理工大学出版社
BEIJING INSTITUTE OF TECHNOLOGY PRESS

内容提要

本书是理实一体、数字化活页式教材,可与"智慧职教"粮食化学在线开放课程配套使用,实施线上线下混合式教学。全书共9个模块,从宏观和微观角度研究粮食籽粒形态和种类,化学成分的结构、性质、功能及粮食在加工和储藏过程中发生的物理、化学、生物化学变化,同时注重理论与实践相结合,增设了实验操作技术的内容。本书在内容编写过程中将岗课赛证所需知识、技能、素质要求穿插其中,将相关视频、国家标准等学习资源以二维码形式呈现,可操作性强,直观易懂,便于教与学。

本书适合高等院校粮食储运与质量安全、粮食工程技术与管理、食品检验检测技术、食品质量与安全等专业,结合校内线下教学开展混合式教学,也可满足弹性学制的个性化学习需求。

版权专有　侵权必究

图书在版编目(CIP)数据

粮食化学 / 熊素敏,任秀娟主编 . -- 北京:北京理工大学出版社,2024.5(2024.6 重印)
ISBN 978-7-5763-3813-3

Ⅰ. ①粮… Ⅱ. ①熊… ②任… Ⅲ. ①粮食—生物化学—高等学校—教材 Ⅳ. ① TS210.1

中国国家版本馆 CIP 数据核字(2024)第 078872 号

| 责任编辑 / 江　立 | 文案编辑 / 江　立 |
| 责任校对 / 周瑞红 | 责任印制 / 王美丽 |

出版发行 / 北京理工大学出版社有限责任公司
社　　址 / 北京市丰台区四合庄路 6 号
邮　　编 / 100070
电　　话 /(010)68914026(教材售后服务热线)
　　　　　(010)68944437(课件资源服务热线)
网　　址 / http://www.bitpress.com.cn
版 印 次 / 2024 年 6 月第 1 版第 2 次印刷
印　　刷 / 河北鑫彩博图印刷有限公司
开　　本 / 787 mm × 1092 mm　1/16
印　　张 / 13.5
字　　数 / 317 千字
定　　价 / 49.80 元

图书出现印装质量问题,请拨打售后服务热线,负责调换

前言

党的二十大报告指出："谷物总产量稳居世界首位，十四亿多人的粮食安全、能源安全得到有效保障。"谷物即粮食，作为一种战略意义的商品，对于国家战略、国民经济稳定具有重要的意义。

"国以民为本，民以食为天。"中共十八届五中全会通过的《中共中央关于制定国民经济和社会发展第十三个五年规划的建议》，明确提出了要实施藏粮于地、藏粮于技战略，重点在于以耕地资源为中心，继续提高粮食潜在生产能力，确保谷物基本自给、口粮绝对安全。本书主要从宏观和微观角度研究粮食籽粒的形态特征，化学成分的结构、性质、功能，以及粮食在加工和储藏过程中发生的物理、化学、生物化学变化，同时注重理论与实践相结合，增设了实验操作技术的内容，具有较强的实用性。

全书共9个模块，模块一主要介绍粮食籽粒形态与结构、粮食的主要成分和营养价值；模块二主要介绍水的结构、性质与存在状态，水分活度与粮油食品稳定性的关系，水分与粮食储藏加工的关系；模块三主要介绍碳水化合物的分类和应用、谷物中的单糖和低聚糖、淀粉、典型谷物淀粉制备工艺；模块四主要介绍蛋白质概述、氨基酸、蛋白质的结构、蛋白质的性质、粮食中的蛋白质；模块五主要介绍脂肪酸、甘油三酯、油脂和脂肪酸的性质、油脂氧化、类脂、粮食中的脂肪；模块六主要介绍酶的概念、性质、功能、催化特点，粮食中重要的酶；模块七主要介绍维生素、矿物质、粮食中的活性成分；模块八主要介绍粮食在加工过程中的化学变化、粮食在储藏过程中的化学变化；模块九从水分含量测定、水分活度的测定、蔗糖和淀粉的水解、蛋白质的等电点测定、蛋白质的功能性质试验、油脂酸价的测定、粗脂肪含量的测定、卵磷脂的提取、鉴定和应用、酶的催化特性、酶促反应的影响因素等方面对实验操作技术进行讲解。

本书由山东商务职业学院熊素敏、山东商务职业学院任秀娟担任主编，由山东商务职业学院张自立、山东省粮油检测中心任凌云、山东商务职业学院王真、山东商务职业学院李桂霞、山东益源检验检测有限公司于长远担任副主编。具体编写分工如下：熊素敏、任凌云编写模块一和模块五；任秀娟、王真编写模块二、模块四和模块七；张自立、李桂霞编写模块三和模块六；熊素敏、于长远编写模块八和模块九。全书由山东商务职业学院黎海红主审。

本书在编写过程中得到参与者所在单位的大力支持，在此表示感谢。编者还要向有关参考文献的作者表示衷心感谢。

由于编者水平有限，书中难免出现疏漏和不妥之处，敬请读者批评指正。

编　者

目录

模块一　主要粮食 …………………… 1

 单元一　主要粮食籽粒形态与结构 …… 1
  一、稻谷 ………………………………… 2
  二、小麦 ………………………………… 5
  三、玉米 ………………………………… 7
  四、大豆 ………………………………… 9
  五、油菜籽 …………………………… 10
 单元二　粮食的主要成分和营养价值 … 11
  一、粮食的主要化学成分含量 ……… 12
  二、稻谷、小麦籽粒的主要化学成分 … 13
  三、粮食的营养价值 ………………… 14

模块二　粮食中的水分 ………………… 22

 单元一　水的结构、性质与存在状态 … 22
  一、水的结构 ………………………… 23
  二、水的性质 ………………………… 24
  三、水的存在状态 …………………… 24
 单元二　水分活度与粮油食品稳定性的
    关系 …………………………… 26
  一、水分活度的定义 ………………… 27
  二、水分活度与粮油食品含水率的关系 … 27
  三、水分活度与粮食及其制品稳定性的
    关系 …………………………… 28
 单元三　水分与粮食储藏加工的关系 … 31
  一、水分与粮食储藏的关系 ………… 31
  二、水分与粮食加工的关系 ………… 33

模块三　粮食中的碳水化合物 ………… 40

 单元一　碳水化合物的分类和应用 …… 40
  一、碳水化合物的分类 ……………… 41
  二、碳水化合物的应用 ……………… 41
 单元二　谷物中的单糖和低聚糖 ……… 43
  一、单糖 ……………………………… 43
  二、低聚糖 …………………………… 44
 单元三　淀粉 …………………………… 45
  一、概述 ……………………………… 45
  二、谷物淀粉的化学组成 …………… 46
  三、谷物淀粉的颗粒特性 …………… 47
  四、谷物淀粉的糊化与老化特性 …… 49
  五、谷物淀粉水解 …………………… 53
  六、谷物淀粉粒损伤 ………………… 54
 单元四　典型谷物淀粉制备工艺 ……… 56
  一、小麦淀粉制备工艺 ……………… 57
  二、玉米淀粉制备工艺 ……………… 59

模块四　粮食中的蛋白质 ……………… 65

 单元一　蛋白质概述 …………………… 65
  一、蛋白质的定义 …………………… 66
  二、蛋白质的元素组成 ……………… 66
  三、蛋白质的分类 …………………… 67
 单元二　氨基酸 ………………………… 69
  一、氨基酸的结构 …………………… 69
  二、氨基酸的分类 …………………… 70

三、氨基酸的理化性质 ………… 72

单元三　蛋白质的结构 ………… 75
　一、蛋白质的一级结构 ………… 75
　二、蛋白质的二级结构 ………… 76
　三、蛋白质的三级结构 ………… 76
　四、蛋白质的四级结构 ………… 77

单元四　蛋白质的性质 ………… 77
　一、蛋白质的两性解离和等电点 ………… 78
　二、蛋白质的胶体性质 ………… 78
　三、蛋白质的沉淀作用 ………… 79
　四、蛋白质的变性 ………… 80
　五、蛋白质的显色反应 ………… 80

单元五　粮食中的蛋白质 ………… 81
　一、小麦蛋白质 ………… 81
　二、玉米蛋白质 ………… 82
　三、大豆蛋白质 ………… 83
　四、稻谷蛋白质 ………… 83

模块五　粮食中的脂类 ………… 87

单元一　脂肪酸 ………… 88
　一、脂类 ………… 88
　二、脂肪酸 ………… 89

单元二　甘油三酯 ………… 96
　一、天然油脂中的甘三酯 ………… 97
　二、甘油二酯和甘油一酯 ………… 99
　三、动植物油脂的差异 ………… 100

单元三　油脂和脂肪酸的性质 ………… 102
　一、油脂和脂肪酸的物理性质 ………… 103
　二、油脂和脂肪酸的化学性质 ………… 105
　三、油脂的乳化 ………… 108

单元四　油脂氧化 ………… 109
　一、油脂的氧化酸败 ………… 110
　二、油脂的干燥 ………… 113

单元五　类脂 ………… 115
　一、磷脂 ………… 116

　二、蜡 ………… 120
　三、固醇 ………… 121
　四、色素 ………… 121

单元六　粮食中的脂肪 ………… 122
　一、小麦中的脂质 ………… 123
　二、稻米中的脂质 ………… 123
　三、玉米中的脂质 ………… 124
　四、大豆油 ………… 124
　五、棕榈油 ………… 125

模块六　粮食中的酶类 ………… 129

单元一　概述 ………… 129
　一、酶的概念 ………… 130
　二、酶的化学本质 ………… 130
　三、酶的功能作用 ………… 131
　四、酶的催化特点 ………… 131

单元二　粮食中重要的酶 ………… 132
　一、淀粉酶 ………… 132
　二、蛋白酶 ………… 135
　三、β-葡聚糖酶 ………… 136
　四、脂类转化酶 ………… 137

模块七　粮食中的微量成分 ………… 142

单元一　维生素 ………… 143
　一、维生素的概念和分类 ………… 144
　二、脂溶性维生素 ………… 144
　三、水溶性维生素 ………… 146

单元二　矿物质 ………… 149
　一、谷物中矿物质的含量与分布 ………… 149
　二、矿物质含量与谷物加工的关系 ………… 150
　三、几种重要的矿物质元素 ………… 150

单元三　粮食中的活性成分 ………… 153
　一、小麦活性成分 ………… 153
　二、稻谷活性成分 ………… 155

模块八 粮食加工和储藏过程中的化学变化 …………… 159

单元一 粮食在加工过程中的化学变化 ………………… 160
一、稻谷制米过程中化学成分的变化 …… 160
二、小麦制粉过程中化学成分的变化 …… 162

单元二 粮食在储藏过程中的化学变化 ………………… 166
一、影响粮食劣变的因素 ………… 166
二、粮食的呼吸作用 …………… 167
三、粮食主要化学成分在储藏期间的变化 …………………… 170

模块九 试验操作技术 ………… 175

试验一 水分含量测定 ………… 176
一、前期准备工作 …………… 176
二、试验原理 ………………… 176
三、试样的制备 ……………… 177
四、样品的测定 ……………… 177
五、数据记录与处理 ………… 177
六、注意事项 ………………… 178

试验二 水分活度的测定 ……… 179
一、前期准备工作 …………… 179
二、试验原理 ………………… 179
三、样品的测定 ……………… 180
四、数据记录与处理 ………… 180
五、注意事项 ………………… 180

试验三 蔗糖和淀粉的水解 …… 181
一、前期准备工作 …………… 181
二、试验原理 ………………… 182
三、操作步骤 ………………… 182
四、试验记录 ………………… 182

试验四 蛋白质的等电点测定 … 183
一、前期准备工作 …………… 184
二、试验原理 ………………… 184
三、样品的测定 ……………… 184

试验五 蛋白质的功能性质试验 … 185
一、前期准备工作 …………… 186
二、样品的测定 ……………… 186

试验六 油脂酸价的测定 ……… 187
一、前期准备工作 …………… 188
二、试验原理 ………………… 188
三、样品测定 ………………… 188
四、结果计算 ………………… 189

试验七 粗脂肪含量的测定 …… 190
一、前期准备工作 …………… 190
二、试验原理 ………………… 191
三、样品测定 ………………… 191
四、结果计算 ………………… 192

试验八 卵磷脂的提取、鉴定和应用 …………………… 193
一、前期准备工作 …………… 193
二、试验原理 ………………… 193
三、操作步骤 ………………… 193

试验九 酶的催化特性 ………… 194
一、前期准备工作 …………… 195
二、试验原理 ………………… 196
三、操作步骤 ………………… 196
四、注意事项 ………………… 197

试验十 酶促反应的影响因素 … 197
一、前期准备工作 …………… 198
二、试验原理 ………………… 198
三、操作步骤 ………………… 199

习题参考答案 ………………… 202

参考文献 ……………………… 206

模块一　主要粮食

模块概述

　　我国是一个农业大国和粮食生产、消费大国，我国国民的食物结构以植物蛋白为主。营养学研究表明，营养摄取在人体健康和预防多种疾病中起到重要作用。粮食中的主要成分及许多微量成分的生物活性可能在营养吸收中起着重要作用，因而了解粮食的籽粒形态与结构，对研究粮食的主要化学成分及营养价值具有重要意义。

需求分析

　　根据我国粮食的种植和产量情况，以及我国居民的粮食消费情况研究，我国稻谷、小麦、玉米种植面积、产量较大，我国居民对于大豆油、菜籽油消费量较多，因此本模块主要分析稻谷、小麦、玉米、大豆、油菜籽的籽粒形态和结构，并对粮食的主要成分和营养价值进行分析。

重难点分析

　　(1)通过学习和观察，熟悉主要粮食油料的籽粒形态、结构特征和种类辨别。
　　(2)通过学习和研究，熟悉粮食的主要化学成分和含量分布情况，掌握食品的营养价值评价方法和粮食的营养特点。

单元一　主要粮食籽粒形态与结构

学习目标

　　知识目标：了解粮食的种类，熟悉粮食籽粒的形状及结构，掌握粮食的分类方法。
　　技能目标：能根据粮食外形辨别粮食的种类，分析粮食的籽粒结构；能根据籽粒长度、生长期长短、粒质、粒形、颜色、籽粒硬度等特征对粮食进行正确的分类。
　　素养目标："一粥一饭，当思来处不易；半丝半缕，恒念物力维艰"，传承节粮爱粮的优良传统，在日常生活中减少粮食浪费。

> **单元导入**

我国自然地理变化多样，生活在不同地域的人们具有截然不同的主食。变化万千的主食，不仅提供了人体所需要的大部分热量，也带给人们丰饶、健康、充满情趣的生活。

绝大多数的中国人知道一个概念：北方人喜欢吃面食，而南方人离不开米饭。这是因为数千年前形成的两大农业布局：一个是黄河流域以黍、粟和麦为主的旱作农业；另一个是长江流域的稻作农业。因此，出现了我国独特的"南米北面"主食格局。

思政案例：关注粮食消费，保障粮食平安

> **基础认识**

粮食是粮食、油料及其加工品的统称，绝大多数是农作物的种子和果实，是人类的主要食料。联合国粮食及农业组织的粮食概念就是指谷物，包括麦类、豆类、粗粮类和稻谷类等。

一、稻谷

稻谷在植物学上属禾本科稻属普通栽培稻亚属中的普通稻亚种。稻谷是一种 50~130 cm 长的一年生性植物，有的深水型稻谷可长至 5 m 高。目前，人类共确认出 22 类稻谷。

稻谷脱了壳称为"稻米"，煮熟后称为"米饭"。全世界有一半的人口食用稻米，主要在亚洲、欧洲南部和美洲及非洲部分地区。我国是稻谷的发源地之一，种植水稻已有 7 000 多年的历史，稻产量和种植面积均居世界第一位，总产量占世界总产量的 30% 左右。我国稻产区主要集中在长江流域和珠江流域。近年来，我国稻谷年产量已超 2 亿吨，占我国粮食总产量的 2/5。我国 65% 以上的人口以稻米为主食。随着我国国民经济的持续发展和人们生活水平的不断提高，我国居民对稻米的食用品质提出了越来越高的要求。

(一)稻谷籽粒形态和结构

稻谷籽粒一般为细长形或椭圆形，谷粒长 4~7 mm，色泽为稻黄色、金黄色、黄褐色、棕红色等。稻谷是一种假果，由颖(稻壳)和颖果(糙米)两部分构成(图 1-1)。

1. 颖

稻谷的颖由内颖、外颖、护颖和颖尖(颖尖伸长为芒)四部分组成。外颖比内颖略长而大；内、外颖沿边缘卷起呈钩状，互相钩合包住颖果，构成完全封闭的谷壳，起保护作用。砻谷机脱下来的颖壳称为稻壳、大糠或砻糠。

颖的表面生有针状或钩状绒毛，绒毛的疏密和长短因品种而异，有的品种颖面光滑而无毛。一般籼稻的绒毛稀而短，散生于颖面上。粳稻的绒毛多，密集于棱上，且从基部到顶部逐渐增多，顶部的绒毛也比基部的长。因此，粳稻的表面一般比籼稻粗糙。颖的厚度为 25~30 μm。粳稻颖的质量占谷粒质量的 18% 左右。籼稻颖的质量占谷粒质量的20%左右。颖的厚薄和质量与稻谷的类型、品种、栽培及生长条件、成熟及饱满程度等因素有关。一般成熟、饱满谷粒的颖薄而轻,粳稻的颖比籼稻的颖薄,而且结构疏松,易脱除。早稻的颖比晚稻的颖薄而轻。未成熟谷粒的颖富于弹性和韧性,不易脱除。内、外颖基部的外侧各生有护颖一枚,托住稻谷籽粒,起保护内、外颖的作用。护颖长度为外颖的1/5~1/4。

内外颖都具有纵向脉纹,外颖有五条,内颖有三条。外颖的尖端生有芒,内颖一般不生芒。一般粳稻有芒者居多数,而籼稻大多无芒,即使有芒,也多是短芒。有芒稻谷相对密度小,流动性差,而且米饭膨胀性较小,黏性较大。

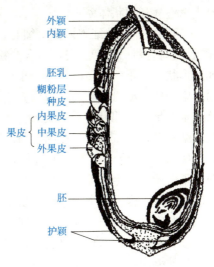

图1-1 稻谷籽粒的结构

2. 颖果

稻谷脱去内、外颖后便是颖果(糙米)。内颖所包裹的一侧(没有胚的一侧)称为颖果的背部,外颖所包裹的一侧(有胚的一侧)称为腹部,胚位于下腹部。糙米米粒表面共有五条纵向沟纹,背面的一条称背沟,两侧各有的两条称米沟。糙米沟纹处的皮层在碾米时很难全部除去。对于同一品种的稻谷来说,沟纹处留皮越多,加工精度越低,所以大米加工精度常以粒面和背沟的留皮程度来表示。有的糙米在腹部或米粒中心部位表现出不透明的白斑,这就是腹白或心白。腹白和心白是稻谷生长过程中因气候、雨量、肥料等条件的不适宜造成的。

颖果由果皮、种皮、珠心层、糊粉层(外胚乳)、胚乳、胚等几部分组成。

(1)果皮。果皮是由子房壁老化干缩而成的一层薄层,厚度约为10 μm。果皮可分为外果皮、中果皮和内果皮(叶绿层管状细胞)。籽粒未成熟时,由于叶绿层中尚有叶绿素,米粒呈绿色;籽粒成熟后叶绿素消化、黄化或淡化呈玻璃色。果皮中含有较多的纤维素,由粗糙的矩形细胞组成。果皮占整个谷粒质量的1%~2%。

(2)种皮。种皮位于果皮的内侧,由较小的细胞组成,细胞构造不明显,厚度极薄,只有2 μm左右。有些稻谷的种皮内常含色素,使糙米呈现不同的颜色。

(3)珠心层。珠心层位于种皮和糊粉层之间的折光带,极薄,厚度为1~2 μm,无明显的细胞结构,与种皮很难区分开来。

(4)糊粉层。糊粉层是胚乳的最外层,包裹着整个水稻籽粒,有1~5层细胞,与胚乳和胚的大部分细胞结合紧密,但是从盾片的腹鳞到盾片和胚芽鞘的连接点这一区域内,糊粉层细胞与胚并不相连。稻谷中糊粉层的厚薄及位置与稻谷品种及环境等因素有关。糊粉层厚度为20~40 μm,而且糙米中背部糊粉层比腹部厚,其质量占糙米的4%~6%。在稻谷中有两种类型的糊粉层细胞:一种是围绕着胚的糊粉层细胞;另一种是围绕着淀粉质胚乳的糊粉层细胞。淀粉质胚乳的糊粉层细胞呈立方体,内部充满细胞质。糊粉粒和脂肪体是立方体糊粉细胞的两种主要储藏结构。糊粉粒四周有膜,并含有球状体。脂肪体没有膜,是均质的,而且在籽粒受机械损伤后,脂肪体可以相互融合。稻谷的另一种糊粉层细胞分布在胚周围,与小麦的结构一样,称为变性糊粉层。变性糊粉层细胞与其他糊粉层细胞的主要不同点:变性糊粉层细胞含细胞质较少,呈矩形,脂肪体既少又小,糊粉粒也小,但有大量泡囊和丝状体囊。

(5)胚乳。胚乳细胞为薄皮细胞,是富含复合淀粉粒的淀粉体。其最外两层细胞(为次糊粉层)富含蛋白质和脂类,所含淀粉体和淀粉粒的颗粒比内部胚乳的颗粒小。淀粉粒为多面体形状,而蛋白质多以球状分布在胚乳中。胚乳占颖果质量的90%左右。胚乳主要由淀粉细胞构成,淀粉细胞的间隙填充着蛋白质。填充蛋白质越多,胚乳结构则越紧密而坚硬,这使米粒呈半透明状,截面光滑平整,因此称这种结构为角质胚乳。若填充蛋白质较少,胚乳结构则疏松,米粒不透明,断面粗糙呈粉状,称这种结构为粉质胚乳。

(6)胚。胚位于颖果的下腹部,呈椭圆形,由胚芽、胚茎、胚根和盾片组成,富含脂肪、蛋白质及维生素等。盾片与胚乳相连接,在种子发芽时分泌酶,分解胚乳中的物质供给胚以养分。因为胚中含有大量易氧化酸败的脂肪,所以带胚的米粒不易储藏。胚与胚乳连接不紧密,在碾制过程中,胚容易脱落。

糙米碾白时,米粒的果皮、种皮、外胚乳和糊粉层等被剥离而成为米糠,果皮和种皮合称为外糠层,外胚乳和糊粉层合称为内糠层。糙米出糠率的大小取决于米糠层的厚度和糠层的表面积。碾米时,除糠层被碾去外,大部分的胚也被碾下来。加工高精度的白米时,胚几乎全部脱落,进入米糠。

(二)稻谷分类

(1)稻可分为籼稻和粳稻两个亚种。

1)籼稻:叶片较宽,叶色淡绿,叶面绒毛较多,粒形细长。稃毛短少,成熟时易落粒,出米率稍低;蒸煮的米饭黏性较弱,胀性大;比较耐热和耐强光,耐寒性弱。

2)粳稻:茎秆较矮,叶子较窄,深绿色,粳稻籽粒阔而短,较厚,呈椭圆形或卵圆形。籽粒强度大,耐压性能好,加工时不易产生碎米,出米率较高,米饭胀性较小。

(2)依据籽粒长短分类。依据籽粒长短,一般将稻分为长粒形稻、中粒形稻、短粒形稻三种。

(3)根据生长期长短分类。根据生长期长短的不同,稻又可分为早稻、中稻和晚稻三类。早稻的生长期为90~125天,中稻的生长期为125~150天,晚稻的生长期为150~180天。

(4)根据栽种地区土壤水分的不同,稻又可分为水稻和陆稻(旱稻)。

(5)根据国家标准《稻谷》(GB 1350—2009)的规定,稻谷按其收获季节、粒形和粒质分为早籼稻谷、晚籼稻谷、粳稻谷、籼糯稻谷、粳糯稻谷五类。

1)早籼稻谷:生长期较短、收获期较早的籼稻谷,一般米粒腹白较大,角质部分较少。

2)晚籼稻谷:生长期较长、收获期较晚的籼稻谷,一般米粒腹白较小或无腹白,角质部分较多。

3)粳稻谷:粳型非糯性稻的果实,糙米一般呈椭圆形,米质黏性较大,胀性较小。

4)籼糯稻谷:籼型糯性稻的果实,糙米一般呈长椭圆形或细长形,米粒呈乳白色,不透明或半透明状,黏性大。

5)粳糯稻谷:粳型糯性稻的果实,糙米一般呈椭圆形,米粒呈乳白色,不透明或半透明状,黏性大。

微课:稻谷认知

二、小麦

小麦是世界历史上最古老的谷物作物之一，属禾本科小麦属，是越年生(冬小麦)或一年生(春小麦)草本植物，喜温燥，耐寒力较强，适应范围较广，在各种土壤中均能栽培。世界上半数以上的人口以小麦作为主要食物，全世界栽培小麦的面积超过其他作物。小麦是我国第二个重要粮食作物，种植面积仅次于水稻，主要分布于黄河中下游的河南、山东、河北、安徽、江苏、陕西、山西、四川和黑龙江等地。

(一)小麦籽粒形态

小麦籽粒是不带内外稃的颖果。成熟的小麦籽粒多为卵圆形、椭圆形和长圆形等。小麦籽粒的顶端生长着绒毛(称麦毛)，下端为麦胚，胚的长度为籽粒长度的1/4~1/3。在有胚的一面称为麦粒的背面，与之相对的一面称为腹面。麦粒的背部隆起呈半圆形，腹部凹陷，有一沟槽称为腹沟。腹沟的两侧部分称为颊，两颊不对称。

腹沟内易沾染灰尘和泥沙，对小麦清理造成困难，且腹沟的皮层不易剥离，对小麦加工不利。腹沟越深，沟底越宽，对小麦的出粉率、小麦粉质量及小麦的储藏影响也越大。

(二)小麦籽粒结构

小麦籽粒由皮层、胚乳及胚组成(图1-2)。

1. 皮层

皮层由果皮、种皮、珠心层、糊粉层等组成。制粉时，糊粉层随同珠心层、种皮和果皮一同被除去，统称麸皮。

(1)果皮由外果皮(表皮)、中果皮(下表皮)、中间细胞层和管状细胞层(内果皮)所组成。果皮包住整个种子，有若干层组织。外果皮常称为表皮，外果皮的最内层由薄壁细胞的残余所组成，由于缺乏连续的细胞结构而形成一个分割的自然面。当它们裂解的时候，表皮即可脱掉。中果皮由几层薄壁细胞组成，紧贴表皮的一层形状与表皮相似，另外1~2

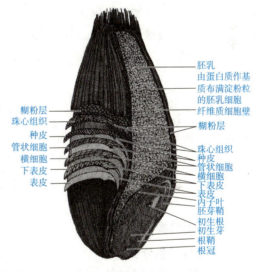

图1-2 小麦籽粒的结构

层细胞多少被压成不规则形。内果皮由中间细胞、横细胞和管状细胞组成。中间细胞和管状细胞都不完全覆盖整个籽粒。横细胞呈长圆柱状，横细胞之间结构紧密，胞间隙小或没有。

(2)种皮的外侧与管状细胞紧连，内侧则与珠心层紧连。种皮由三层组成：较厚的外表皮；色素层(决定小麦颜色)；较薄的内表皮。白皮小麦内层细胞无色；红皮小麦内层细胞含有红色或褐色物质。种皮的厚度为5~8 μm。珠心层(或称透明层)由一层不甚明显的细胞组成，厚约7 μm，紧夹在种皮和糊粉层之间不易分开，在50℃以下不易透水。

(3)糊粉层，占小麦籽粒质量的4.6%~8.9%。糊粉细胞是厚壁细胞，基本上呈长方形,无淀粉。细胞的平均厚度约为 50 μm,细胞壁厚 3~4 μm。糊粉层完全包围着整个麦粒,既覆盖着淀粉质胚乳,又覆盖着胚芽,包住胚部的糊粉细胞有所不同,是薄壁细胞,可能不含糊粉粒。胚部糊粉层的厚度平均约为 13 μm,或小于其他部位糊粉层厚度的 1/3。

2. 胚乳

胚乳不包括糊粉层,由三类细胞组成:边缘细胞、棱柱形细胞和中心细胞,占麦粒总质量的 80%~90%。胚乳细胞,又称淀粉细胞,近乎横向排列,内含淀粉粒。淀粉细胞的大小、形状及在籽粒中的位置各异。细胞壁的厚度因在籽粒中的位置不同而异,靠近糊粉层的细胞壁较厚。

胚乳细胞的内含物和细胞壁构成小麦粉。这些细胞中挤满了充填在蛋白质间质中的淀粉粒。小麦蛋白质的绝大部分是储藏蛋白质——面筋。小麦在成熟时在蛋白质体中合成面筋蛋白。淀粉粒有大小两种:大的淀粉颗粒呈小扁豆状,扁平面的直径可达 40 μm;小的球状淀粉粒直径为 2~8 μm。

小麦的胚乳也有角质和粉质两种结构:如果胚乳细胞内的淀粉颗粒之间被蛋白质所充实,则胚乳结构紧密,颜色较深,断面呈透明状,称为角质胚乳;如淀粉颗粒及其细胞壁之间具有空隙,甚至细胞和细胞之间也有空隙,则结构疏松、断面呈白色且不透明,称为粉质胚乳。角质与粉质胚乳的分布或大小,因品种不同或栽培条件的影响也存在差异,有的麦粒胚乳全部为角质,有的全部为粉质,也有的同时有角质和粉质两种结构,其粉质部分常常位于麦粒背面近胚处。

3. 胚

小麦胚占籽粒质量的 2.5%~3.5%,由子叶、胚根、胚轴、胚芽四部分组成。胚芽外有胚芽鞘和外胚叶保护,胚根外有胚根鞘保护,延伸于胚芽之上的盾片被称为子叶,其下部有腹鳞。小麦为单子叶植物,因此只有一片子叶。胚是雏形的植物体,含有较多的营养成分,在适宜的条件下能萌芽生长出新的植株,一旦胚受到损伤,籽粒就不能发芽。

(三)小麦分类

1. 小麦按粒色分类

小麦按粒色的不同可分为红皮小麦和白皮小麦,简称为红麦和白麦。红皮小麦(也称为红粒小麦)籽粒的表皮为深红色或红褐色;白皮小麦(也称为白粒小麦)籽粒的表皮为黄白色或乳白色。红白小麦混在一起的叫作混合小麦。

2. 小麦按播种期和生育习性分类

小麦按播种期和生育习性分类可分为冬小麦和春小麦。冬小麦是指当年秋季播种,翌年夏季收获的小麦。春小麦是指当年春季播种,秋季收获的小麦。

3. 小麦按籽粒硬度分类

小麦按籽粒硬度分类可分为硬质小麦和软质小麦。在小麦籽粒中,硬度指数不低于 60% 为硬质小麦;硬度指数不高于 45% 为软质小麦。

4. 根据《小麦》(GB 1351—2023)的规定,小麦按其籽粒硬度和种皮颜色分类

(1)硬质白小麦:种皮为白色或黄白色的麦粒不低于 90%,小麦硬度指数不低于 60 的小麦。

(2)软质白小麦:种皮为白色或黄白色的麦粒不低于90%,小麦硬度指数不高于45的小麦。

(3)硬质红小麦:种皮为深红色或红褐色的麦粒不低于90%,小麦硬度指数不低于60的小麦。

(4)软质红小麦:种皮为深红色或红褐色的麦粒不低于90%,小麦硬度指数不高于45的小麦。

(5)混合小麦:不符合上述规定的小麦。

微课:小麦认知

三、玉米

玉米属禾本科草本植物玉蜀黍,一年生谷类植物,是世界上最重要的谷类作物之一。玉米发源于墨西哥,很快传播至整个美洲大陆,并传播到西班牙和亚洲。从栽种面积和总产量看,全世界玉米播种面积仅次于水稻和小麦而居第三位。在我国,玉米的播种面积很大,分布也很广。玉米是我国北方和西南山区及其他旱谷地区人们的主要粮食之一。

(一)玉米籽粒形态和结构

玉米果穗一般呈圆锥状或圆柱状,果穗上纵向排列着玉米籽粒。籽粒的形态随玉米品种类型的不同而有差异,常呈现扁平形,靠基部的一端较窄而薄,顶部则较宽厚,并因品种类型不同有圆形、凹陷(马齿形)、尖形(爆裂形)等。

玉米籽粒分为5个基本部分,即果皮、种皮、胚乳、胚和基部(图1-3),基部是籽粒与玉米果穗的连接点,脱落时可能与籽粒相连,也可能被去掉。

1. 果皮

果皮包括外果皮、中果皮、横列细胞和管状细胞;外果皮由长形而扁平的细胞组成,纵向排列,细胞壁厚;中果皮有十几层纵向排列的细胞,外围细胞与外果皮相似,细胞壁较厚,内层细胞较宽而扁平,细胞壁较薄;横细胞为海绵状薄壁组织,横向排列,细胞间隙较大;管状细胞即内果皮,为纵向排列的细胞层。

2. 种皮

种皮为内果皮的残余物,没有明显的细胞结构,极薄,在横切面上为一条狭窄的黄色带。

3. 胚乳

胚乳是玉米籽粒的最大组成部分,占玉

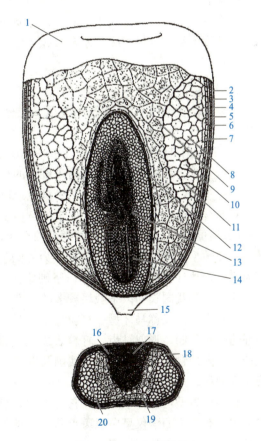

图1-3 玉米籽粒结构

1—皮层;2—表皮层;3—中果皮;4—横细胞;
5—管状细胞;6—种皮;7—糊粉层;8、20—角质胚乳;
9、19—粉质胚乳;10—淀粉细胞;11—细胞壁;
12、16—盾片;13—胚;14—初生根;15—基部;
17—胚轴;18—果皮

米籽质量的80.0%～83.5%(干基)。胚乳主要由蛋白质基质包埋的淀粉粒和细小蛋白颗粒组成。玉米的胚乳分硬质胚乳(又称角质胚乳)和软质胚乳(又称粉质胚乳)两类。

胚乳的最外层是糊粉层。糊粉层由单层细胞组成，细胞近方形，壁较厚，细胞内充满糊粉粒，含有大量蛋白质。某些玉米品种的糊粉层细胞中含花青素，这种色素在酸性条件下为红色，在中性条件下为紫色。淀粉细胞比糊粉层细胞大，胚乳中部的细胞更大，淀粉细胞中充满淀粉粒。

4. 胚

玉米的胚位于籽粒的基部，柔韧，富有弹性，约占整个籽粒体积的1/3，占整个籽粒质量的10%～12%。玉米胚的脂肪含量高达36%～45%，占全粒脂肪总量的70%以上。在谷类粮食中，以玉米的胚为最大，占全粒质量的10%～12%。一般谷物胚中不含淀粉，而玉米盾片所有细胞中都含有淀粉，胚芽、胚芽鞘及胚根鞘中也含有淀粉，这是玉米胚的特点。

5. 基部

基部位于玉米的底部，占玉米籽粒干质量的0.8%～1.1%。玉米的基部由具有海绵状结构的纤维素组成，易于吸收水分，没有食用价值。由于它的韧性较强，脱皮过程中比较容易去除。

(二)玉米分类

因栽培历史悠久，玉米的种类很多，分类依据主要有种皮颜色、形态、胚乳结构和品质。

(1)根据国家标准《玉米》(GB 1353—2018)的规定，玉米分为以下几类：

1)黄玉米：种皮为黄色，或略带红色的籽粒不低于95%的玉米。

2)白玉米：种皮为白色，或略带黄色或略带红色的籽粒不低于95%的玉米。

3)混合玉米：不符合(1)(2)要求的黄白玉米互混的玉米。

(2)根据形态、胚乳的结构及颖壳的有无，玉米可分为9种类型。

1)硬粒型：也称燧石型。籽粒多为方圆形，顶部及四周胚乳都是角质，仅中心近胚部分为粉质，故外表半透明有光泽、坚硬饱满。粒色多为黄色，间或有白、红、紫等色。籽粒品质好，是我国长期以来栽培较多的类型，主要作食用粮。

2)马齿型：又称马牙型。籽粒扁平呈长方形。粉质的顶部比两侧角质干燥得快，因此顶部的中间下凹，形似马齿。籽粒表皮皱纹粗糙不透明，多为黄色、白色、少数呈紫色或红色。马齿形食用品质较差，是我国及世界上栽培最多的一种类型，适宜制造淀粉和乙醇，或作为饲料。

3)半马齿型：也称中间型。它是由硬粒型和马齿型玉米杂交而来。籽粒顶端凹陷较马齿型浅，有的不凹陷仅呈白色斑点状。顶部的粉质胚乳较马齿型少但比硬粒型多，品质较马齿型好，在我国栽培较多。

4)粉质型：又称软质型。胚乳全部为粉质，籽粒乳白色，无光泽。粉质型只能作为制取淀粉的原料，在我国很少栽培。

5)甜质型：也称甜玉米。胚乳多为角质，含糖分多，含淀粉较少，因成熟时水分蒸发使籽粒表面皱缩，呈半透明状。甜质形多做蔬菜用，我国种植不多。

6)甜粉型：籽粒上半部为角质胚乳，下半部为粉质胚乳，我国很少栽培。

7)蜡质型：又名糯质型。籽粒胚乳全部为角质但不透明，而且呈蜡状，胚乳多由支链淀粉所组成。蜡质型食性似糯米，黏柔适口，我国只有零星栽培。

8)爆裂型：籽粒较小，米粒形或珍珠形，胚乳几乎全部为角质，质地坚硬透明，种皮多为白色或红色，尤其适宜加工爆米花等膨化食品，我国有零星栽培。

9)有稃型：籽粒被较长的稃壳包裹，籽粒坚硬，难脱粒，是一种原始类型，无栽培价值。

(3)根据用途分类，玉米可分为常规玉米和特用玉米。

1)常规玉米：最普通、最普遍种植的玉米。

2)特用玉米：指的是除常规玉米外的各种类型玉米。传统的特用玉米有甜玉米、糯玉米和爆裂玉米，新近发展起来的特用玉米有优质蛋白玉米(高赖氨酸玉米)、高油玉米和高直链淀粉玉米等。特用玉米比普通玉米具有更高的技术含量和更大的经济价值，因此国外把它们称为"高值玉米"。

(4)根据玉米生育期长短分类，玉米可分为早熟品种、中熟品种、晚熟品种3类。

目前我国产量较大，储藏数量较多的玉米主要是硬粒型、马齿型和半马齿型3种。硬粒型玉米角质胚乳较多，组织结构紧密，外部坚硬，故而吸湿性相对较差，抗霉菌侵害能力强，储藏性能好。马齿型玉米胚部大，脂肪含量高，粉质胚乳也较多，粒质结构较疏松，因而吸湿性较强，抗霉菌侵害能力差，储藏性能不如硬粒型好，但产量高。半马齿型玉米，角质胚乳和粉质胚乳的含量及组成等均介于硬粒型和马齿型之间，其储藏性能也介于两者之间。在生产上应用广泛的品种还有粉质型及甜玉米等品种。

四、大豆

大豆属于豆科大豆属，为一年生草本植物，原产于中国，已有近5 000年的栽培史。大豆在我国广泛分布，种植面积大，尤其盛产于东北地区。大豆常用来做各种豆制品、榨取豆油、酿造酱油和提取蛋白质。

(一)大豆籽粒形态和结构

大豆种子的形状因品种不同有球状、扁圆状、椭圆状和长椭圆状等，一般大粒种多为球状、中粒种多为椭圆状、小粒种则多为长椭圆状。大豆种子的种皮表面光滑，有的则有蜡粉或泥膜，对种子具有一定的保护作用。种皮外侧面有明显的种脐，种脐的上端有一凹陷的小点，称为合点。种脐下端为发芽口，是水分进入种子的主要途径，发芽口下面有一个凸起，称为胚根透视处。种脐区域为胚与外界之间空气交换的主要通道，大豆是无胚乳的种子，去皮即是胚，大豆种皮角质层下面的栅状组织中，含有各种不同的色素，使大豆种皮呈现黄、青、褐、黑等颜色(图1-4)。目前国内外生产的大豆以黄色最多。

与禾谷类籽粒大不相同，大豆是双子叶无胚乳种子，子

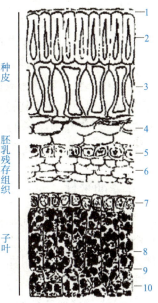

图1-4 大豆种子的结构

1—表皮层；2—横状细胞层；
3—圆柱状细胞层；4—海绵状组织；
5—糊粉层；6—胚乳细胞；
7—子叶表皮；8—栅状细胞层；
9—脂肪体；10—蛋白体

叶很发达。豆粒由种皮和胚两部分组成。

大豆种皮包括栅状表皮、下皮层及海绵组织。栅状表皮细胞，壁较厚，排列紧密，外壁附角质层，故水分不易透过，细胞内含有各种不同的色素，使大豆呈现不同的颜色。下皮层仅为一列细胞，纵向排列。海绵组织由大小不同的几层扁形薄壁细胞组成，横向排列，种子成熟以前，该层组织含有许多养分，种子成熟时，这些营养物质向胚或周围组织转移，细胞衰退或被挤扁；内胚乳残余层（蛋白质层）包括一层淀粉细胞和几层被压扁的细胞。糊粉层细胞含有小的糊粉粒，蛋白质含量很高，故又称蛋白质层；子叶细胞中充满糊粉粒和脂肪滴，一般含淀粉较少，但也有某些品种的子叶中含有较多的淀粉。

(二) 大豆分类

(1) 根据籽粒的大小分类。按大豆籽粒的大小可分为大粒、中粒和小粒 3 类，其大小可通过重量法或种粒大小指数来表示，重量法用百粒质量来表示，百粒质量在 20 g 以上者为大粒；14～20 g 者为中粒；14 g 以下者为小粒。种粒大小指数是种子长（以 mm 计）、宽（以 mm 计）、厚（以 mm 计）之积，一般其值在 300 以上者为大粒，150～300 为中粒，150 以下者为小粒。

(2) 根据《大豆》(GB 1352—2023) 的规定，我国大豆按其皮色分为 5 类。

1) 黄大豆：种皮为黄色、淡黄色，脐色为黄褐色、淡褐色或深褐色的籽粒含量不低于 95% 的大豆。

2) 青大豆：种皮为绿色的籽粒含量不低于 95% 的大豆。按其子叶的颜色分为青皮青仁大豆和青皮黄仁大豆两种。

3) 黑大豆：种皮为黑色的籽粒含量不低于 95% 的大豆。按其子叶的颜色分为黑皮青仁大豆和黑皮黄仁大豆两种。

4) 其他大豆：种皮为褐色、棕色、赤色等单一颜色的及双色（种皮为两种颜色，其中一种为棕色或黑色，并且其覆盖粒面二分之一及以上）的籽粒含量不低于 95% 的大豆。

5) 混合大豆：不符合以上规定的大豆。

(3) 根据成分含量分类。大豆按成分含量分为高油大豆、高蛋白大豆。

五、油菜籽

油菜籽是十字花科作物油菜的果实，其籽粒是制油原料主要品种之一。总产量占中国油料总产量的 30% 以上，居世界首位。栽培遍及中国，分为冬油菜和春油菜两种。冬油菜面积和产量均占 90% 以上，主要集中于长江流域；春油菜集中于东北和西北地区，以内蒙古海拉尔地区最为集中。

(一) 油菜籽形态和结构

油菜的种子称为油菜籽（又称菜籽），含油量为 35%～42%，是一种重要的油料。油菜籽一般呈球状或近似球状，也有的呈卵圆形或不规则的菱形，粒很小，芥菜型品种每千粒质量为 1～2 g，白菜型品种为 2～3 g，甘蓝型品种为 3～4 g。种皮较为坚硬并具有各种色泽，种皮色泽有淡黄色、深黄色、金黄色、褐色、紫黑色、黑色等多种。种皮上有网纹，黑色种皮的网纹较明显，种皮上还可见种脐，与种脐相反的一面有一条沟纹。

油菜籽属双子叶无胚乳种子，成熟的种子由种皮、胚和胚乳遗迹3部分组成。种皮由珠被发育而成，油菜籽脱去种皮即为胚。胚是种子的主要部分，包括两片肾形的子叶、胚根、胚茎、胚芽，均为薄壁组织细胞组成。种子的大部分为子叶所充满，子叶呈黄色，内部细胞富含颗粒状油滴。胚芽上有两个叶原基（出苗后长出第一、二两片真叶）和一个茎生长点。胚根在种子萌发后长成主根。胚乳中的养分在发育过程中为胚所吸收利用，最后剩下一层遗迹包围于胚的周围。种子充实的状况与出苗好坏、幼苗的壮弱及菜籽的出油率有很大关系（图1-5）。

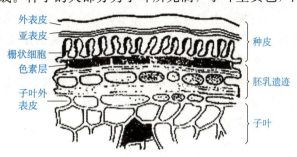

图1-5　油菜籽的结构

（二）油菜籽分类

（1）根据播种季节，可将油菜分为冬油菜和春油菜。

（2）根据《油菜籽》（GB/T 11762—2006）的规定，由芥酸和硫甙含量的不同，油菜籽分为普通油菜籽和双低油菜籽。

双低油菜籽是指油菜籽的脂肪酸中芥酸含量不大于3.0%，粕（饼）中的硫甙含量不大于35.0 μmol/g 的油菜籽。

知识拓展

据国家统计局公布的数据，2022年全国粮食总产量13 730.6亿斤，比2022年增加73.6亿斤，粮食生产稳中有进。

我国有13个粮食主产区，包括黑龙江、河南、山东、安徽、吉林、内蒙古、河北、江苏、四川、湖南、湖北、辽宁和江西，其中北方省份7个，南方省份6个。

单元二　粮食的主要成分和营养价值

学习目标

知识目标：了解粮食的主要化学成分，熟悉粮食的成分分布情况，掌握食品的营养价值评价方法。

技能目标：能根据粮食的种类分析粮食的主要成分，能根据粮食的化学成分及其在籽粒中的分布情况分析粮食的营养价值。

素养目标：领会"国以民为本，民以食为天"的含义，了解粮食对人体健康的重要性，树立粮食安全意识，养成节粮爱粮的优良传统。

单元导入

端午节，中国四大传统节日之一，"端"字有"初始"的意思，"端五"就是"初五"。按照历法，五月正是"午"月，因此"端五"也就渐渐变成了"端午"。"粽子香，香厨房。艾叶香，香满堂。桃枝插在大门上，出门一望麦儿黄。这儿端阳，那儿端阳，处处都端阳。"这是旧时流行甚广的一首描写过端午节的民谣。2009年9月，联合国教科文组织正式审议并批准中国端午节列入世界非物质文化遗产，端午节成为中国首个入选世界非物质文化遗产的节日。

基础认识

粮食是由不同的化学物质按一定的比例组成的。粮食中的各种化学成分，不仅是粮食籽粒本身生命活动所必需的物质，而且是人类的营养源泉。了解粮食的化学成分及其在籽粒中的分布，对于按不同用途来确定其利用价值、选择合理的加工方式、保证产品质量和提高出率、采取有效的储藏措施、保持储粮品质等方面都具有重要的实际意义。

一、粮食的主要化学成分含量

粮食中的主要化学成分是指水分、糖类、脂肪、蛋白质、维生素、矿物质等物质。随着粮食种类和品种的不同，各成分含量相差很大，但在正常稳定的条件下，同一品种的化学成分变动幅度较小。各种粮食及油料籽粒的化学成分（原粮）见表1-1。

表1-1　各种粮食及油料籽粒的化学成分（原粮）　　%

种类		成分					
		水分	粗蛋白质	淀粉	粗脂肪	粗纤维	灰分
禾谷类	小麦	13.5	10.5	70.3	2.0	2.1	1.6
	黑麦	12.4	10.0	68.5	2.8	3.9	2.4
	荞麦	12.5	12.7	68.5	2.7	1.9	1.7
	稻谷	14.5	10.8	61.0	2.8	9.0	1.9
	玉米	14.0	8.2	70.6	4.6	1.3	1.3
	高粱	12.0	10.3	69.5	4.7	1.7	1.8
	粟	10.6	11.2	71.2	2.9	2.2	1.9
豆类	大豆	10.2	36.3	25.3	18.4	4.8	5.0
	豌豆	10.9	20.5	58.4	2.2	5.7	2.3
	绿豆	9.5	23.8	58.8	0.5	4.2	3.2
	蚕豆	12.0	24.7	52.5	1.4	6.9	2.5
	赤豆	14.0	19.4	58.0	0.5	5.1	3.0
	花生仁	8.0	26.2	22.1	39.2	2.5	2.0

续表

种类		成分					
		水分	粗蛋白质	淀粉	粗脂肪	粗纤维	灰分
油料	芝麻	5.4	20.3	12.4	53.6	3.3	5.0
	向日葵	7.8	23.1	9.6	51.1	4.6	3.8
	油菜籽	7.3	19.6	20.8	42.2	6.0	4.2
	棉籽仁	6.4	39.0	14.8	33.2	2.2	4.4
	油茶仁	8.7	8.7	24.6	43.6	3.3	2.6
薯类	甘薯	67.1	1.8	29.5	0.2	0.5	0.9
	马铃薯	79.9	2.3	16.6	0.1	0.3	0.8
	木薯	69.4	1.0	28.0	0.2	0.8	0.6

从表1-1中可得出以下结论。

(1)粮油品种不同,其化学成分各异。化学成分是粮油分类的主要依据,如禾谷类籽粒的主要化学成分60%～70%是糖类,主要是淀粉;豆类含有丰富的蛋白质,特别是大豆含有约40%的蛋白质,是最好的植物性蛋白质,油料籽粒中含有30%～50%的脂肪,可用来做制油原料。

(2)带壳的籽粒(如稻谷)或种皮较厚的籽粒(如蚕豆、豌豆等)一般都含有较多的纤维素;同时,矿物质含量也较高。

(3)含脂肪多的种子,蛋白质含量也较多,如油料种子和大豆种子。

一般来讲,谷类粮食的化学成分以淀粉为主,种子具有发达的胚乳,大部分化学成分储存在胚乳中,常用作人类的主食;豆类含有较多的蛋白质,常作为副食;油料含有大量的脂肪,主要用于制油;豆类与油料一般具有发达的子叶,绝大部分化学成分储存在子叶内;薯类粮食的化学成分也是以淀粉为主,主要用于生产淀粉和发酵产品;大豆中除含有较多的蛋白质外,其脂肪的含量也较多,因此,既可做副食,又可做油料;薯类粮食的化学成分是以淀粉为主,主要用于生产淀粉和发酵产品。

二、稻谷、小麦籽粒的主要化学成分

粮食籽粒中各种化学成分的分布很不平衡,在不同部位之间的含量相差很大,因此籽粒各部分的生理生化特性也不一致。以稻谷、小麦籽粒为例,其各部分的化学成分见表1-2、表1-3。

表1-2 稻谷籽粒各部分的化学组成　%

名称	粗蛋白质	粗脂肪	粗纤维	灰分	淀粉	水分
胚乳	7.6	0.3	0.4	0.5	78.8	12.4
胚	21.6	20.7	7.5	8.7	29.1	12.4
米糠	14.8	18.2	9.0	9.4	35.1	13.5
稻壳	3.56	0.93	39.05	18.59	29.38	8.49

表 1-3 小麦籽粒各部分的化学组成　　　　　　　　　　　　　　　干基,%

籽粒部分	粗蛋白质	粗脂肪	淀粉	可溶性糖	戊聚糖	粗纤维	灰分
内胚乳	12.91	0.68	78.93	3.54	2.72	0.15	0.45
胚	37.63	1.04	0	25.12	9.74	2.46	6.32
糊粉层	53.16	8.16	9	6.82	15.64	6.41	13.3
果皮和种皮	10.56	7.46	0	2.59	51.43	23.73	4.78

三、粮食的营养价值

(一)食品的营养价值评价

食品营养价值是指食品中所含营养素和热能满足人体营养需要的程度。一般认为食品中含有一定量的人体所需的营养素,则具有一定的营养价值,否则无营养价值。食品营养价值的高低取决于两个方面:一是摄食的人,包括人对食品的消化和吸收两部分;另一个是食品中的能量和营养素,包括营养素的种类、数量和比例、所含营养素之间的相互关系等方面。对于食品而言,如果营养素种类齐全、数量充足、相互之间的比例关系适宜而且易于消化和吸收,这种食品的营养价值通常是高的。但是对于同一种食品,不同的人摄取后,对每个人所起的营养效应是各不相同的。所以食品的营养价值并不是绝对的,而是相对的。在评价食品的营养价值时必须注意以下几个问题。

(1)绝大多数的天然食品中都含有人体所需要的一种以上的营养素;除了某些特别的食品,没有一种食品的营养价值能全面到足以满足人体的全部营养需要。

(2)不同的食品中热能和营养素的含量不同,且同一种食品的不同品种、不同部位、不同产地、不同成熟程度之间也有相当大的差别。食物成分表中的营养素含量只是这种食物的一个代表值。

(3)食品的营养价值也受储存、加工和烹调的影响。某些食品经过分精制后会损失原有的营养成分;也有些食品经过加工烹调后提高了营养素的吸收利用率。

(4)有些食品中存有一些天然抗营养素或有毒物质,这些物质的存在降低了食品的营养价值,对人体的健康产生不良影响。

因此,目前对食品营养价值的评价指标主要包括营养素密度和营养质量指数、食物利用率、食物的血糖生成指数等几个方面。

营养素密度和营养质量指数(INQ)是推荐作为评价食品营养价值的指标,而且两个指标之间关系密切。营养素密度是指一种食物、膳食或营养补充物所含的营养素与其所含能量的比值,即食品单位能量所含某营养素的量,具体表示方法为营养素质量单位/4.18 MJ (1 000 kcal,1 kcal=4.814 kJ)。营养质量指数是指食物中的某种营养素的营养素密度与该食物的能量密度之比。公式如下:

$$INQ = \frac{营养素密度}{热能密度}$$

$$营养素密度 = \frac{营养素含量}{营养素每日膳食推荐摄入量 RNI}$$

$$热能密度 = \frac{食物所含热能量}{热能每日膳食推荐摄入量 RNI}$$

当 $INQ=1$ 时，代表所摄取的食品中能量与其营养素之间的比例适合，既不会引起过剩也不会不足，是一种"营养质量合格食品"。

当 $INQ>1$ 时，表示所提供的营养素能力大于能量的能力，也是一种"营养质量合格食品"，特别适合于超重或肥胖者。

当 $INQ<1$ 时，表示该食品所提供的能量大于营养素，长期摄入此类食品，易出现能量积累，属于"营养质量不合格"食品。大米、小米、玉米中几种营养素的 INQ 值见表1-4。

表1-4　大米、小米、玉米中几种营养素的 INQ 值

营养素 粮食名称	热能/kJ	蛋白质/g	视黄醇/μg	硫胺素/mg	核黄素/mg
成年男子轻体力 RNI	10 042	75.00	800.00	1.40	1.40
100 g 大米	1 456	8.00	—	0.22	0.05
INQ		0.74	—	1.08	0.25
100 g 小米	1 498	9.00	17.00	0.33	0.10
INQ		0.80	0.14	1.58	0.48
100 g 玉米	1 402	8.70	17.00	0.21	0.13
INQ		0.83	0.15	1.07	0.67

食物的利用率也是食品营养质量评价的一个重要指标，它是指食物进入机体后被消化、吸收和利用的程度。常利用大白鼠、小白鼠等动物试验获得对某个整体或混合食物的评价，即用待评食物喂养试验动物一段时间后，计算饲料消耗量与动物体重增加量的百分比值。其意义是摄入的食物有多少可转化成动物的体重，计算式如下：

$$食物利用率(\%) = \frac{饲养期间动物体重增加量(g)}{饲养期间饲料消耗量(g)} \times 100$$

专家建议将食物的血糖生成指数(GI)作为评价食品营养价值的指标。GI 是指碳水化合物使血糖升高的相对能力，表示一定时间内含 50 g 有价值碳水化合物的食品餐后血糖反应曲线下的面积与含等量碳水化合物的标准食品餐后血糖反应曲线下的面积之比乘以 100 所得的数值，计算式如下：

$$血糖指数 = \frac{进食一种食物 2\,h 内血糖反应曲线下的面积}{进食等量的葡萄糖 2\,h 内血糖反应曲线下的面积} \times 100$$

部分食品的血糖生成指数见表1-5。

表1-5　部分食品的血糖生成指数（葡萄糖＝100）

食品	GI	食品	GI	食品	GI	食品	GI
面包	69	玉米粥	80	苹果	39	黄豆	15
大米	72	果糖	20	香蕉	62	扁豆	29
糯米	66	蔗糖	60	牛奶	36	豌豆	33

一般把 GI 在 70 或以上的食品称为高血糖指数食品，GI 为 56~69 的称为中等血糖指数食品，GI 在 55 或以下的为低血糖指数食品。血糖指数越高，这种食品升高血糖的效应

就越强,因此要避免摄入过多高血糖指数的食品,多吃谷类或较少加工的粗制食品,并增加蔬菜水果的摄入量,就可有效地降低膳食血糖负荷。

(二)粮食的营养价值评价

对粮食的营养价值也要从上述3个指标来评价,但由于粮粒的构造不同,以及粮食的加工程度不同,其营养价值差别较大。

从粮食籽粒的构造上来看,在皮层、糊粉层、胚乳和胚4个部分中所含的营养素就不尽相同。例如,皮层主要由纤维素和半纤维素组成,含有较多的矿物质、B族维生素及其他营养素,但因一般加工过程中已去除,这些营养素对人体已无多大价值;糊粉层除含纤维素外,还含有丰富的矿物质及B族维生素,但在碾磨加工过程中也大部分丢失在糠、麸中;胚乳的主要成分为淀粉、相对较多的蛋白质及少量的油脂、矿物质和维生素,这是目前人们食用谷物的主要部分;胚中各种营养素含量很丰富,富含蛋白质、维生素和脂肪。胚中因含有脂肪和纤维素,质地比较松软且有韧性,不易粉碎,因而在加工碾磨过程中容易与胚乳分离而转入糠麸。加工精度越高,丢失越多。

从各类谷物食品所含营养素的种类上来看,虽然各类粮食中主要都含有蛋白质、碳水化合物、脂肪、维生素和矿物质等营养素,但各营养素的含量及种类又各不相同。

1. 蛋白质

粮食中的蛋白质含量一般为7%~16%。依据蛋白质的溶解性不同,将蛋白质分为清蛋白、球蛋白、醇溶蛋白和谷蛋白四类。不同粮食中各种蛋白质组成比例不同,见表1-6。

表1-6 主要粮食的蛋白质组成 %

谷粒	清蛋白	球蛋白	醇溶蛋白	谷蛋白
小麦	3~5	6~10	40~50	30~40
玉米	4	2	50~55	30~45
大麦	3~4	10~20	35~45	35~45
大米	5	10	5	80
莜麦	1	80	10~15	5
高粱	1~8	1~8	50~60	32

由表1-6可见,大部分粮食中的蛋白质以醇溶蛋白和谷蛋白为主,占蛋白质总量的80%以上。另外,这些蛋白质中的必需氨基酸组成很不平衡。醇溶蛋白中赖氨酸含量极少,亮氨酸含量高,因此粮食中的蛋白质一般都缺乏赖氨酸而富含亮氨酸。粮食蛋白质中一般都程度不等地以赖氨酸为第一限制氨基酸,但玉米蛋白中的限制性氨基酸为色氨酸。这是造成粮食类食品氨基酸不平衡、蛋白质营养价值不高的主要原因。

为改善粮食的营养价值,可用赖氨酸进行强化或根据食物蛋白质互补的原理与富含相应蛋白质的食物共食,以达到蛋白质互补的目的。

2. 碳水化合物

碳水化合物的存在形式因粮食和油料种类而不同,一般根据其结构分为单糖、低聚糖和多聚糖3类,因此又称为糖类,多糖是粮食中最主要的化学成分。

根据糖类溶解特点不同，碳水化合物又可分为可溶性糖和不溶性糖两类。

可溶性糖包括单糖和双糖，在大多数粮食及油料籽粒中含量不高，一般占干物质的2%～2.5%，其中主要是蔗糖，分布于籽粒的胚部及外围部分（包括果皮、种皮、糊粉层及胚乳外层），在胚乳中的含量很低。

粮油籽粒中的不溶性糖种类很多，主要包括淀粉、纤维素、半纤维素和果胶等，完全不溶于水或吸水而成黏性胶状溶液。

粮食中的碳水化合物主要为淀粉，集中在胚乳层，含量为40%～70%。不同粮食中淀粉的颗粒大小和类型各异，一般大米淀粉颗粒最小，而玉米淀粉颗粒最大，两者相差达5倍之多。淀粉是由两种理化性质不同的多糖——直链淀粉和支链淀粉组成，直链淀粉分子卷曲呈螺旋状，不易溶于水，黏稠度小，不易消化，遇碘显蓝色。支链淀粉分子呈树枝状，因分支多，易溶于水，黏性大，故易于被淀粉酶分解，遇碘显红紫色。直链淀粉的 GI 值比支链淀粉要低，因此，调整好粮食食物中直链淀粉与支链淀粉的比值对调节血糖具有一定的意义。

粮食中的纤维素和半纤维素主要存在于皮层中，它们的存在和性质对粮食加工及产品质量有很大的影响。纤维素和半纤维素都不能被人体消化吸收，对人体无直接营养意义。但它们能促进肠胃蠕动，刺激消化腺分泌消化液，帮助消化其他营养成分。纤维素还有预防肠癌和减少冠心病发生的作用，因此也被称作第七大营养素。

3. 脂肪

各种粮食的脂肪含量不同，而且一般含量都较低，其平均含量为1%～4%，但玉米含脂肪约为5%，燕麦脂肪为5%～9%，最高可达12%。粮食中的脂肪主要存在于糊粉层和胚芽中，可分为淀粉脂类（与淀粉粒结合）和非淀粉脂类（存在于淀粉粒以外的脂类，如皮层和胚芽中）两类。在粮食加工中，非淀粉脂类易转入副产品。粮食的油脂成分中80%以上为不饱和脂肪酸，其中亚油酸含量比较丰富。脂类物质中除三酰甘油外还含有植物固醇和卵磷脂，谷物胚芽中还含有维生素 E，所以米糠油和胚芽油有防止动脉硬化、抗衰老、降低血清胆固醇及消除疲劳等功效。完整的糙米不易酸败，但组织破坏之后，由米糠或胚芽直接压出的油易氧化酸败、不耐久储。

4. 维生素

粮食是膳食中 B 族维生素的主要来源，其中脂溶性维生素主要由维生素 E、维生素 K 和少量胡萝卜素，以及维生素 D 原（麦角固醇）组成，主要存在于胚芽中，以小麦胚芽 [维生素 E 30～50 mg/(100 g)] 含量最高，玉米胚芽次之；水溶性维生素主要存在于糊粉层和胚芽中，含有绝大多数的 B 族维生素，特别是维生素 B_1 和烟酸。因为维生素大部分存在于胚芽和糊粉层中，所以粮食加工的精度越高，保留的胚芽和糊粉层越少，维生素的损失就越多。另外，玉米中的烟酸主要是结合型，必须经加工处理变为游离型才能被人体吸收利用。

5. 矿物质

粮油籽粒内的矿物质有30多种，根据其含量可分为大量元素及微量元素两类。一般禾谷类粮食灰分率为1.5%～3.0%，豆类含量较高，尤其是大豆，高达5%。粮粒中所含的矿物质有磷、钙、铁、硫、锰、锌等多种。矿物质的分布很不均匀，胚与种皮（包括果皮）的灰分率高于胚乳数倍。几类粮食中含有的主要矿物质元素含量见表1-7。

表 1-7　几类粮食中含有的主要矿物质元素含量　　　　　　　　mg/(100 g)

粮食名称	钾	钠	钙	镁	铁	锰	锌	铜	磷	硒 /[μg·(100 g)⁻¹]
稻米	78	0.9	3	20	0.4	0.77	0.89	0.28	99	6.4
荞麦	401	4.7	47	258	6.2	2.04	3.62	0.56	297	2.45
小麦	—	107.4	—	—	5.9	3.49	3.51	0.34	436	4.05
小米	284	4.3	41	107	5.1	0.89	8	0.54	229	4.74
玉米	300	3.3	14	96	2.4	0.48	1.7	0.25	218	3.52

由表 1-7 可见，粮食中含量较多的矿物质为磷和钾，镁次之，钙含量较低，仅为磷含量的 1/10。磷在粮食中大部分以有机状态存在，构成磷酸己糖、磷脂、核酸、核蛋白等，淀粉粒和淀粉酶中也含有磷。钾在粮食中大部分以离子状态存在，在植物代谢过程中起重要作用。由于粮食中钙含量较低，所以在以米、面等粮食为主食的地区，人群应辅以含钙丰富的食品。粮食中的磷、钙、镁有一部分是以植酸钙、镁盐的形式存在，难以被人体吸收利用。

微课：粮食的营养价值分析

（三）粮食中的抗营养素

人类生长发育所需要的营养主要靠动、植物性食品提供，其营养价值取决于动、植物可食部分的营养组成，如蛋白质、脂肪、糖类、矿物质及维生素等。但动、植物在生长繁殖过程中，为保护自身免遭破坏，形成了一套行之有效的防护机制，其中分泌小相对分子质量的有害物质，如糖苷类、有毒氨基酸、生物碱等成分就是一种有效的防护方法。这些有害成分如果在食品加工或烹调过程中不加以除去或破坏，就会对人类健康构成安全隐患。我们把这些由食品原料体内产生的、对人体有害的成分统称为内源性有害成分。另外，在植物性食品中还可能含有皂素、酚类、植酸、酶抑制剂等物质，这些物质有很多的生理活性，但在常规食品中存在较多时就会影响食品中有效成分的吸收利用，这些成分又统称为抗营养素。在粮食中也含有一些内源性有害成分和抗营养素，如植酸、单宁、过敏原等，了解这些物质的存在与性质，对粮食的加工利用具有重大意义。

思政案例：价值与路径，学习袁隆平科学家精神

知识拓展

高粱中的单宁，主要集中在高粱的皮层中。单宁具有防霉防腐的作用，对安全储藏有利，但单宁有涩味，降低食用品质，食用后容易引起便秘。而葡萄酒中单宁的多少决定酒的风味、结构与质地。缺乏单宁的红酒质地轻薄，没有厚实感。单宁具有抗氧化作用，单宁丰富的红酒可以存放多年，并且逐渐酝酿出香醇的陈年风味。单宁具有与蛋白质、多糖、生物碱、微生物、酶、金属离子反应的活性，并具有抗氧化、捕捉自由基、抑菌、衍生化反应的特性，目前在食品加工、果蔬加工、化妆品、医药和水处理等方面应用越来越广泛。

模块小结

1. 稻谷籽粒形态一般为细长形或椭圆形,由颖(稻壳)和颖果(糙米)两部分构成。

2. 稻谷分类:稻可分为籼稻和粳稻两个亚种;依据籽粒长短,稻分为长粒形稻、中粒形稻、短粒形稻3种;根据生长期长短,稻分为早稻、中稻和晚稻3类;根据栽种地区土壤水分的不同,稻可分为水稻和陆稻(旱稻);根据国家标准《稻谷》(GB 1350—2009)的规定,稻谷按其收获季节、粒形和粒质分为早籼稻谷、晚籼稻谷、粳稻谷、籼糯稻谷、粳糯稻谷5类。

3. 小麦籽粒形态多为卵圆形、椭圆形和长圆形等。小麦籽粒是由皮层、胚乳及胚组成。

4. 小麦分类:按粒色不同分为红麦和白麦;按播种期和生育习性不同分为冬小麦和春小麦;小麦按籽粒硬度不同分为硬质小麦和软质小麦;根据《小麦》(GB 1351—2023)的规定,按其籽粒硬度和种皮颜色分为硬质白小麦、软质白小麦、硬质红小麦、软质红小麦、混合小麦。

5. 玉米一般呈圆锥状或圆柱状,玉米籽粒分为果皮、种皮、胚、胚乳和基部5个基本部分。

6. 玉米分类:根据国家标准《玉米》(GB 1353—2018)的规定,玉米分为黄玉米、白玉米、混合玉米;根据形态、胚乳的结构及颖壳的有无,分为硬粒型、马齿型、半马齿型、粉质型、甜质型、甜粉型、蜡质型、爆裂型、有稃型9种类型;按用途分为常规玉米和特用玉米;按玉米生育期长短分为早熟品种、中熟品种、晚熟品种3类。

7. 大豆种子的形状有球状、扁圆状、椭圆状和长椭圆状等,豆粒由种皮和胚两部分组成。

8. 大豆分类:根据籽粒的大小分为大粒、中粒和小粒3类;根据《大豆》(GB 1352—2023)的规定,按其皮色分为黄大豆、青大豆、黑大豆、其他大豆、混合大豆5类;按成分含量分为高油大豆、高蛋白大豆。

9. 油菜籽一般呈球状、近似球状、呈卵圆形或不规则的菱形,种子由种皮、胚和胚乳遗迹3部分组成。

10. 油菜籽分类:根据播种季节分为冬油菜和春油菜;根据《油菜籽》(GB/T 11762—2006),根据芥酸和硫苷含量分为普通油菜籽和双低油菜籽。

11. 粮食中的主要化学成分包括水分、糖类、脂肪、蛋白质、维生素、矿物质等物质。随着粮食种类和品种的不同,各成分含量相差很大。

12. 一般来讲,谷类粮食的化学成分以淀粉为主,豆类含有较多的蛋白质,油料含有大量的脂肪,薯类粮食的化学成分也是以淀粉为主,大豆中除含有较多的蛋白质外,脂肪含量也较多。

13. 食品的营养价值评价主要包括营养素密度和营养质量指数、食物利用率、食物的血糖生成指数等几个方面。

14. 粮食籽粒皮层、胚乳和胚中所含的营养素不同。皮层主要由纤维素和半纤维素组成,含有较多的矿物质、B族维生素及其他营养素;胚乳的主要成分为淀粉、相对较多的蛋白质及

少量的油脂、矿物质和维生素；胚中含有丰富的蛋白质、油脂、维生素及其他营养素。

15. 粮食中可能含有皂素、酚类、植酸、酶抑制剂等抗营养素，这些物质存在较多时就会影响粮食中有效成分的吸收利用。

练习与思考

一、单项选择题（选择一个正确的答案，将相应的字母填入题内的括号）

1. 平时食用的大米主要是（　　）部分。
   A. 胚乳　　　　B. 皮层　　　　C. 胚　　　　D. 子叶
2. 下列谷类粮食中胚最大的是（　　）。
   A. 小麦　　　　B. 稻谷　　　　C. 玉米　　　　D. 燕麦
3. 禾谷类籽粒的主要化学成分是（　　）。
   A. 糖类　　　　　　　　　　　B. 蛋白质
   C. 脂肪　　　　　　　　　　　D. 维生素
4. 稻谷依据（　　）分为早籼稻谷、晚籼稻谷、粳稻谷、籼糯稻谷、粳糯稻谷5类。
   A. 生长期长短　　　　　　　　B. 收获季节、粒形和粒质
   C. 水分不同　　　　　　　　　D. 籽粒长短
5. 按国家标准《玉米》(GB 1353—2018)的规定，黄玉米是指种皮为黄色，或略带红色的籽粒含量不低于（　　）%的玉米。
   A. 85　　　　　B. 90　　　　　C. 95　　　　　D. 99
6. 根据《大豆》(GB 1352—2023)的规定，我国大豆按其（　　）分为黄大豆、青大豆、黑大豆、其他大豆、混合大豆。
   A. 皮色　　　　B. 籽粒大小　　C. 种粒大小指数　　D. 收获季节
7. 油菜的种子称为油菜籽（又称菜籽），是一种重要的油料，其含油量为（　　）。
   A. 10%～20%　　B. 35%～42%　　C. 20%～25%　　D. 50%～56%
8. 用于制油的油料作物主要由于其含有大量的（　　）。
   A. 蛋白质　　　B. 糖类　　　　C. 脂肪　　　　D. 氨基酸
9. 玉米胚中含有（　　），这点与其他谷类粮食明显不同。
   A. 淀粉　　　　B. 脂肪　　　　C. 蛋白质　　　D. 矿物质
10. 粮油籽粒由3部分组成，生理活动最强的部分是（　　）。
    A. 皮层　　　　B. 胚乳　　　　C. 胚　　　　　D. 表层

二、多项选择题（选择正确的答案，将相应的字母填入题内的括号）

1. 小麦籽粒是由（　　）组成。
   A. 皮层　　　　B. 糊粉层　　　C. 胚　　　　　D. 胚乳
2. 小麦按照播种期可分为（　　）。
   A. 春小麦　　　B. 冬小麦　　　C. 硬质小麦　　D. 软质小麦
3. 稻谷由（　　）组成。
   A. 颖　　　　　B. 荚果　　　　C. 颖果　　　　D. 种脐

4. 小麦籽粒外形多为( )。
   A. 卵圆形　　　　B. 椭圆形　　　　C. 长圆形　　　　D. 细长形
5. 胚由( )组成。
   A. 子叶　　　　　B. 胚根　　　　　C. 胚轴　　　　　D. 胚芽
6. 下列粮食作物中具有胚乳的是( )。
   A. 小麦　　　　　B. 玉米　　　　　C. 大豆　　　　　D. 油菜籽
7. 玉米按其种皮颜色分为( )。
   A. 黄玉米　　　　B. 白玉米　　　　C. 红玉米　　　　D. 混合玉米
8. 粮食中的主要化学成分有( )。
   A. 糖类　　　　　B. 水分　　　　　C. 脂肪　　　　　D. 蛋白质
9. 食物的血糖生成指数 GI 为( )属于高血糖指数食品。
   A. 60　　　　　　B. 65　　　　　　C. 70　　　　　　D. 80
10. 依据蛋白质的溶解性不同，粮食中的蛋白质可分为( )。
    A. 谷蛋白　　　　B. 清蛋白　　　　C. 醇溶蛋白　　　D. 球蛋白

三、思考题

1. 从粮粒中间剖开，为什么有些粮食剖面不透明或粉质，而有些是玻璃质的？
2. 小麦籽粒制粉后，化学成分有哪些变化？

模块二　粮食中的水分

模块概述

　　水分是粮食中重要的化学成分之一，它不仅影响粮食籽粒的生理变化，而且影响粮食的加工、储藏及粮食食品的制作。水分过高，粮食不易保管，容易发热霉变，会使粮食品质发生变化，适量的水分可保证粮食加工和食品制作的顺利进行及产品品质。

需求分析

　　粮食水分检测对于粮食收购、加工、储藏、运输具有重要意义。在我国，由于水分检测手段不完善，每年有数量众多的粮食因水分含量过高在储藏与运输过程中霉烂变质，损失巨大。因此，粮食水分一直是国内外粮食部门控制的一项非常重要的质量指标。粮食在储存过程中，环境条件时刻影响粮食籽粒的生理变化，为了确保粮食安全，有关部门会定期对库存粮食进行质量检验和监测。

重难点分析

　　(1)通过学习和观察，了解粮食中水的结构、性质，掌握粮食中水的存在状态。
　　(2)通过学习和研究，掌握水分活度的定义，了解水分活度与粮油食品稳定性的关系，熟悉水分与粮食储藏加工的关系。

单元一　水的结构、性质与存在状态

学习目标

　　知识目标：了解水和冰的结构，熟悉水的性质，掌握水在粮油食品中不同的存在状态。
　　技能目标：能根据粮食的含水率不同，采取不同的储存方法。
　　素养目标：了解"农业强国"战略目标，为全面推进乡村振兴，加快建设农业强国做贡献。

模块二 粮食中的水分

单元导入

春风起，春雨来，收获了"十九连丰"的田野，又迎来新一季的耕耘。农业农村部最新农情调度显示，2023年春，全国已春播粮食5 500多万亩，冬小麦、冬油菜的春季田管加速推进，华南、长江中下游地区早稻进入育秧高峰期，西北春小麦陆续开始播种。

中国要强，农业必须强。农业强国是社会主义现代化强国的根基，推进农业现代化是实现高质量发展的必然要求。建设农业强国，粮食安全至关重要。粮食安全事关国运民生，是国家安全的重要组成部分，粮食安全贯穿粮食生产、加工、储藏、运输、收购和销售的各个环节。

水是维持机体正常生命活动所必需的基本物质，广泛地分布于各类粮油食品中，不同的粮种、不同的粮食水分对储藏稳定性的影响很大。因此，在粮食储藏中，科学合理地确定粮食安全水分，对储藏阶段中能否保持粮食原有品质、延缓粮食陈化、降低粮食损耗是一个关键的因素。

思政案例：农业强国，科学储粮至关重要

基础认识

一、水的结构

在水分子中，氧原子和氢原子呈 V 形排序，单个水分子的结构如图 2-1 所示。由于 O—H 键是极性键，因此水分子具有极性。水分子的极性及两种组成原子的电负性差别，导致水分子之间可以通过形成氢键而呈现缔合状态。每个水分子上有 4 个形成氢键的位点，因此每个水分子可以通过氢键结合 4 个水分子，得到四面体结构，水分子通过氢键形成的四面体结构如图 2-2 所示。

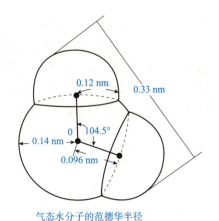

气态水分子的范德华半径

图 2-1 单个水分子的结构示意

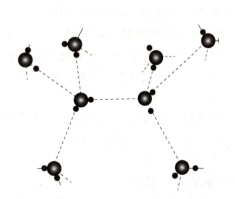

图 2-2 水分子通过氢键形成的四面体结构

水分子不仅相互之间可以通过氢键缔合，而且可以和其他带有极性基团的有机分子通过氢键相互结合，所以糖类、氨基酸类、蛋白质类、黄酮类、多酚类化合物在水中均有一定的溶解度。

冰是水分子通过氢键相互结合、有序排列形成的低密度、具有一定刚性的六方形晶体结构。普通冰结构如图2-3所示。

在冰的晶体结构中，每个水分子和另外4个水分子相互缔合。当水溶液结冰时，其所含溶质的种类和数量可以影响冰晶的数量、大小、结构、位置、取向。冰的结构一般有4种类型，即六方形、不规则树状、粗糙球状、易消失的球晶。六方形是多见的，大多数冷冻食品中的冰总是以最有序的六方形冰结晶形式存在。

图2-3 普通冰结构示意

一般粮油食品中的水均是溶解了其中可溶性成分所形成的溶液，因此其结冰温度均低于0 ℃。粮油食品中水完全结晶的温度即低共熔点，大多数粮油食品的低共熔点为$-65 \sim -55$ ℃。但冷藏粮油食品一般不需要如此低的温度，如我国冷藏粮油食品的温度一般定为-18 ℃，这个温度离低共熔点相差甚多，但已使部分水结冰，且最大限度地降低了其中的化学反应速度。

二、水的性质

水在4 ℃时相对密度最大，当温度升高和降低时，水的体积膨胀而相对密度变小。这种变化的主要原因是温度的变化影响了缔合水分子中氢键的结合程度，从而改变了邻近水分子间的距离及水分子的结合数，同时改变了水缔合体的大小，引起水相对密度的变化，也会影响水缔合体的移动性。

水的比热容、汽化热和熔化热大，这是由水分子之间的强烈的氢键缔合作用产生的，这对粮食的干燥和加工等都是重要的影响因素。

水的介电常数大，溶解力强。水分子之间靠氢键作用形成分子簇，导致水的介电常数高于其他溶剂。大多数生物体内干物质的介电常数为$2.2 \sim 4.6$，而水在20 ℃时介电常数为80.36，理论上任何物质的含水率增加1%，介电常数就会增加大约0.8。由于水的介电常数大，因此水溶解离子型化合物的能力就比较强，非离子极性化合物，如脂类、醇类、醛类等也都可与水形成氢键溶于水中。即使不溶于水的物质在适当条件下也能在水中分散形成乳浊液或胶体溶液。

水的密度变化和温度的变化相关，这种特性容易引起细胞组织机械损伤和破坏，从而使粮食等粮油食品的质地发生变化。

三、水的存在状态

粮油食品中的水分有两种存在状态——自由水（游离水）和结合水（束缚水），它们的区别在于它们与亲水性物质的缔合程度大小,而缔合程度大小又与非水成分、盐的组成、pH值和温度等因素有关。

(一)自由水

自由水又称为游离水、体相水,是指没有被非水物质化学结合的水,即指一般借助毛细管作用力存在于组织和细胞中,容易结冰,并且能溶解溶质的这部分水。自由水具有一般水的性质,可作为溶剂,0 ℃能结冰,容易从粮食及粮油食品中蒸发出去。自由水是粮食种子中通过晾晒容易除去的水分。

粮食的生命活动必须在自由水存在的情况下才能进行,当粮食中水分减少至不存在自由水时,粮食中的酶首先是水解酶,会成为钝化状态,新陈代谢降至很微弱的程度。当自由水出现以后,酶就由钝化状态转变为活化状态,这个转折点的水分(结合水达到饱和程度并将出现自由水时的水分)称为临界水分,其含量因作物种类不同而不同。在粮食种子发育阶段,种子的自由水含量可达70%~80%,随着种子成熟逐渐减低,至种子成熟时,种子的含水率一般降至20%~30%,晒干入库时,小麦和玉米等粮食必须控制在安全水分以下。在一定温度条件下粮食中出现自由水以后,粮食就不耐储藏,活力和生活力很快降低并丧失,而在临界水分以下,一般认为可以安全储藏。因为在规定含水率以下时,粮食种子的呼吸强度弱、储存期长,所以称之为安全含水率,一般安全水分上限为14%。粮食的安全水分具体数值,根据粮食的种类、种植收获地点等不同而不同,例如,北方的安全水分可以略高于南方。大米储藏的安全水分为13%以下,但其安全水分还可根据气温做适当调整,夏秋季气温不超过35 ℃时为13%以下,春季气温不超过20 ℃时为14%以下,冬季气温在10 ℃以下时可放宽到15%~16%。

水分含量不同,粮食的生命活动的强度和特点有着明显的差异,同时还受到仓虫和微生物等的作用影响。当水分超过12%时,使用熏蒸法杀虫,会损害粮食的发芽力,而且会使粮食内外部的真菌开始生长;种子水分超过18%时,储藏的粮食会"发热";水分超过40%(如漏雨、渗水等原因引起)时,会发生粮食发芽的现象。

(二)结合水

结合水又称束缚水,也称固定水,是指存在于溶质及其他非水组分邻近的那一部分水,以氢键结合力束缚水分子。与同一体系的自由水相比,含量不容易发生增减变化,不能作为溶质的溶剂,在低温下不易结冰,高温时不沸腾,受热时不易挥发、散失,也不能够被微生物所利用。

要将结合水从粮食中除去需要消耗较多的能量,结合程度最强的水,已经成为非水物质的整体部分,牢固地和粮食中的亲水胶体(主要是蛋白质、糖类与磷脂)结合在一起。

(三)自由水与结合水的区别

严格意义上,自由水与结合水之间的界限很难严格区分。例如,结合水中的邻近水,有的束缚度高些,水分子被结合得牢固些;有的束缚度低些,则松弛些。而自由水里除了能自由流动的水,其余部分都不同程度地被束缚着,所以只能根据物理、化学性质做定性的区分。一般认为自由水是以物理吸附力与粮油食品结合,而结合水是以化学力(氢键)与粮油食品结合。这两者之间的区别主要在于以下几个方面。

(1)结合水的量与粮油食品中所含极性物质的量有比较固定的关系,如100 g蛋白质大约可结合 50 g 的水，100 g 淀粉的持水能力为 30～40 g。

(2)结合水对粮油食品品质和风味有较大的影响，当结合水被强行与粮油食品分离时，粮油食品质量、风味就会改变。

(3)结合水不易结冰，这种性质使植物的种子和微生物的孢子得以在很低的温度下保持其生命力；而多汁的组织在冰冻后，细胞结构往往被自由水的冰晶所破坏，解冻后组织不同程度地崩溃。

(4)结合水不能作为可溶性成分的溶剂，也就是说丧失了溶剂能力。

(5)自由水可被微生物所利用，结合水则不能。

微课：水的结构、性质与存在状态认知

知识拓展

> 速冻一般是指运用现代冻结技术在尽可能短的时间内，将食品温度降低到其冻结点以下的某一温度，使其所含的全部或大部分水分随着食品内部热量的外散而形成合理的微小冰晶体，最大限度地减少食品中的微生物生命活动和食品营养成分发生生物变化所必需的液态水分，达到最大限度地保留食品原有的天然品质的一种保藏方法。一般的速冻食品应具备下述 5 个要素(特点)：冻结要在 −30～−18 ℃下进行，并应该在 20 min 左右完成；温度迅速降低到微生物生长活动温度之下，有利于抑制微生物的活动及酶促生化反应；冻结后食品的中心温度要达到 −18～−15 ℃，速冻食品内水分形成无数针状小冰晶，其直径应小于 100 μm，避免在细胞间隙形成较大颗粒的冰晶体；冰晶分布与原料中液态水分布相近，对细胞组织结构损伤很小；食品解冻时，冰晶融化的水分能迅速重新被细胞吸收而不产生汁液流失。

单元二　水分活度与粮油食品稳定性的关系

学习目标

知识目标：了解粮油食品中含水率的不同表示方法，熟悉水分活度与粮油食品含水率的关系，掌握水分活度的定义及与粮油食品稳定性的关系。

技能目标：能利用水分活度 A_W 值评估粮油食品的耐藏性，能控制粮油食品的水分活度值 A_W 以达到杀菌储藏的目的。

素养目标：弘扬中华传统文化，树立文化自信。

单元导入

食品干制在我国有着悠久的历史，早在 1 500 多年前北魏时期贾思勰编写的《齐民要术》中就有关于菠菜干制的记载；在明代李时珍的《本草纲目》中则提到了采用晒干制桃干的方法；《群芳谱》一书则记有先烘枣而后密封储藏的方法。

自然干制为中国长期广泛采用的干制法。中国著名土特产(如葡萄干、红枣、柿饼、干辣椒、金针菜、玉兰片、萝卜干、梅干菜、香菜等)都是晒干或阴干制成；肉制品中的风干肉、火腿和广东香肠经风干或阴干后再行保存。自然干制的原理就是除去食物中多余的水分，降低微生物导致的腐败变质。

基础认识

一、水分活度的定义

新鲜或干燥食品中的含水率，都随环境条件的变动而变化。如果食品周围的空气干燥，湿度低，则水分会从食品向空气中蒸发，水分逐渐减少而干燥；反之，如果环境湿度高，则干燥的食品就会吸湿，使水分增多。当食品所吸收的水量等于从食品中蒸发的水量时，食品的水分含量就不再发生变化，此时的水分称为平衡水分；当环境条件发生变化时，这种蒸发与吸湿的平衡又被打破，直到建立新的平衡。也就是说，食品中的水分并不是静止的，而是处于一种活动的状态。因此，食品的含水率除了用百分比来表示，还可以用水分活度来表示。

水分活度 A_W 的定义：一定温度下食品所显示的水蒸气压 p 与同一温度下纯水蒸气压 p_0 之比，即

$$水分活度\ A_W = p/p_0$$

对于纯水而言，其 p 与 p_0 值相等，因此水分活度 A_W 值为 1。然而一般食品不仅含有水，而且含有蛋白质、淀粉等固形物，所以食品中的水相对就比纯水中的水少，故其水蒸气压也就小，即一般有 $p < p_0$，因此粮油食品中的水分活度 A_W 为 0~1。

由此可见，食品的水分活度与其组成有关。食品中的含水率越大，自由水越多，水分活度越大；反之，非水物质越多，结合水越多，其水分活度越小。例如，鱼和水果等含水率高的食品的水分活度 A_W 值为 0.98~0.99，谷类、豆类含水量少的食品水分活度 A_W 值为 0.60~0.64。

微生物之所以在食品上繁殖，是由于食品的水分活度 A_W 值适合。各种微生物得以繁殖的水分活度 A_W 条件：细菌为 0.94~0.99，酵母菌为 0.88，霉菌为 0.80。所以，水分活度 A_W 值比上述值偏高的食品易受微生物的污染而腐败变质。水分活度 A_W 值对评估食品的耐藏性及指导人们控制食品的水分活度 A_W 值以达到杀菌保存的目的有重要意义。

二、水分活度与粮油食品含水率的关系

水分含量和水分活度是不同的两个概念。水分含量是指食品中水的总含量，即一定量的食品中水的质量分数；水分活度反映了食品中水分的存在状态，即水结合程度越低，则水分活度值越高。

在同种食品中，一般水分含量越高，其水分活度值越大；但不同种食品即使水分含量相同，水分活度值往往也不同。要确切地研究水分活度与含水率的关系，可以用等温吸湿线(MSI)来描述。

等温吸湿曲线(MSI)是在恒定温度下，食品的含水率(以 g 水/g 干物质表示)对其活度形成的曲线，又称水分吸着等温线(图 2-4)。

大多数食品或食品原料的等温吸湿线为 S 形，为了更好地理解其意义及用途，通常把它分成三部分。

(1) Ⅰ区：为结合水中的构成水和邻近水，对高水分含量的食品而言，区域Ⅰ的水仅占总水分含量的极小部分。这部分水比较牢固地与非水成分结合，因此水分活度 A_w 较低。所以这部分水很难发生物理、化学变化，含此水分的食品的劣变速度也很慢。

(2) Ⅱ区：为结合水中的多层水，当食品中的水分含量相当于Ⅱ区和Ⅲ区的边界时，水将引起溶解过程，它还起了增速剂的作用，并且促使固体骨架开始流动，因此加速了大多数的食品化学反应。

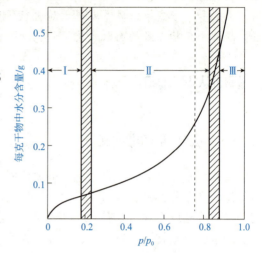

图 2-4　等温吸湿曲线

(3) Ⅲ区：为自由水区，这部分水是食品中与非水物质结合最不牢固、最容易流动的水。这部分水既可以结冰也可作为溶剂，并且还有利于化学反应的进行和微生物的生长，这部分水决定了食品的稳定性。

按照等温吸湿线将食品中所含的水分作 3 个区，对于食品中水的应用及防腐保鲜具有重要的意义。

微课：水分活度与粮油食品含水量的关系

三、水分活度与粮食及其制品稳定性的关系

粮食质量及食品加工工艺的确定与水分活度有密切的关系。总的趋势是，水分活度越小，粮食及其制品的品质越稳定，较少出现腐败变质的问题。因此，水分活度是决定粮食储藏期及食品货架期的关键指标。水分活度与粮食及其制品的稳定性之间的关系主要体现在以下 3 个方面。

(一)水分活度与微生物生长繁殖的关系

就水与微生物的关系而言，粮食及其制品中各种微生物的生长发育，是由其水分活度而不是由其含水率决定的，即粮食及其制品的水分活度决定了微生物在粮食及其制品中生长与繁殖的时间、生长速率及死亡率。不同的微生物在粮食及其制品中繁殖时对水分活度的要求不同，见表 2-1。

表 2-1　水分活度与微生物的生长

水分活度	最低水分活度所能抑制的微生物
1.0~0.95	假单胞菌、大肠杆菌、变形杆菌、志贺氏菌属、芽孢杆菌、克雷伯氏菌属、产气梭状芽孢杆菌、一些酵母
0.95~0.91	沙门氏杆菌属、副溶血红蛋白弧菌、肉毒梭状芽孢杆菌、沙雷氏杆菌、乳酸杆菌、足球菌、部分霉菌和酵母
0.91~0.87	假丝酵母、汉逊氏酵母、球拟酵母、小球菌
0.87~0.80	大多数霉菌（产毒素的青霉）、金黄色葡萄球菌、大多数酵母
0.80~0.75	大多数嗜盐细菌、产毒素的曲霉
0.75~0.65	嗜干性霉菌、双孢子酵母
0.65~0.60	耐渗透压酵母和少数霉菌（二孢红曲霉、刺孢曲霉）
<0.50	微生物不增殖

一般来说，细菌对低水分活度最敏感，酵母菌次之，霉菌的敏感性最差，当水分活度低于某种微生物生长所需的最低水分活度时，这种微生物就不能生长。水分活度与微生物生长的关系可以概括为以下几个方面。

(1)水分活度(而不是水分含量)决定微生物生长所需要水的下限值。水分活度在 0.91 以上时，粮食及其制品的微生物变质以细菌为主。水分活度降至 0.91 以下时，就可以抑制一般细菌的生长。水分活度在 0.9 以下时，粮食及其制品的腐败主要是由酵母菌和霉菌所引起的，其中水分活度在 0.8 以下的粮食及其制品的败坏主要是由酵母菌引起的，霉菌在此条件下停止生长。尽管一些适合在干燥下生长的真菌可在水分活度为 0.65 左右时生长，但一般把水分活度 0.70~0.75 作为微生物生长的下限。重要的粮食及其制品中有害微生物生长的最低水分活度为 0.86~0.97。

(2)环境条件影响微生物生长所需要的水分活度。一般而言，环境条件(如 pH 值、营养成分、氧气、压力及温度等)越差，微生物能够生长的水分活度下限越高。因此，在选定粮食及其制品的水分活度时应根据具体情况进行适当的调整。

(3)微生物会发生水分活度的适应性，特别是水分活度的降低是通过添加水溶性物质，而不是通过水的结晶(如冷冻食品)或脱水来实现的情况下更是如此。

(4)如果水分活度是通过添加溶质来实现的，溶质本身可能会起作用，这种作用会使水分活度的作用复杂化。

(5)水分活度能改变微生物对热、光线和化学物质的敏感性。一般来说，在高水分活度时微生物最敏感，在中等水分活度时最不敏感。

(6)微生物产生毒素所需要的最低水分活度比微生物生长所需的最低水分活度高。因此，通过控制水分活度来抑制微生物生长的某些食品中，虽然可能有微生物生长，但在其较低的水分活度下不一定有毒素产生。

(二)水分活度与酶促反应的关系

粮食及其制品中酶的来源多种多样，有内源性酶、微生物分泌的胞外酶及人为添加的酶。酶促反应的速率随水分活度的提高而增大，通常在水分活度为 0.75~0.95 的范围内酶活性达到最大，超过这个范围，酶促反应速率下降，其原因可能是高水分活度对酶和底物的稀释作用。酶活性随水分活度呈非线性变化，在低水分活度时，水分活度的小幅度增加会使酶促反应速率大幅度增加。

水分活度对酶的热稳定性也有影响，一般情况下酶在较高的水分活度环境中更容易发生热失活。脱水食品中的酶并未完全失活，这也是造成脱水食品在贮藏过程中质量变化的重要因素。

（三）水分活度与非酶促反应的关系

在粮油食品中还存在着氧化、非酶褐变等化学变化。对高水分活度的粮食及其制品采用热处理的方法可避免微生物腐败的危险，但是化学腐败仍然不可避免。

水分活度对脂肪氧化酸败有着重要影响。富含脂肪的粮食及其制品很容易受空气中的氧、微生物的作用而发生氧化酸败。粮油食品的水分活度对脂肪氧化酸败的影响明显地不同于对其他化学反应的影响，较为复杂。从水分活度极低开始，脂肪氧化速率随着水分的增加而降低。这是因为当水分活度很低时，食品中的水与过氧化物结合，防止了它的分解，同时这部分水也可以与金属离子水合，降低了它们催化的效率，因而影响了氧化反应的进行；在水分活度为 0.30～0.40 时氧化速率最小；当水分活度大于 0.40 时，氧在水中的溶解度增加，并使含脂食品膨胀，暴露了更多的易氧化部位，从而加快了脂肪氧化速率；若再增加水分活度，又稀释了反应体系，反应速率又开始降低。因此，为了防止氧化，维持适当的水分活度是非常重要的。

淀粉老化是因糊化的淀粉分子又自动排列成序，形成致密、高度结晶化的不溶解性的淀粉分子微束。影响淀粉老化的主要因素是温度，但水分活度对淀粉老化也有很大的影响。在水分活度较高的情况下（含水率 30%～60%），淀粉老化的速率最快；如果含水率降至 10%～15%，水分基本以结合水的状态存在时，淀粉就不会发生老化。

蛋白质变性是蛋白质高级结构的改变。因为水能使蛋白质膨润，暴露出长链中可能氧化的基团，所以水分活度增大会加速蛋白质的氧化作用，破坏保持蛋白质高级结构的次级键，导致蛋白质变性。当水分含量在 4% 时蛋白质变性仍能缓慢进行，当水分含量降至 2% 以下时蛋白质不发生变性。

总之，降低食品的水分活度可以延缓酶促褐变和非酶促褐变的进行，减少粮食及其制品营养成分的破坏，防止水溶性色素的分解。但水分活度过低，则会加速脂肪的氧化酸败。要使粮食及其制品具有最高的稳定性，最好是将水分活度保持在结合水范围内。这样，可使化学变化难以发生，同时又不会使粮食及其制品丧失吸水性和复原性。

微课：水分活度与粮食及其制品稳定性的关系

知识拓展

各种食品中水分含量差别很大，一般来说，生鲜的蔬菜水果含水率比较高，如鲜果为 70%～94%，鲜菜为 80%～97%，鲜瘦肉为 45～77%，鲜蛋为 67%～75%；而经过加工处理的食品，含水率会降低，如奶粉为 3%～5%，脱水蔬菜为 6%～9%，饼干为 2.5%～4.5%。

单元三　水分与粮食储藏加工的关系

学习目标

知识目标：了解水分与粮食加工的关系，熟悉不同粮食在加工过程中对水分的不同要求，掌握水分与粮食储藏的关系。

技能目标：能对粮食进行正确储藏，能控制粮食加工中水分含量。

素养目标：树立"藏粮于地、藏粮于技"的"粮食安全"意识，养成节约粮食的良好品德。

单元导入

2023 年，中央一号文件指出要"深入开展粮食节约行动，推进全链条节约减损，健全常态化、长效化工作机制。"2022 年，全球食品价格飞涨，如埃及、约旦等高度依赖粮食进口的国家因粮食价格上涨引发骚乱的发展性问题，再次给我们敲响了粮食安全警钟。联合国数据显示，全球粮食总产量的 14% 损失发生在收获与零售环节之间，另有 17% 在家庭、餐饮服务和零售方面遭到浪费。我国也不容乐观。客观地看，我国粮食从产后收获、存储、加工到消费等粮食产后系统环节损耗浪费现象较为严重。据有关部门的抽样调查测算，由于储粮条件差，全国每年仅农户储存环节损失率就高达 8%。晒粮方式粗放、储粮设施简陋、储粮条件差、相关技术缺乏是储粮损耗的重要原因。

基础认识

一、水分与粮食储藏的关系

（一）水对粮食呼吸作用的影响

粮食籽粒脱离植株以后，经过干燥降水，一般处于休眠状态，但其新陈代谢并未停止，仍然进行着呼吸作用。在一般情况下，粮食的呼吸作用是在氧和酶的参与下，籽粒内进行复杂的生物化学变化，分解贮藏物质（如淀粉、三酰甘油等），消耗氧气、产生二氧化碳和水，同时放出能量，以维持自身的生命活动。粮食的呼吸停止，意味着粮食生命力的丧失。呼吸过程中被分解的贮藏物质称为呼吸基质。根据粮食所处环境条件的不同，其呼吸作用可分有氧呼吸与缺氧呼吸两种类型。

微课：水分与粮食储藏的关系

粮食呼吸作用的强弱与粮食的水分、温度、粮堆的通气状况及粮食的品质等因素有关。其中，粮食水分的大小是影响粮食呼吸强弱的主要因素。干燥的粮食含游离水极少，呼吸作用很微弱,当粮食中游离水增加时,呼吸作用明显增强,所以,潮湿的粮食呼吸作用很旺盛。粮食的含水率越高,呼吸作用越强。因此,粮食中游离水的增加,是其新陈代谢急剧增强的决定因素。

随着粮食水分的增高,不仅呼吸强度增加,而且呼吸类型也随之变化。当干燥粮食的含水率增加到一定水平时,其呼吸强度会呈线性急剧增加;此时粮食的水分称为"临界水分"。

(二)储藏过程粮食中的水分迁移

根据粮食本身含水率的大小及环境温湿度的不同,粮食可以散失本身的水分而变得干燥,或者吸收水分而变得潮湿。已经干燥的粮食,如果存放的地方湿度大、温度高,会吸收空气中的水分而使含水率增高。反之,水分含量较高的粮食,在温度高、相对湿度小的地方,又会放出水分而使含水率降低。新收获的含水率高的粮食,经过日晒或烘干降低水分,就是这个道理。在储粮实践中,应经常测定粮食的水分,观察水分变化情况,以便采取措施,改善环境条件,让粮食长期保持结合水水平,保证储粮安全。

(三)粮食储藏稳定性与安全储藏水分

在所有影响粮食变质的因素中,起主导作用的是水分。粮食的含水率若能一直保持很低的水平,即使储藏条件并不是很好,粮食也可以储藏较长的时间而不致变质。如籼稻水分不超过14%,只要保管方法合理,其稻谷可以全年不发热、不霉变。如果温度不变,粮食水分的增加,也就是粮食本身的呼吸作用增强,加快害虫繁殖及微生物生长。例如,粮温15℃的稻谷,其水分在14%以下,即可抑制害虫繁殖和细菌的生长,粮食本身的呼吸作用也较低,因而可以确保粮食的安全储藏。

游离水的存在对粮食的安全储藏是十分不利的,只有当粮食的含水率下降到结合水的范围内,粮食籽粒才能处于休眠状态,生命活动减到最低限度。粮食储藏实践中规定的各种粮食的安全水分标准,就是在不同的环境条件下,各种粮食的结合水的极限含量。在一般情况下,随着含水率的增加,酶活力上升,呼吸作用增强,储藏稳定性随之减弱。当水分增加到一定值时,粮食还会发芽。表2-2所示是常见粮食储藏的相对安全水分。

表2-2 常见粮食储藏的相对安全水分   %

粮食	温度/℃								
	0	5	10	15	20	25	30	35	40
籼稻		18	17	16	15	15	13.5	13	
粳稻		19	18	17	16	16	14.5	14	
大米	18	<16	<16	<16	<16	<16	<16	<16	<16
小麦	18	17	16	15	14	13	12		

(四)粮食干燥

干燥了的粮食含水率大大减少,细胞原来所含的糖分、酸、脂类、蛋白质等浓度升高,渗透压增大,导致入侵的微生物发生质壁分离现象,使其正常的发育和繁殖受到抑制或停止,防止粮食腐败变质,延长贮存期。一般来讲,干燥的粮食水分含量要求降低到使酶的活动和微生物、害虫等所引起的质量下降可忽略不计时的含水率,即粮食的相对安全水分。

二、水分与粮食加工的关系

(一)小麦

1. 小麦各组分的吸水性

小麦要获得最佳加工性能,需要在加工的前段(清理后研磨前)进行恰当的水分调节。小麦就其籽粒结构来说包括胚(1.4%~3.8%)、麦皮(4.6%~6.4%)、糊粉层(6%~8.9%)和胚乳(77%~85%)。胚和麦皮主要由管状细胞组成,组织结构疏松多孔,吸水能力较强;麦皮和胚能够快速吸水并容纳其自身质量80%的水(约等于整个麦粒质量的8%),可称为小麦的蓄水池。糊粉层中的蛋白质对水的快速迁移有阻碍作用,因此渗透速度较慢。胚乳主要由淀粉和蛋白质基质组成,结构紧密,吸水性最差。

2. 水分的渗透速率及其影响因素

目前,国内外主要用水分渗透到籽粒中心所需时间来反映水分的渗透速度,影响渗透速度的因素主要有原粮状况和环境状况。原粮状况主要包括原始水分、粒度、胚乳的组织结构及籽粒中各化学成分等;环境因素主要包括温度和湿度。据研究,吸水速度与初始水分正相关,这也正是多次润麦所需时间比一次润麦短的真正原因。

籽粒大小方面,小颗粒比大颗粒吸水速度快,原因是小颗粒具有较大的比表面积。

小麦胚乳的组织结构特性是影响水分渗透速率的重要因素。粉质胚乳疏松多孔,结构不规则,蛋白质分布不连续,故水分渗透作用较强;而角质胚乳结构规则紧密,蛋白质分布连续,故水分渗透作用很弱;同样是粉质胚乳的小麦,渗透速率取决于胚乳结构的规则性,结构较规则的胚乳渗透作用较弱。对于硬度与角质率正相关的小麦(如红麦),水分在小麦籽粒中的渗透速度与小麦的硬度呈负相关。另外,研究者还发现珠心层的透水性较差,严重阻碍了水分向籽粒内部的渗透,这可能是因为珠心层多呈玻璃态分布,结构较紧密。

小麦籽粒中各化学成分的性质、含量及分布也是影响渗透速率且不可忽视的因素。蛋白质的吸水量大于淀粉,但其吸水速度非常慢。研究发现,去掉小麦的皮层,水的渗透速度可提高到原来的3倍。另外,麦皮乃至亚糊粉层及胚乳中的一些化学成分也会影响水分的渗透速度,如麦皮中的油脂和亲水戊聚糖阻碍着水分的渗透;麦皮中阿拉伯木聚糖的分支程度越高,对水的阻碍越大。事实上,小麦多用打麦机、擦麦机进行清理,麦皮受到破坏,水分可直接通过皮层进入胚乳,这样能提高水分的渗透速度。

环境对渗透速度的影响主要体现在温度和湿度上。大量研究表明,升温能够加快渗透;湿度越大,越有利于水分渗透。在20~43 ℃,每升高12 ℃,水的渗透速度就会增加3倍,当在43 ℃以上时,增幅则较小。

3. 水分在籽粒中的渗透路线

研究表明,调质过程中胚首先吸水。如果小麦一直浸在水中,大量水通过胚进入胚乳,而实际调质中,小麦并未一直浸在水中,所以,水是从胚和皮层同时向糊粉层再向胚乳中慢慢扩散的,水分在背部的渗透速度大于腹沟处,原因可能是背部的细胞壁较密集,故毛细管作用较强。不同小麦品种的渗透路线是相同的。水分渗透过程中,由背部及腹沟处的糊粉层作为主渠道,向上扩散至绒毛一

动画:水分在小麦籽粒中的渗透路线

端，同时，水分由胚乳细胞壁作为次渠道向麦粒中心扩散，水分在沿细胞壁传播的同时，向周围的淀粉细胞内渗透。

4. 水分在籽粒中的分布

胚乳中的水分含量分布很不均匀，且不呈梯度分布，当小麦平均水分为12%（湿基）时，水分含量变化为7.3%~16.4%（湿基），相差达9.1%。因此，小麦的着水润麦对制粉有着重要的意义。润麦2 h后，胚乳中水分梯度分布，每隔1 mm的距离，水分相差4%；6 h后水分差降为2%，24 h后水分便完全达到平衡，且水分分布与加水量无关。

5. 调质过程中小麦籽粒结构的变化

在调质过程中，皮层以纤维为主，吸水后韧性增加且脆性减弱，从而保证了研磨过程中麦皮的完整性，减少了小麦粉中的麸星含量，有利于提高小麦粉的精度，降低小麦粉灰分。胚乳主要由淀粉粒与蛋白质组成，两者的吸水膨胀系数是不同的。因此，小麦吸水后，蛋白质和淀粉粒之间会产生位移，使胚乳结构变得疏松，不但容易把胚乳研磨成一定的细度，而且大大降低磨粉间的电耗。另外，由于胚乳和皮层膨胀系数的不同，在它们之间也会产生微量位移，从而使皮层和胚乳之间的结合力降低，这有利于皮层、胚乳的分离。最近研究发现，随着水分含量的增加，淀粉的结晶度逐渐增加，最终会达到一个平衡值（约45%）；当水分大于19.4%时，淀粉颗粒中的无定型区域处于橡胶态，其X射线衍射图形仅由微晶区域形成；再增大水分含量，又会同时出现结晶区和无定型区的分离。当然，上述结果只是针对纯淀粉，小麦籽粒中淀粉的变化情况有待于进一步研究。

6. 调质处理对制粉特性的影响

现代小麦制粉采用了轻研细磨的工艺，该工艺的特点是尽量减少麦皮的磨碎而将胚乳磨成粉，这就对麦皮和胚乳颗粒的力学性能差异提出了更高的要求，即增加麦皮韧性，保持胚乳脆性，所以要求原粮小麦的皮层和胚乳具有不同的含水率，制粉工艺中的润麦（调质）工序就是为了解决这个问题而设计的。通过润麦，胚部吸水最快，皮层次之，胚乳尤其是中心部分吸水最慢，这样就使小麦各部分的含水率不一致。皮层水分较胚乳多，增加了皮层的韧性，避免麦皮破碎混入粉中降低面粉质量。表皮润湿的小麦入磨，先磨碎，然后筛选，使麸皮与面粉分开，从而保证出粉率和面粉品质。若水分过高，胚乳难从麸皮上刮净，又会影响出粉率，还易堵塞筛孔，造成管道堵塞，增大动力消耗，操作管理发生困难等。因此，为了使入磨小麦的水分达到制粉工艺的要求，需要对原粮小麦进行水分调节，一般要求入磨软质小麦的水分含量达到14%~15%，硬质小麦的水分含量达到15%~17%。

另外，小麦粉必须在水的作用下才能形成面筋，以便揉制面团，制作面条、饼干、面包等多种面食品。

微课：水分与小麦加工的关系

（二）稻谷

粮食加工时，要求粮食的含水率适宜，过高或过低都会影响粮食的物理性质和工艺品质，对加工不利。就制米而言，如果水分含量过高，稻粒硬度低，则容易碾碎，使碎米增多，从而降低出米率，还会造成清理困难，增加动力消耗；如果水分过低，也容易产生碎米，降低出米率。一般稻谷加工的标准水分是13.5%~16.0%，籼稻较粳稻为低。

稻谷经砻谷处理，将颖壳去除，得到的籽粒称为糙米；糙米往往要经过碾米加工，除去部分或全部皮层才能得到通常食用的大米。为区别于糙米，这样的大米也称白米或精白米。

1. 糙米的调质

糙米调质就是在一定的温度下对糙米进行喷雾着水，并将着水的糙米在精米仓内进行一定时间的湿润，使糙米皮层和胚软化的过程。糙米调质的目的是使糙米皮层吸水膨胀柔软，形成外大内小的水分梯度和外小内大的强度梯度，使皮层与胚乳结构产生相对位移，糙米外表面的摩擦系数增大。

从大米的生物学结构来看，大米主要是由淀粉组成的，而淀粉主要蕴藏在胚乳中，胚乳是一种复合淀粉，呈球状或椭球状，其内包含着 20～60 个小淀粉颗粒。在电子显微镜下，可以看见胚乳表面有许多小洞，在胚乳细胞内淀粉粒与蛋白本是紧密结合着的，当其分离时就生成了小洞。从宏观上来看，大米粒是由无数淀粉颗粒组成的，正是因为它是种多孔物质，大米易吸湿和返潮。每当外界环境的湿度高于大米的含水率时，水分就会由环境向大米中转移，也就是吸湿；当外界环境的湿度低于大米的含水率时，水分就会由大米向环境中转移，也就是散湿。对糙米进行均匀加湿，使糙米的糠层组织吸水膨胀软化，形成外大内小的水分梯度和外小内大的强度梯度，糠层与大米籽粒结构间产生相对位移，皮层、糊粉层组织结构强度减弱，大米籽粒胚乳结构强度相对增强，糙米外表面的摩擦系数增大，大大减少了碾米过程中的出碎和裂纹，而大米表面也更光滑，使整精米率大幅度提高。另外，调质碾米也改善了碾米过程中因米温升高而导致大米食用品质下降的情况，通过对糙米的水分调节，尤其是水蒸气处理，大米内部蛋白质分解酶活性、脂肪分解酶活性、游离氨基酸含量、糖化酶活性、蔗糖和各种还原糖含量都有一定的变化，这对于大米的食用品质的改善有较大的作用。

糙米的调质处理技术就是利用以上原理，采用调质机将适量的净水通过喷雾方式，均匀地渗透到籽粒的内部，以适当改变其加工品质和食用品质。通过糙米着水，增加糙米皮层与胚乳之间的水分梯度，从而降低破碎率和动力消耗。水分梯度与破碎率、耗电量存在着密切的关系，由于水分进入皮层及胚产生水分梯度，糙米皮层组织和胚吸水膨胀、松软，皮层与胚乳之间产生相对位移，皮层、糊粉层和胚结构强度减弱，减轻了碾米时的机械压力，因而减少了对米粒的破碎和动力消耗。

一般来说，水稻的生长周期很长，在脱粒时正值高温季节，正常年景收获的早籼稻含水率通常低于 13%，该水分值低于所要求的含水率。过干的稻谷，不但使稻谷产量减少，而且裂纹粒多、籽粒变脆、易折断；另外，含水率低的糙米碾白时需要较大的碾削力、擦离力，使碎米率高、能耗大。因此，对水分含量过低的糙米，在加工过程中需经过着水调质，将其水分含量调整到最佳水平，以达到最佳工艺效果，碾出的大米外观好看、粒面光洁。因此，糙米调质，实际上是将不应当散失的水分重新予以补充，以补偿糙米水分的损失。

2. 润糙调质过程中糙米的变化

在润糙时间与碾米能耗关系研究中发现，润糙开始后水分由表皮层向胚乳层逐渐渗透，使糙米的硬度逐渐下降而韧性提高，随着润糙时间的进一步延长，水分由皮层向胚乳层渗透，而皮层的硬度随水分的降低又有所回升，根据试验结果可以认为糙米的各层水分在 450 min 以后基本均匀。

润糙过程中水分由糙米皮层向胚乳渗透，润糙开始后皮层由于水分的增加其硬度逐渐下降而韧性逐渐升高，这就产生了碾米试验中整精米率上升、裂纹率及碎米率下降的现象；

当水分完成皮层(或称需碾削的糠层)渗透、由外及内达到恰当的水分梯度时,整精米率达到最大值而裂纹及碎米率降至最小值;当水分进一步向胚乳层渗透的过程中,皮层(或称需碾削的糠层)的硬度又有所回升,这也导致了试验中当调质时间增加到一定时间时,其裂纹率及碎米率反而又有所上升、整精米率下降的现象;当糙米内外水分完全均匀一致时,整精米率、裂纹率及碎米率保持在一个稳定值。

动画:糙米着水调质后的变化

糙米经着水调湿和润糙后,会发生以下变化:

(1)由于糙米皮层与胚乳中化学成分及组织结构不同,其吸水速度、吸水能力、吸水膨胀程度等有差异,在界面上会产生一定程度的位移,使皮层与胚乳的结合力下降,皮层易碾除。

(2)皮层润湿后,糙米表面的摩擦因数增大,在相同的碾白压力下擦离作用增加,易于碾白。

微课:水分与稻谷加工的关系

(3)保证大米的水分含量合乎国家标准的要求,大米的食用品质得到一定的改善。

(三)玉米

玉米的加工方法根据所获得的主要产品不同可分为干法加工与湿法加工。干法加工的主要产品有玉米糁、玉米粉、玉米胚;湿法加工的产品主要是玉米淀粉及其副产品。与干法加工相比,水分对湿法加工的影响更加明显。在玉米湿法加工的整个工艺过程中,水分的影响是方方面面的,其中受影响最大的是浸泡工序及洗涤工序。

玉米浸泡是玉米淀粉生产中重要的工序之一。浸泡过程的正确与否不仅决定以后各道工序过程,而且对整个生产的数量和质量指标都有影响。浸泡的目的是改变胚乳的结构和物理化学性质,削弱淀粉的黏着力,降低籽粒的机械强度,浸泡出部分可溶性物质,抑制随玉米带来的微生物的有害活动。

(四)其他谷物

除了上述提及的谷物,制造各种其他谷物食品时,也离不开水的作用。例如,在燕麦片等谷物食品加工中所涉及的成型及熟化等工序,必须有水的参与。水还是谷物食品中各种水溶性辅料或添加剂的溶剂,要做出各种各样、风味不同的面制食品,必须将各种辅料或添加剂溶于水中,再加入原料。

知识拓展

据国家统计局发布2022年粮食产量数据显示,我国粮食总产量68 653万吨,比2021年增加368万吨,增长0.5%。我国粮食再迎丰收捷报,为稳定经济提供了"有力支撑"。但粮食损耗问题依然严重,在我国,粮食全链条损失率达8%,其中,生产和收获环节约占整体粮食损失和浪费的27%,储存和运输环节约占33%,加工和包装环节约占9%,消费环节约占31%。因此,如何通过机收减损、改善存储、加工方式等来降低粮食收获后的损失,是当下亟待解决的问题。

模块小结

1. 水分子的结构特征：水是呈四面体的网状结构；水分子之间的氢键网络是动态的；水分子氢键键合程度取决于温度。

2. 水分子的缔合：由于每个水分子具有相等数目的氢键给体和受体，能够在三维空间形成氢键网络结构。

3. 冰是由水分子有序排列形成的结晶，有多种晶型，其中六方冰晶是最稳定的。

4. 粮油食品中的水分有两种存在状态：结合水和自由水。其中结合水是指存在于溶质及其他非水组分邻近的那一部分水。结合水的特点：①在 −40 ℃ 下不结冰；②无溶解溶质的能力；③与纯水比较分子平均运动为 0；④不能被微生物利用。自由水是指没有被非水物质化学结合的水。自由水的特点：①能结冰，但冰点有所下降；②溶解溶质的能力强，干燥时易被除去；③与纯水分子平均运动接近；④很适合微生物生长和大多数化学反应，易引起食物的腐败变质，但与食品的风味及功能性紧密相关。

5. 水与溶质的相互作用：与离子基团、极性基团、非极性基团，两亲分子的相互作用。

6. 水分活度 A_W 的定义：是指某种食品在密闭容器中达到平衡状态时的水蒸气分压与同一温度下纯水的饱和蒸气压之比。

7. 在恒温条件下，以食品的含水率（用每单位干物质质量中水的质量表示）对 A_W 绘图形成的曲线，称为水分等温吸湿线（MSI）。

8. 水的比热容、汽化热和熔化热大，水的介电常数大、溶解力强。

9. 水分活度与微生物生长繁殖的关系：细菌对低水分活度最敏感，酵母菌次之，霉菌的敏感性最差，当水分活度低于某种微生物生长所需的最低水分活度时，这种微生物就不能生长。

10. 水分活度与（非）酶促反应的关系：降低食品的水分活度可以延缓酶促褐变和非酶促褐变的进行，减少粮食及其制品营养成分的破坏，防止水溶性色素的分解。但水分活度过低，则会加速脂肪的氧化酸败。

11. 水分与粮食储藏的关系：一般来讲，干燥的粮食水分含量要求降低到使酶的活动和微生物、害虫等所引起的质量下降可忽略不计时的含水率，即粮食的相对安全水分。

12. 水分与粮食加工的关系：谷物加工过程中往往需要通过调质处理，即在谷物加工的前段（清理后研磨前）进行恰当的水分调节。

练习与思考

一、单项选择题（选择一个正确的答案，将相应的字母填入题内的括号）

1. 每个水分子上有 4 个形成氢键的位点，因此每个水分子可以通过氢键结合（ ）个水分子。

    A. 3   B. 4   C. 5   D. 6

2. 大多数冷冻粮油食品中的冰总是以最有序的(　　)形式存在。
   A. 六方形冰结晶　　　　　　　　B. 不规则树状
   C. 粗糙球状　　　　　　　　　　D. 易消失的球晶

3. 我国冷藏粮油食品的温度一般定为(　　)℃。
   A. 0　　　B. −10　　　C. −18　　　D. −55

4. (　　)是粮食种子中通过晾晒容易除去的水分
   A. 自由水　　B. 结合水　　C. 束缚水　　D. 结晶水

5. 水在(　　)℃时相对密度最大,当温度升高或降低时,水的体积膨胀而相对密度变小。
   A. 0　　　B. 2　　　C. 4　　　D. 5

6. 粮油食品中的水分活度 A_W 为(　　)。
   A. 0~1　　B. 1~2　　C. 1~3　　D. 2~3

7. 食品中的含水率越大,自由水越多,水分活度(　　)。
   A. 越小　　B. 越大　　C. 不变　　D. 没有关系

8. 要确切地研究水分活度与含水率的关系,可以用(　　)来描述。
   A. 吸湿线　　　　　　　　　　　B. 等高线
   C. 等湿线　　　　　　　　　　　D. 等温吸湿线

9. 水分活度在 0.91 以上时,粮食及其制品的微生物变质以(　　)为主。
   A. 霉菌　　　　　　　　　　　　B. 酵母菌
   C. 细菌　　　　　　　　　　　　D. 病毒

10. 通常粮食的临界水分为(　　)。
    A. 10%~12%　　　　　　　　　B. 14%~15%
    C. 15%~20%　　　　　　　　　D. 14%~18%

二、多项选择题(选择正确的答案,将相应的字母填入题内的括号)

1. 有关水的性质,以下说法正确的是(　　)。
   A. 水在 4 ℃时相对密度最大,当温度升高或降低时,水的体积膨胀而相对密度变小
   B. 水的比热容、汽化热和熔化热大
   C. 水的介电常数小,溶解力弱
   D. 水的密度变化和温度的变化相关

2. 以下关于自由水和结合水的说法,正确的有(　　)。
   A. 严格意义上,自由水与结合水之间的界限很难严格区分
   B. 结合水不易结冰
   C. 结合水能作为可溶性成分的溶剂
   D. 结合水可被微生物所利用,自由水则不能

3. 水分活度与食品含水率之间存在哪些关系?(　　)
   A. 水分含量和水分活度是不同的两个概念
   B. 水分含量是指食品中水的总含量,即一定量的食品中水的质量分数
   C. 水分活度反映了食品中水分的存在状态,即水分与其他非水组分的结合程度或游离程度
   D. 在同种食品中,一般水分含量越高,其水分活度值越大

4. 水分活度与酶促反应的关系，正确的有（　　）。
   A. 酶促反应的速率随水分活度的提高而减少
   B. 通常在水分活度为 0.75~0.95 的范围内酶活性达到最大
   C. 一般情况下，酶在较高的水分活度环境中更容易发生热失活
   D. 脱水食品中的酶并未完全失活
5. 粮食呼吸作用的强弱与（　　）有关。
   A. 粮食的水分　　　　　　　　B. 温度
   C. 粮堆的通气状况　　　　　　D. 粮食的品质
6. 调质过程中小麦籽粒的结构发生了哪些变化？（　　）
   A. 吸水后韧性增加且脆性减弱
   B. 蛋白质和淀粉粒之间会产生位移
   C. 皮层和胚乳之间的结合力降低
   D. 淀粉的结晶度逐渐增加

三、思考题
1. 水分活度与微生物生长之间有什么关系？
2. 什么是糙米的调质？为什么要进行糙米调质？

模块三　粮食中的碳水化合物

模块概述

　　碳水化合物在自然界中广泛存在，主要源于植物、动物、微生物。碳水化合物一般被分为4类：单糖、双糖、寡糖和多糖。碳水化合物是人体必需的三大营养素之一，具有与人体健康密切相关的多种功能，包括贮存和提供能量、构成机体的成分、调节蛋白质代谢、抗生酮、保护肝脏、调节肠道菌群等，这些功能对人类非常重要。

需求分析

　　随着近年来全球社会经济的快速发展，人们健康意识逐渐增强。大家对碳水化合物摄入有了新的需求，具备各种功能的功能性碳水化合物成为人们研究的热点。膳食纤维、抗性淀粉、活性多糖、功能性低聚糖及糖醇等功能性碳水化合物的多功能性引起了广泛的关注。为满足人们对于碳水化合物的需求，我们需要对碳水化合物的结构、性质、功能进行深入的分析和研究，为食品开发提供参考依据。

重难点分析

　　(1)通过学习和研究，熟悉碳水化合物的分类，熟悉单糖和低聚糖的结构。
　　(2)通过学习和观察，熟悉损伤淀粉的性质，掌握淀粉的化学结构、颗粒特性、糊化和老化特性。
　　(3)通过学习和观察，熟悉小麦淀粉制备工艺多种方法和玉米淀粉制备工艺过程。

单元一　碳水化合物的分类和应用

学习目标

　　知识目标：了解碳水化合物的分类，熟悉淀粉化合物应用情况。
　　技能目标：能根据聚合度对碳水化合物进行分类，能根据人体利用情况对碳水化合物

模块三　粮食中的碳水化合物

进行分类，能掌握淀粉的应用情况。

素养目标："一粥一饭，当思来之不易"，在日常生活中减少粮食浪费，树立正确的人生观、价值观，成为一名有高尚品德、人格健全、思想成熟、对社会国家负责的专业人才。

单元导入

1747 年，德国化学家马格拉夫(Marggraf)在柏林首次分离出葡萄糖，并于 1749 年将这一过程发表在《从德国产的几种植物中提炼蔗糖的化学试验》，文中提到，用少量的水润湿葡萄干将其软化，然后压榨被挤出的汁，经过提纯浓缩后，得到了一种糖，马格拉夫发现的这种糖就是葡萄糖。

葡萄糖在 1838 年才被命名，它是由法国教授尤金-梅尔基奥尔·佩利戈首次制造出来，源自德语中未发酵的甜果酒，前缀 gluc，即甘甜的意思；后缀 -ose 表明其化学分类，指出它是一个碳水化合物。

基础认识

一、碳水化合物的分类

碳水化合物是自然界中最为广泛的一类化合物，它提供人类膳食 70%～80% 的热量。碳水化合物具有不同的分子结构、大小和形状，使其具有不同的性质，可应用到不同的领域。自然界中的天然碳水化合物大多数是以高聚物(多糖)的形式存在，单糖和低分子质量的碳水化合物含量很少，一般分子质量较低的碳水化合物常由多糖水解得到。碳水化合物可分为单糖、低聚糖(DP＝2～15，DP 代表聚合度)和多糖(DP＞15)。碳水化合物的分子组成一般可用 $C_n(H_2O)_m$ 的通式表示，但后来发现有些糖[如鼠李糖($C_6H_{12}O_7$)、脱氧核糖($C_6H_{10}O_5$)等]并不符合上述通式，并且有些糖还含有氮、硫、磷等成分。显然用碳水化合物的名称来代替糖类名称已经不适当，但由于沿用已久，至今还在使用这个名称。根据碳水化合物的化学结构特征，碳水化合物的定义为多羟基醛或酮及其衍生物和缩合物。

二、碳水化合物的应用

碳水化合物与食品加工、烹调和保藏有着很密切的关系，其低分子糖类可作为食品的甜味剂，如蔗糖、果糖等。大分子糖类物质因能形成凝胶、糊而广泛应用于食品作为增稠剂、稳定剂，如淀粉、果胶等，另外，它们还是食品加工过程中香味和色素的前体物质，对产品质量产生影响。

碳水化合物是谷物中含量最多的成分，通常占谷物干基的 50%～80%。谷物中的碳水化合物不仅对谷物的品质、加工和应用等具有重要的影响，同时谷物碳水化合物可转化为很多工业产品。谷物是生产淀粉的主要原料，淀粉是一种重要的工业产品，被广泛应用到食品、医药等行业，同时谷物淀粉可进一步转化为淀粉糖、乙醇、有机酸等产品，因此，谷物碳水化合物是一类非常重要的物质。

碳水化合物分为可被人体利用的碳水化合物及不能被人体利用的碳水化合物，可被人体利用的碳水化合物包括淀粉和可溶性糖类；不能被人体利用的碳水化合物包括组成谷物细胞壁结构的多糖，如阿拉伯木聚糖、β-葡聚糖、纤维素，以及其他的一些复杂多糖。

谷物中的碳水化合物可以按照常规分类方法分为单糖、低聚糖和多糖。谷物中主要的单糖为己糖和戊糖，己糖主要是葡萄糖和果糖，戊糖主要是木糖和阿拉伯糖。蔗糖和麦芽糖是谷物中重要的双糖。谷物中游离单糖及低聚糖含量较少，一般为1％～2％。谷物中95％的碳水化合物是多糖类物质，主要是淀粉。另外，谷物中还含有丰富的复杂多糖，是自然界中复杂多糖来源最为丰富的一类原料。由于谷物多糖组成不同、结构不同，理化性质和功能特性也不同。谷物中淀粉及复杂多糖含量丰富，因此成为食品、医药、化工等行业产品生产的主要原料。

淀粉是谷物中含量最为丰富的一类碳水化合物，为人类膳食提供能量和营养。淀粉是食品行业、医药行业及化工行业重要的一类物质，除了为人类膳食提供能量，由于它本身具有的特性可赋予食品特定的质构和加工性能，也作为一种食品加工助剂被广泛应用，尤其是应用到各类粮食制品中。除了薯类（马铃薯、红薯及木薯）广泛作为生产淀粉的原料，在各类谷物中，玉米是工业上生产淀粉的主要原料，除了玉米，小麦作为淀粉生产的原料也越来越受到重视，另外，大米、大麦、高粱等也被用于生产淀粉。由于淀粉在食品、医药及化工等行业的广泛应用，淀粉还经常被改性用于生产不同的改性淀粉，使其更适于在不同行业的应用。另外，淀粉可进一步通过水解生产果葡糖浆、麦芽糖浆、麦芽糖、蔗糖、葡萄糖、果糖等淀粉糖类产品，也可进一步通过发酵生产乙醇、柠檬酸等产品。谷物中多糖除了淀粉，还含有10％左右的组成谷物细胞壁的结构多糖，主要是半纤维素（又称戊聚糖、阿拉伯木聚糖）、β-葡聚糖、纤维素。这类物质因为不能被人体消化系统消化，被称为谷物非淀粉多糖，是组成膳食纤维的主要物质。该类物质虽然不能够被人体消化系统吸收，但是由于它们本身所具有的结构和理化特性，对谷物的品质、加工和食用等具有重要的影响。

微课：碳水化合物认知

知识拓展

银耳在夏秋季生于阔叶树腐木上，分布于中国福建、四川、浙江、江苏、安徽等省份。银耳蛋白质丰富，富含17种氨基酸、多糖和膳食纤维，以及钙、磷、铁、钾、钠、镁、硫等多种微量元素。

现代营养学研究表明，多糖是银耳中最主要的功能活性成分，具有抗氧化、抗肿瘤、调节免疫、改善记忆、抗炎、降血糖和降血脂等生物活性。银耳多糖可作为一种安全无毒的天然活性成分，辅助于增强免疫力、改善代谢综合征等方面。

单元二 谷物中的单糖和低聚糖

学习目标

知识目标： 了解单糖的分类，熟悉低聚糖的种类和粮食籽粒内部的分布情况。

技能目标： 能对单糖进行分类，并根据粮食籽粒的糖类分布情况分析粮食的营养情况。

素养目标： 树立严谨求实的科学态度，探索未知领域、崇尚真理的意识；树立粮以质为安的观念。

单元导入

俗话说："女子不可一日无糖"，这里说的就是红糖。在我国，红糖最早的文字记载见于汉朝，《异物志》书中有一段描述："甘蔗，长丈余颇似竹，斩而食之既甘，榨取汁如饴饧，侯谓奇珍异宝，可入药也，名之曰糖。"

正史中对红糖的记载，最早见于《新唐书》太宗遣使者至印度取熬糖法。根据记载，红糖在唐代之前就已经出现在中国的某些地区，但工艺仍有不足，唐太宗才"遣使取熬糖法"，按照印度方法改良了熬糖技术。公元 1596 年，李时珍著的《本草纲目》中"砂糖"条下记载，砂糖和脾、缓肝、补血、活血、通淤等。

基础认识

一、单糖

单糖是指不能再水解的最简单的多羟基醛或多羟基酮及其衍生物，按照其官能团的特点，单糖可分为醛糖和酮糖；按所含碳原子数目的不同，单糖可分为丙糖（三碳糖）、丁糖（四碳糖）、戊糖（五碳糖）、己糖（六碳糖）、庚糖（七碳糖）等，其中以戊糖、己糖最为重要，如核糖、脱氧核糖属戊糖，葡萄糖、果糖、半乳糖为己糖。常见的醛糖包括 D-葡萄糖、D-半乳糖和鼠李糖，D-果糖是常见的酮糖。单糖多数以 D-糖形式存在，L-糖数量非常少。D-葡萄糖是最为常见的碳水化合物，天然存在的葡萄糖均为 D 构型，表示为 D-葡萄糖。D-果糖是主要的酮糖，果糖是组成蔗糖的两个单糖之一，在高果糖浆中含有 55％的果糖，D-果糖是唯一商品化的酮糖，也是在天然食品中游离存在的唯一酮糖。含有相同数量碳原子的简单醛糖和酮糖互为异构体，通过异构化，D-葡萄糖、D-甘露糖及 D-果糖可以相互转化，异构化可以通过碱或酶进行催化。由于单糖是多羟基醛和多羟基酮，其具有亲水性结构。

微课：谷物中的单糖

二、低聚糖

低聚糖又称寡糖，是由 2～15 个单糖通过糖苷键连接形成的直链或支链的低度聚合糖类。自然界存在的低聚糖一般不超过 6 个单糖残基。食品中最重要的二糖有蔗糖、麦芽糖和乳糖。根据组成低聚糖的单糖分子的相同与否分为均低聚糖和杂低聚糖，前者是以同种单糖聚合而成，如麦芽糖、环糊精等；后者由不同种单糖聚合而成，如蔗糖、棉子糖。

谷物中常见的单糖为葡萄糖和果糖，二糖为麦芽糖和蔗糖，另外，谷物中含有非常少量的三糖及其他低聚糖。工业上应用的单糖和低聚糖多数通过多糖水解得到。谷物中通常含有 1%～2% 的单糖和低聚糖。谷物发芽时单糖和低聚糖含量会增加，尤其是麦芽糖含量增加，由于单糖和低聚糖具有甜味，谷物发芽后会赋予制品特有的风味。

小麦中的低分子质量游离糖由单糖（葡萄糖、果糖和半乳糖）、二糖（蔗糖和麦芽糖）、三糖（棉子糖）组成。面粉中含有 0.57%～0.80% 的蔗糖、0.54%～0.70% 的棉子糖、0.02%～0.04% 的果糖及 0.02%～0.03% 的葡萄糖。小麦发芽后麦芽糖含量会增加，使其面粉制作的馒头等制品具有特定的香甜风味，我国有些地域（如山西省的一些地方）仍保留将小麦发芽后制粉然后再制作馒头的传统。

大米胚乳及胚中主要的低分子糖是蔗糖，另含有少量的棉子糖、葡萄糖和果糖，大米中主要的还原糖是葡萄糖。据报道，大米胚中游离低分子糖含量为 8%～25%，其中还原糖含量在 1%～11%，大米中总游离糖含量为 0.22%～0.45%，米糠中总游离糖含量为 6.4%。在玉米籽粒中含有蔗糖、葡萄糖、麦芽糖、果糖、半乳糖、鼠李糖、甘露糖、木糖等，玉米胚乳中主要的游离糖是果糖和葡萄糖，这两种糖在玉米胚乳中含量基本类似，在成熟的玉米籽粒中，游离低分子糖含量为籽粒干物质质量的 2% 左右。在大麦中发现至少 9 种低分子糖，其中主要是阿拉伯糖、木糖、果糖、鼠李糖、葡萄糖、蔗糖、半乳糖、甘露糖等，蔗糖是大麦中主要的游离低分子糖。在正常大麦品种中，游离低分子糖含量为 2%～3%，青稞中为 2%～4%，高赖氨酸含量大麦中为 2%～6%，高糖大麦中为 7%～13%。据报道，燕麦中总游离糖含量为 0.5%～2.5%，其中蔗糖是主要的糖（0.64%），其次是棉子糖（0.19%）、果糖（0.09%）、葡萄糖（0.05%），另含有很少量的麦芽糖。高粱中游离单糖含量为 0.05%～0.83%，主要是葡萄糖和果糖，其中葡萄糖含量为 0.2%～1.68%。

知识拓展

《大米》(GB/T 1354—2018)规定，长度小于同批试样完整米粒平均长度四分之三，留存在 1.0 mm 圆孔筛上的不完整米粒称为碎米。碎米主要营养物质为淀粉（76%左右）和蛋白质（8%左右）。碎米通常用于发酵制备酒、醋、发酵饮品，或经过酶解、糖化等处理，生产果葡糖浆、麦芽糊精等。碎米可用于制备淀粉，提取淀粉后的残渣中蛋白质含量约 50%，可用于提取高纯度米蛋白。碎米也可通过挤压膨化等技术，生产婴幼儿营养米粉、米果、米饼、营养强化米等产品。

单元三 淀粉

学习目标

知识目标：了解淀粉在粮食中的含量，熟悉淀粉的化学组成，熟悉损伤淀粉的性质，掌握淀粉的化学结构、颗粒特性、糊化和老化特性。

技能目标：能分析不同粮食的淀粉颗粒结构，以及分析淀粉糊化和老化的影响因素。

素养目标："一粥一饭，当思来处不易；半丝半缕，恒念物力维艰"，传承节粮爱粮的优良传统，在日常生活中减少粮食浪费。

单元导入

最早可追溯到 12 万年前，在非洲大陆南端的一处古人类遗址发现了炭化的淀粉食物，最早可追溯到 12 万年前。这是迄今发现的史前人类烹饪和食用淀粉食物的最古老证据。

来自植物的淀粉是现代人的主食。但农业出现之前，淀粉在原始人类饮食中的地位如何，人们所知甚少。遗传学研究显示，从约 30 万年前，智人体内负责消化淀粉的基因增多，这可能是饮食结构中淀粉增加所导致的适应性变异。研究人员发现，从 12 万年前至 6.5 万年前，这些古人的狩猎技能和石器制作技术发生了许多变化，但烹制植物根茎和块茎的做法一直存在。

基础认识

一、概述

淀粉以颗粒形式存在于植物体内，是大多数植物的重要贮藏物，在植物的种子、根、茎、叶中含量比较丰富，其结构紧密，因此不溶于水，但能少量分散于冷水中。淀粉主要有玉米淀粉、马铃薯淀粉和木薯淀粉等。淀粉是在植物细胞中被生物合成的，因此，淀粉颗粒的大小和形状是由宿主植物的生物合成体系与组织环境所产生的物理约束所决定的。从化学组成上看，淀粉是葡聚糖。从单糖的连接方式来看，淀粉是由两种不同连接方式的葡聚糖组成的，即直链淀粉和支链淀粉，它们之间的比例随着来源的不同而不同，一般直链淀粉占 10%～20%，支链淀粉占 80%～90%。

淀粉是谷物的主要成分，是谷物赖以生长的主要能源物质，同时也是人类膳食的主要能量来源。谷物淀粉自身所具有的特性，使其应用非常广泛，其可以完整的谷物淀粉颗粒状态（原淀粉）进行应用，也可经过改性进行应用，或转化为淀粉的水解产物等进行应用。当淀粉在水中加热时，会吸收水分发生膨胀，该过程为淀粉的糊化过程，淀粉的糊化过程会引起淀粉和水分散液的流变性质发生巨大变化，糊化的淀粉冷却后的重结晶过程为淀粉的老化过程。淀粉在食品、化工等行业的应用主要基于淀粉在加热及冷却过程中糊化和老化性质的差异。谷物淀粉是以完整淀粉粒形式存在的，在淀粉粒内部，淀粉由直链淀粉和支链淀粉组成，同时，在淀粉颗粒中含有少量的蛋白质、脂质、矿物质等。由于淀粉是谷物中最为主要的一类物质，其对谷物的储藏和加工特性具有重要的影响，同时其对谷物加工产品的品质及制品的品质也具有非常重要的影响。通过调节淀粉的特性，人们可以改善谷物的加工性能、谷物制品的品质等。从谷物中分离出的淀粉由于其所具有的功能和营养学特性在食品中被广泛应用，商品淀粉主要源于玉米、小麦、大米及薯类原料，这些来源的淀粉也可以经过物理、化学改性或物理化学联合改性改变原淀粉的功能特性。原淀粉和改性淀粉在食品中可用作增稠剂、黏合剂、凝胶剂、成膜剂等。

  谷物是淀粉主要的来源，淀粉占谷物干基的50%～80%，小麦中淀粉含量为60%～75%，其主要存在于小麦胚乳，占小麦胚乳干基的75%～80%。小麦中淀粉含量与蛋白质含量成反比关系，蛋白质含量高的硬质小麦其淀粉含量相对较少，而蛋白质含量低的软质小麦其淀粉含量相对较高，因此，一般来说，软质小麦的淀粉含量较硬质小麦要高。小麦淀粉可以通过湿法分离过程从面粉中得到。小麦淀粉可应用于各类面制食品的生产，以及用作食品增稠剂、增黏剂等，同时也可进一步生产改性淀粉或进一步水解和发酵，得到各种淀粉水解产品和发酵产品。大米中淀粉含量相对较高些，为75%左右，大米淀粉由于其自身所具有的功能特性，可被应用于化妆品粉饼、冰激凌及布丁中作为增稠剂。玉米中淀粉含量变化幅度很大，如在甜玉米中淀粉含量在55%左右；而在硬质玉米中，淀粉含量为65%～85%。黑麦中含有70%左右的淀粉，直链淀粉含量在27%左右。高粱中淀粉含量为60%～80%，糯性及含糖量较高的高粱品种淀粉含量较低。

二、谷物淀粉的化学组成

  谷物淀粉由直链淀粉和支链淀粉两类聚合物组成，直链淀粉和支链淀粉是葡萄糖由α-(1-4)糖苷键聚合而成的，支链淀粉还含有少量的α-(1-6)糖苷键(4%～5%)，组成分支状结构，谷物支链淀粉链长一般为20～26个葡萄糖单元。直链淀粉是由D-葡萄糖通过α-(1-4)糖苷键连接而成的线性聚合物，其相对分子质量为150 000～1 000 000，在直链淀粉的线性结构中含有少量的随机分支结构。直链淀粉分子结构中含有还原端和非还原端，以及单螺旋结构和双螺旋结构，在直链淀粉的双螺旋结构内部通常含有脂类物质。直链淀粉的二级结构和三级结构通常通过氢键及范德华力稳定。直链淀粉在水溶液中有两种特别的状态：第一种是趋向形成分子内氢键，即形成结晶区；第二种状态是在溶液中易形成螺旋结构，当碘与这种淀粉螺旋结构结合可形成淀粉碘络合物，呈蓝色，在640 nm波长下有最大吸收，复合物中淀粉的量约为81%，此数值或此性质可用于淀粉混合物中直链淀粉含量的分析。虽然直链淀粉由葡萄糖单位依次连接而成，但直链淀粉在水溶液中不是完全伸直的，它的分子通常是卷曲或螺旋状，每个螺旋中含有6个葡萄糖残基单位。

  支链淀粉是D-吡喃葡萄糖通过α-1,4和α-1,6两种糖苷键连接起来的带分支的复杂大分子。支链淀粉整体的结构不同于直链淀粉，它呈树枝状，葡萄糖所形成的链分别为A、B、C三种链。链的尾端具有一个非还原性末端。A链是外链，经α-1,6糖苷键与B链连接，B链又经α-1,6糖苷键与C链连接，A链和B链的数目大致相等，C链是主链，每个支链淀粉只有一个C链，一端为非还原端，另一端为还原端，只有这个链上的葡萄糖残基是由

α-1,4 糖苷键连接的。A 链和 B 链具有非还原端，每个分支平均含 20～30 个葡萄糖残基。分支与分支之间一般相距 11～12 个葡萄糖残基，各分支也卷曲成螺旋状（图 3-1、图 3-2）。

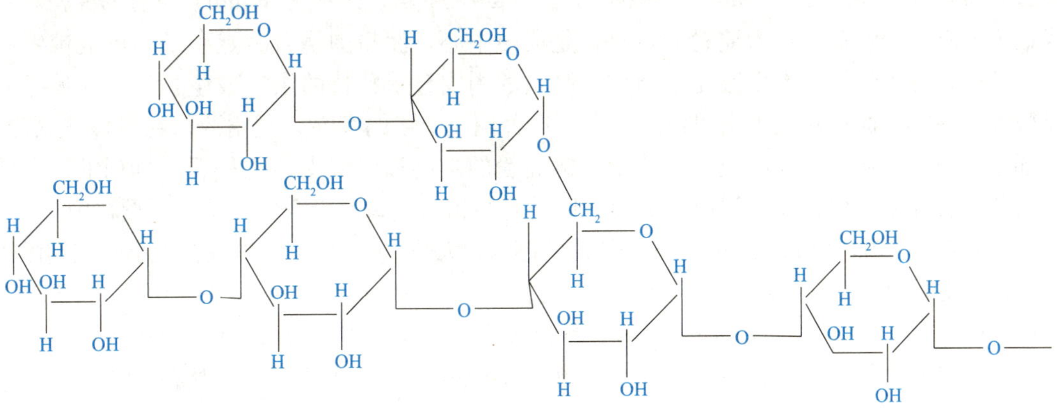

图 3-1　支链淀粉局部结构图

大多数谷物淀粉中直链淀粉含量是 20%～30%。不同来源淀粉中直链淀粉含量不同，并且受谷物生长过程中气候和土壤情况的影响。高温可使大米中直链淀粉含量降低，而低温具有相反的作用。玉米淀粉通常含 74%～76% 的支链淀粉和 24%～26% 的直链淀粉。一些糯性玉米含有超过 99% 的支链淀粉。玉米直链淀粉的聚合度为 1 000～7 000。小麦淀粉直链淀粉含量变化范围较窄（23.4%～27.6%），大多数小麦直链淀粉含量约 25%。糯小麦中直链淀粉含量与其他糯性谷物中直链淀粉含量相当，糯小麦淀粉中直链淀粉含量为 1.2%～2.0%；糯玉米中直链淀粉含量为 1.4%～2.7%；糯大麦中直链淀粉含量为 2.1%～8.3%；糯大米中直链淀粉含量为 0%～2.3%。糯小麦淀粉的理化特性与糯玉米淀粉相似。

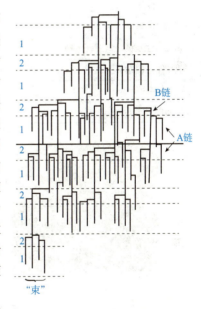

图 3-2　支链淀粉结构示意图

谷物淀粉含有少量的脂质，通常谷物淀粉中含有的脂质是极性脂质。一般来说，谷物淀粉脂质含量为 0.5%～1%。直链淀粉和脂类化合物之间的交互作用远强于支链淀粉与脂质的交互作用。这可能是极性脂质（如单甘酯、脂肪酸和类脂化合物）与直链淀粉分子形成螺旋复合物，即脂质的烃链与直链淀粉分子螺旋内部相结合。

三、谷物淀粉的颗粒特性

淀粉以颗粒形式存在于植物体内，是大多数植物的重要贮藏物，其结构紧密，因此不溶于水，但在冷水中能少量分散于水中。在显微镜下观察，淀粉粒形状大致可分为圆形、椭圆形和多角形 3 种。来源不同的淀粉颗粒大小差别也很大，最大的是马铃薯淀粉，颗粒大小约为 40 μm；颗粒最小的为大米淀粉，颗粒大小约为 5 μm。同种谷物淀粉的颗粒大小也不均匀。例如，玉米淀粉的最小颗粒为 2 μm，最大颗粒为 30 μm，平均大小约 15 μm。马铃薯淀粉，大颗粒约为 100 μm，小颗粒约为 15 μm，平均大小约为 40 μm。所有的淀粉颗粒皆显示出有一个裂口，称为淀粉的脐点，是成核中心，淀粉围绕着脐点生长，形成独特的层状结构，称为轮纹。大多数淀粉颗粒在脐点的周围显示独特的层次或生长环。在偏振光显微镜下观察，淀粉粒显现出黑色的十字，这种偏光十字的存在，说明淀粉粒是球状微晶。大部分淀粉分子从脐点伸向边缘，甚至支链淀粉的主链和许多支链也是径向排列的。直链淀粉和支链淀粉如何相互排列尚不清楚，但是它们相当均匀地混合分布于整个颗粒中。

不同谷物来源的淀粉颗粒具有各自特殊的形状和大小（表 3-1）。淀粉颗粒大小对淀粉的性质具有重要影响，淀粉颗粒大小不同，其糊化、老化及酶解特性等也不同。因此，有关淀粉颗粒粒径的研究受到广泛的关注，如淀粉颗粒大小决定淀粉作为脂肪替代品的味道和口感，据报道，淀粉粒直径为 2 μm 或更小的淀粉颗粒脂肪胶束作为脂肪替代物更具有优势（图 3-3）。

表 3-1　3 种谷物天然淀粉与薯类淀粉颗粒性质比较

性质	马铃薯	木薯	玉米	蜡质玉米	小麦
淀粉类型	块茎	根	谷物	谷物	谷物
颗粒形状	椭圆形、球形	截头圆形、椭圆形	圆形、三角形	圆形、三角形	
直径范围/μm	15～100	4～35	2～30	2～30	1～45
直径平均值/μm	40	25	15	15	25
每克淀粉颗粒数目（×10^6）	60	500	1 300	1 300	2 600

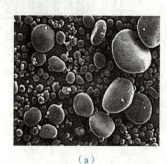
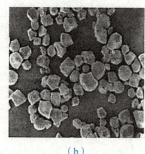

(a)　　　　　　　　　　　(b)　　　　　　　　　　　(c)

图 3-3　几种主要谷物淀粉颗粒

(a)小麦淀粉颗粒；(b)大米淀粉颗粒；(c)玉米淀粉颗粒

淀粉的结晶度、凝胶特性、碘吸附特性和直链淀粉含量等都受到淀粉颗粒大小的影响。随着颗粒从大到小变化，淀粉的结晶度也从大到小变化。支链淀粉的结构也随着颗粒的大小而变化，较大的颗粒含有较少的直链淀粉，而较小颗粒含有较多的直链淀粉。

小麦淀粉颗粒包含两种基本形式：小球形颗粒（称为 B 淀粉，直径为 5～10 μm）和大的卵形颗粒（称为 A 淀粉，直径为 25～40 μm）。事实上，在特定的淀粉颗粒大小范围内淀粉粒大小是连续分布的。直链淀粉和支链淀粉混杂在一起，均匀地分布在整个颗粒中。有关小麦 A、B 淀粉颗粒组成，研究结果不同，许多研究认为，A、B 淀粉颗粒的成分和性质相似；但也有研究发现，小麦 A、B 淀粉粒组成具有差异性，如有研究发现小麦小颗粒淀粉与碘亲和力较低，表明其直链淀粉含量或一些基本结构存在差异，且小颗粒淀粉的糊化温度范围、水结合能力及对酶的敏感程度都高于大淀粉颗粒。

在小麦中，大淀粉粒质量占胚乳淀粉总质量的 70%～80%，而数量不到胚乳淀粉粒总数量的 10%，工业上生产小麦淀粉的时候，A 淀粉是精制的淀粉，纯度高，含蛋白质等杂质很少；B 淀粉称为尾淀粉、淤渣淀粉、刮浆淀粉等，是小麦淀粉厂的副产物，数量占胚乳淀粉粒总数量的 90% 以上，而质量不到 30%，A、B 淀粉的粒度相差 8～10 μm。对 A、B 淀粉的分离，有微筛法、沉淀法和离心法等。

小麦 A、B 淀粉可以采用如下方式分离：将面粉和水揉成面团，加水量约为面粉质量的 50%，面团在室温下静置 20 min，使面团中的面筋充分形成。向放有面团的容器中逐渐倒入水进行洗涤，直至洗水无色为止，洗涤用水量为面粉质量的 8～10 倍，弃去面筋，将得到的淀粉浆过 120 目筛，在室温下静置 6 h，弃去上清液，将余下的淀粉浆在 3 000 r/min 下离心 15 min，弃去上清液，刮下其上层黄色蛋白层，收集下层物质，用无水乙醇进行洗涤、抽滤，然后干燥，得到总淀粉。A 淀粉、B 淀粉的制备：将面粉揉成面团，熟化后进行洗涤、过筛，静置 6 h 后将剩余的淀粉浆进行离心，弃去上清液，刮下其上层黄色蛋白层，小心刮下中间黄色的淀粉层，用无水乙醇进行洗涤抽滤，然后干燥，得到 B 淀粉。离心桶内的下层白色物质干燥后得 A 淀粉。

在谷物淀粉颗粒中，大米淀粉颗粒最小，成熟的大米淀粉粒大小为 3～5 μm，与小麦淀粉的小球形淀粉颗粒大小接近。大米淀粉的直链淀粉聚合度（DP 值）为 1 000～1 100，平均链长为 250～320。大米淀粉中直链淀粉的结构特性与小麦和玉米淀粉相似。许多存在于块茎或根中的淀粉颗粒，如马铃薯和木薯淀粉，往往比谷物淀粉颗粒大且一般密度较低，更容易加热糊化。马铃薯淀粉颗粒的长轴长度可大至 100 μm，木薯淀粉与马铃薯淀粉具有较高的 DP 值（2 600 和 4 900）和较长的平均链长。

微课：淀粉的结构和颗粒特性

四、谷物淀粉的糊化与老化特性

（一）谷物淀粉的糊化

1. 淀粉的糊化及影响因素

糊化作用在狭隘意义上来说，是原淀粉颗粒晶体结构的热无序化；但在广泛意义上讲，它包括淀粉颗粒吸水膨胀和可溶性多糖的析出等过程。淀粉糊化是用来描述在几个不同温度区间淀粉颗粒变化特征的整体术语。这些变化包括双折射现象的消失、X 射线衍射消失、吸水淀粉粒膨胀、淀粉颗粒形状和大小的改变、直链淀粉颗粒的浸出等，这些变化导致淀粉形成糊状液或凝胶。

未受损伤的淀粉颗粒不溶于冷水，但发生可逆的吸水并产生溶胀。生淀粉分子靠分子间氢键结合而排列得很紧密，形成束状的胶束，彼此之间的间隙很小，即使水分子也难以渗透进去。具有胶束结构的生淀粉称为 β-淀粉。β-淀粉在水中经加热后，破坏了结晶胶束区的弱的氢键，于是水分子浸入内部，与余下部分淀粉分子进行结合。淀粉粒因吸水，体积膨胀数十倍，生淀粉的胶束即行消失，淀粉粒破裂，偏光十字和双折射现象消失，大部分直链淀粉溶解到溶液中，溶液黏度增加，这种现象称为糊化，处于这种状态的淀粉称为 α-淀粉。

糊化作用可分为3个阶段：

（1）可逆吸水阶段，水分进入淀粉粒的非晶体部分，体积略有膨胀，此时冷却干燥，可以复原，双折射现象不变；

（2）不可逆吸水阶段，随温度升高，水分进入淀粉微晶间隙，不可逆大量吸水，结晶溶解；

动画：淀粉的糊化

（3）淀粉粒解体阶段，淀粉分子全都进入溶液。淀粉糊化通常发生在一个较狭窄温度范围内，糊化后的凝胶体系一般简单地称为淀粉糊。淀粉糊最重要的性质就是黏度特性，在应用中起到增稠、稳定的作用。不同来源的淀粉其黏度特性不同。淀粉糊属假塑性非牛顿流体，由于淀粉分子之间的缔合回生，淀粉分子受酸碱环境、高温加热和机械搅拌等的影响降解，以及其他物质存在等，会使淀粉糊的增稠、稳定性复杂化。

冷却后淀粉糊因淀粉分子间的相互作用形成凝胶，如玉米淀粉能形成具黏弹性、坚硬的凝胶或形成沉淀。天然淀粉中以马铃薯的淀粉糊透明性最好，木薯、蜡质玉米淀粉等的透明性次之，谷物淀粉糊的透明性最差。淀粉糊的成膜性是淀粉分子凝集、分子回生的另一个特性。当少量的淀粉糊平流在平整的玻璃板上后，随着分子的蒸发，分子缔合，逐渐形成干的淀粉膜。膜的柔软度和强度与淀粉分子大小及外界条件有关。

各种淀粉的糊化温度不相同，即使同一种淀粉因颗粒大小不一，所以糊化温度也不一致，通常用糊化开始的温度和糊化完成的温度表示淀粉糊化温度。淀粉的糊化性质不仅与淀粉的种类、体系的温度有关，还受以下因素的影响：

（1）淀粉晶体结构。淀粉分子间的结合程度、分子排列紧密程度、淀粉分子形成微晶区的大小等，均影响淀粉分子的糊化难易程度。

（2）直链淀粉与支链淀粉的比例。直链淀粉在冷水中不易溶解、分散，直链淀粉分子间存在的作用相对较大，直链淀粉含量越高，淀粉难以糊化，糊化温度越高。

（3）水分活度。水分活度受盐类、糖类和其他结合剂的影响。因此，体系中如果有大量上述物质存在，水结合力强的成分与淀粉争夺结合水，就会降低水活性和抑制淀粉糊化，或仅产生有限的糊化。

（4）pH值。一般淀粉在碱性条件下易于糊化，并且淀粉糊在中性-碱性条件下也是稳定的。

（5）糖的浓度。糖浓度高时，可降低淀粉的糊化速率、最大黏度和凝胶强度。

（6）脂类及与脂类有关的物质。若食品中存在单酰和双酰甘油乳化剂，均影响淀粉的糊化。

2. 糊化温度

淀粉颗粒的糊化可通过糊化温度或糊化温度范围描述。各种淀粉的糊化温度不相同。即使同一种淀粉因颗粒大小不一，糊化温度也不一致。糊化温度可采用不同的方法确定，不同方法测定的糊化温度有一定差别，甚至是同一种淀粉，不同方法测定的淀粉糊化温度也会有所不同，测定过程中很多参数会影响糊化温度和糊化温度范围。玉米及大米淀粉较其他淀粉具有更高的糊化温度，而燕麦、马铃薯的糊化温度相对较低。

淀粉水分含量、淀粉颗粒中直链淀粉含量，以及外源盐、碱等会影响淀粉的糊化温度。

3. 双折射和结晶性消失

在偏振光下观察，淀粉颗粒显示双折射性并产生典型的双十字现象。双折射性质产生的基础是由于淀粉颗粒内部淀粉分子呈放射状排列。然而双折射性不等同于结晶度，分子排列有序而不一定具有三维结晶结构。当淀粉在水中加热时，随着加热温度的增加，在偏光显微镜下观察，其双折射现象会逐渐消失。双折射的消失与含水量有关，使用0.1%～0.2%的淀粉悬浮液可以观察到不同温度区间双折射消失的程度不同。在大量水存下，温度达到50～55 ℃，显微镜下观察淀粉粒没有什么变化，小麦淀粉样品在65 ℃左右时，其双折射现象完全消失。当含水率降低，例如，水分含量为50%时，温度达到75 ℃时其双折射依然存在；当水分含量低至30%，甚至加热至132 ℃时，淀粉颗粒依然有双折射现象，这说明水分含量影响到谷物淀粉的糊化特性。当淀粉糊化结束后双折射消失，此时淀粉的晶体结构被破坏。通过X射线衍射可以观察到淀粉糊化时其结晶区消失。谷物淀粉糊化后可呈现V形结构。结晶区消失的温度范围和速率取决于水分含量及淀粉的类型。随着水分含量的降低，结晶区消失的温度增加，当水分含量低于50%时，结晶区完全消失的温度可高达100 ℃。

4. 糊化过程淀粉糊黏度变化

淀粉在水中加热时，淀粉颗粒发生破裂，分子结构发生变化，通常表现在其流变特性的变化，如黏度的变化。黏度变化的程度不仅与淀粉的类型有关，而且受含水率的影响。淀粉颗粒悬浮液在特定的程序下加热和冷却，并不断搅拌，由于淀粉内部分子结构变化，黏度随之变化，目前测定淀粉在加热和冷却过程的黏度变化常见的仪器有糊化仪（记录加热过程中随温度变化和黏度之间的变化规律）、黏度仪和快速黏度仪（RVA），记录加热与冷却过程中随温度变化和黏度之间的变化规律。糊化仪和黏度仪可以测定在特定设定温度程序下不同淀粉随着温度的变化黏度的变化情况，也可以测定如面粉、大米粉、玉米粉等以淀粉为主物料的糊化及老化特性。糊化仪只能测定淀粉类原料的糊化过程，而黏度仪可以测定淀粉类原料的糊化和老化过程。

淀粉的黏度曲线是记录淀粉在加热和冷却过程中的黏度变化，所以从淀粉的黏度曲线中可以得到淀粉的糊化及老化特性参数信息。从曲线上能得到起始糊化温度、糊化温度、升温终点黏度、糊化黏度、降温起点黏度、降温终点黏度、回生值等信息。

（二）谷物淀粉的老化

1. 淀粉老化及影响因素

经过糊化的α-淀粉在室温或低于室温下放置，冷却后淀粉糊因淀粉分子间的相互作用和结合，会变得不透明甚至凝结而沉淀，这种现象称为老化（又称回生、凝沉）。淀粉的老化实际上是一个再结晶的过程，是糊化的淀粉分子开始重新排列成有序结构的过程。在老化的初始阶段，两个或多个分子形成一个简单的结合点，然后发展成更广泛、有序的区域，最后结晶出现，并且稀溶液中可能会有直链淀粉沉淀析出。淀粉

微课：淀粉的糊化

老化过程表现为淀粉糊黏度增加，淀粉糊产生不透明现象或淀粉糊的浑浊度增加，淀粉的稀溶液中有不溶的颗粒沉淀，淀粉形成凝胶等现象。老化过程可看作糊化的逆过程，但是老化不能使淀粉彻底复原到生淀粉（β-淀粉）的结构状态，它比生淀粉的晶化程度低。老化后的淀粉与水失去亲和力，严重影响食品的质地。一些食品的劣化，如面包陈化失去新鲜感、汤汁失去黏度或产生沉淀，就是由于淀粉的老化。老化的淀粉其溶解度降低，可溶性

淀粉含量降低，不易被淀粉酶水解，消化吸收率低。

糊化淀粉的老化是一个重组的过程，老化速率取决于许多因素，包括直链淀粉和支链淀粉的结构、直链淀粉和支链淀粉的比例、温度、淀粉浓度、淀粉的植物来源，以及其他成分的存在和浓度(如表面活性剂和盐等)。在淀粉的组成中，直链淀粉较支链淀粉易老化，因此直链含量高的淀粉容易老化；温度对老化的影响也较大，老化的最适宜温度为2～4 ℃，温度高于60 ℃或低于−20 ℃都不会发生老化；淀粉糊浓度越低，分子间碰撞机会越多，越容易老化，相反淀粉糊浓度越高越不容易老化，淀粉糊溶液浓度为30 %～60 %时容易老化，水分在10%以下的干燥状态及超过60%以上的水分，则不容易老化；在pH值小于4的酸性体系及在碱性环境下，淀粉不容易老化；表面活性物质(如脂肪甘油酯、糖脂等)可延缓淀粉的老化。

2. 谷物淀粉老化应用和控制

淀粉的糊化与老化影响谷物制品制作及品质特性。面制品制作过程中，淀粉的作用体现在：①将面筋稀释到期望的稠度；②通过淀粉酶的作用产生糖；③提供适用于与面筋结合的表面；④加热时部分淀粉糊化时结构变得柔软，进一步拉伸气体细胞膜；⑤通过淀粉糊化使面筋失水，从而使膜变硬，固化面制品外观结构。据报道，在淀粉糊化过程中，小麦淀粉可以从面筋中吸收几倍于自身质量的水分，并保持该水分，使周围脱水的面筋基质保持半硬状态，从而形成面制品的外部质构特征。

谷物制品的老化发生在制品存储阶段，老化的面制品使品质变差，面制品老化导致的变化涉及面制品感官品质变化，如香气损失、口感变差；或物理变化，如质构变硬、易产生碎屑等。在面制品制作完成后，产品冷却时老化就开始发生。老化的速率取决于产品配方、蒸煮或烘焙过程和储存的条件。老化是由于无定形淀粉逐渐过渡到回生状态产生部分结晶造成的。在蒸煮或烘焙产品中，刚好有足够的水分使淀粉糊化同时保留颗粒状态时，直链淀粉在产品冷却至室温时大部分已经老化。普遍认为面制品的老化主要由支链淀粉所引起。支链淀粉的老化与其分支结构有关，并且支链淀粉比直链淀粉需要更长的时间才发生老化。

下面以馒头的老化为例讲述淀粉在馒头老化中的作用。馒头的老化有两种：馒头皮的老化和馒头芯的老化。馒头皮的老化是指新鲜的馒头放置一段时间后由于从空气及馒头内部吸收了水分而变得硬而韧，风味变差；馒头芯的老化为馒头芯由软变硬，内部结构变粗糙，粘结力下降，容易拉渣，水分损失，可溶性物质减少，吸水膨胀率下降等。因馒头芯在馒头中所占比例大，影响明显，一般所讲的老化多是指馒头芯的老化，馒头老化的主要原因是淀粉的回生。另外，馒头中的蛋白质对老化也有一定的影响，且多与淀粉有复合作用，从而影响老化的进程和馒头的硬度。首先在蒸制过程中淀粉受热糊化，淀粉粒破裂，直链淀粉从支链淀粉游离到间隙水；随着馒头的冷却，一部分直链淀粉很快重结晶形成凝胶，这部分凝胶非常稳定，要使之恢复到原来的状态比较困难；随着存放时间延长，支链淀粉也开始形成结晶，使淀粉粒变硬，馒头芯的老化主要是由此引起。由于支链淀粉是侧链间的聚集，结合能量低，加热至40～50 ℃就能使其恢复原状，所以这一过程是可逆的，实际中也证明老化的馒头可以通过重新加热近似恢复到新鲜状态。

微课：淀粉的老化

五、谷物淀粉水解

淀粉是葡萄糖的聚合物，它可被水解为葡萄糖糖浆、高果糖糖浆和麦芽糊精等具有甜味的产品。和其他多糖分子一样，淀粉易受酶和酸的作用而水解，糖苷键的水解是随机的。淀粉分子用酸进行轻度水解，只有少量的糖苷键被水解，这个过程即为变稀，也称为酸改性或稀化淀粉。淀粉通过酸或酶催化水解反应而生成的产品为淀粉糖。淀粉糖按照成分组成可以分为液体葡萄糖（葡麦糖浆）、结晶葡萄糖、麦芽糖浆、麦芽糊精、麦芽低聚糖、果葡糖浆等。生产淀粉糖的原料主要有玉米、小麦、木薯、马铃薯等，其中玉米是主要的生产淀粉糖的原料。以淀粉为原料水解或异构化可以得到不同的淀粉糖产品。淀粉转化为不同的淀粉糖产品一般需液化和糖化。

(一) 谷物淀粉酶法水解

淀粉转为淀粉糖的方式有酸法、酸酶法和全酶法。应用酸法水解生产淀粉糖时由于高温和使用盐酸为催化剂，淀粉在水解为不同的糖类时，也会伴随一系列复合分解反应，产生一些不可发酵的糖类及一系列有色物质，不仅降低淀粉的转化率，而且由于糖液质量差，给后续精制会带来一系列影响，目前绝大部分酸法水解已被酶法所代替。这是由于随着科技的进步，以及对食品安全的关注，酶法淀粉水解生产淀粉糖技术以其高效率、高产品质量、高收率和低污染等特点迅速取代其他方式成为淀粉糖生产的主流。

淀粉水解常用的酶有 α-淀粉酶、β-淀粉酶及淀粉葡萄糖苷酶（糖化酶），3 种酶作用方式不同。在实际生产过程中，根据最终产物的不同，往往使用其中的两种或两种以上的酶制剂。由于酶制剂的应用及技术的不断发展，谷物淀粉采用酶法水解及转化技术可得到系列的产品。

1. 淀粉液化

在淀粉糖生产时，糖化前首先要对淀粉进行液化处理。液化是利用 α-淀粉酶使糊化的淀粉水解为糊精和低聚糖，使淀粉乳黏度降低，流动性增高。将酶液化和酶糖化的淀粉水解工艺称为双酶法。双酶法淀粉水解工艺由于酶制剂作为催化剂的特异性，反应条件温和，副反应少，大大提高了谷物淀粉的转化率，是目前最为理想的淀粉水解制糖方法。

在液化过程中，淀粉水解为糊精及低聚糖，便于后续糖化酶的作用，但是液化程度不能过低。液化程度过低，会使淀粉乳黏度大，难于操作；另外，葡萄糖淀粉酶属于外切酶，液化程度过低时，底物分子越小，水解机会越小，从而影响糖化速度；液化程度也不能太高，因为葡萄糖淀粉酶是先与底物分子生产络合物结构，而后发生水解催化反应，若液化程度过高，不利于糖化酶生成络合物结构，从而影响催化效率。

一般情况下将液化 DE 值控制为 10～15，在实际中可以通过碘试纸进行控制。

2. 淀粉糖化

在淀粉的液化过程中。淀粉经 α-淀粉酶水解为糊精和低聚糖，酶法糖化是利用葡萄糖淀粉酶（糖化酶）进一步将这些产物水解为葡萄糖。

淀粉经完全水解，因为水解增重的关系，每 100 g 淀粉能生成 111.1 g 葡萄糖。

$$(C_6H_{10}O_5)_n + nH_2O \longrightarrow nC_6H_{12}O_6$$

淀粉(162)　　水(18)　　葡萄糖(180)

100 g　　　　　　　　　111.11 g

在实际生产中很难达到100%的转化率，因此，葡萄糖的实际收率为105%~108%。在实际过程中糖化工艺如下：淀粉液化结束后，迅速将料液pH值调至4.2~4.5，同时迅速降温至60 ℃，然后加入糖化酶，在60 ℃保温数十小时后，用无水乙醇检验无糊精存在时，将料液pH值调至4.8~5.0，同时将料液加热到80 ℃，保温20 min，然后将料液温度降低到60~70 ℃时开始过滤，滤液进入储糖罐，在80 ℃以上保温待用。所以一般控制的糖化条件：pH=4.2~4.5，温度(60±2)℃，糖化酶用量为80 U/g淀粉，糖化时间54 h。

(二)淀粉水解程度的衡量指标

淀粉转化成D-葡萄糖的程度用葡萄糖当量(DE)来衡量，其定义是还原糖(按葡萄糖计)在糖浆中所占的百分数(按干物质计)。DE与聚合度DP的关系如下：

$$DE = 100/DP$$

通常将$DE<20$的水解产品称为麦芽糊精，DE为20~60的称为玉米糖浆。其中，DP(聚合度)为在淀粉中结合在一起的葡萄糖分子的数量。例如，如果在溶液中有1 000个葡萄糖分子，所有的分子$DP=1$，则$DE=100$；如果有相同数量的分子，有500个$DP=2$，则其DE降为50。所以通过测定淀粉水解液的DE值，可以通过DP与DE之间的关系式计算DP值，通过DP值可以确定水解液的平均分子质量。

DE与淀粉水解液平均分子质量之间具有如下经验公式：

$$DE = 19\,000/M \text{(公式中}M\text{为平均分子质量)}$$

六、谷物淀粉粒损伤

淀粉以颗粒的形式存在于自然界，在谷物加工过程中由于碾磨、热等作用会使淀粉颗粒发生损伤，产生损伤淀粉，另外，高压也会使淀粉粒损伤。理论上，淀粉在加热过程中的糊化过程实际上也是淀粉粒发生损伤的一个过程。所以，淀粉颗粒可通过加热、力的作用发生损伤。破损淀粉颗粒与完整淀粉颗粒主要有两方面不同：一是破损淀粉更易被α-淀粉酶所作用；二是破损淀粉有更强的吸水能力。这也是在淀粉糖生产过程中，在淀粉液化之前，要先加热使淀粉糊化，淀粉颗粒发生破坏，这样才容易被酶所作用。机械损伤可破坏淀粉颗粒边缘的结构，使处于有序状态的多糖链吸收水的量增加，这可使水通过淀粉颗粒上的裂纹进入淀粉颗粒内部。很多研究表明，破损淀粉颗粒的空隙或裂缝可能是淀粉水解、作用及吸水的一个位点。

由于对谷物淀粉粒损伤的研究主要集中在对小麦加工过程淀粉粒损伤特性的研究，下面就以小麦淀粉粒为主介绍淀粉粒损伤原因及损伤淀粉特性变化、应用和控制等。

(一)损伤淀粉的产生原因及影响因素

损伤淀粉主要是在小麦制粉过程中产生的。小麦籽粒胚乳中的淀粉颗粒由于受到磨粉机磨辊的切割、挤压、搓撕等机械力的作用而使淀粉颗粒的完整性受到破坏。这种由于受到机械力的作用表面出现裂纹和碎片，内部晶体结构受到破坏的不完整的淀粉粒被称为损伤淀粉。

面粉中淀粉的损伤程度与小麦的品种、制粉设备、加工工艺、面粉颗粒的粗细度等因素有关。小麦硬度是影响淀粉损伤的重要因素，较硬的胚乳组织结构在相同研磨条件下具有较高的损伤淀粉含量。硬质小麦蛋白质与淀粉粒之间的结合力强，结构紧密，质地坚硬；

软质小麦蛋白质与淀粉粒之间结合力弱,结构与质地松散。加工过程中受到磨辊等机械力的作用,硬麦易于产生损伤淀粉,而软麦所产生的损伤淀粉程度明显低于硬麦。小麦生产线上,一般皮磨使用齿辊,心磨使用光辊。有研究者认为,光辊对淀粉损伤的作用力大于齿辊;但也有资料介绍,光辊与齿辊所产生的损伤淀粉相似。使用撞击松粉机产生的损伤淀粉比正常的磨粉机低。小麦的入磨水分不仅对出粉率、面粉白度有很大影响,对损伤淀粉影响也比较大,一般认为,入磨水分越高,产生的损伤淀粉含量越低。小麦生产线上不同系统的面粉,其淀粉损伤程度是不同的。一般来说,心磨系统的面粉损伤淀粉含量高于皮磨系统。由于心磨系统的物料研磨的道数比皮磨多,因此淀粉损伤程度较大。面粉的粗细度表示了面粉加工过程中研磨的程度,一般来说,面粉越细,淀粉损伤的程度越高。

小麦A淀粉粒和B淀粉粒损伤特性不同。从硬质小麦粉中分离总淀粉、A淀粉、B淀粉,通过控制粉碎时间,获得不同机械损伤程度的系列面粉,通过对颗粒特性观察分析并对淀粉糊的性质进行研究发现,损伤淀粉含量随着粉碎时间的延长而升高,在相同条件下,小颗粒B与大颗粒A相比,淀粉损伤程度增加较多。

(二)淀粉损伤对淀粉功能性质影响

早在1879年,就有研究发现淀粉粒在机械力的作用下会发生损伤,使淀粉的颗粒结构发生改变,从而使淀粉糊化特性、老化特性、酶作用特性和膨润特性等功能特性发生改变。淀粉在水中加热到一定温度,淀粉吸水溶胀、结晶态消失、直链淀粉从颗粒中脱离,支链淀粉膨胀破裂,形成淀粉糊。糊化是淀粉的重要特性之一,淀粉在工业上大部分应用到淀粉糊的增稠、黏合、改良等作用。淀粉损伤后黏度变低,更容易溶于水中。研究发现,损伤淀粉含量增大,支链淀粉和直链淀粉分子质量下降且支链淀粉更容易降解。淀粉损伤会使淀粉颗粒的平均粒度变小,比表面积增大;损伤后的淀粉吸水性升高,损伤淀粉与水合作用具有极好的相关性。研究发现,采用机械力作用使高粱淀粉损伤,通过扫描电子显微镜、凝胶过滤色谱、碘着色等手段,发现损伤淀粉含量高的淀粉冷水提取物含量高。淀粉糊的特性包括糊的透明度、表观黏度、抗剪切黏度稳定性、抗酸黏度稳定性、凝胶特性、冻融稳定性等,这些均是淀粉工业应用的重要指标。损伤淀粉对淀粉的糊化特性有很大影响,淀粉粒损伤后淀粉的糊化温度及糊化黏度降低。

(三)损伤淀粉与小麦粉品质关系

研究发现,损伤淀粉含量与小麦籽粒硬度呈极显著正相关。通过改变机械粉碎强度可以控制淀粉粒的损伤程度,淀粉机械损伤程度随着粉碎强度的增加而增大。偏光显微镜观察,淀粉损伤程度增加后,对偏光十字的形状及中心位置没有影响;通过扫描电子显微镜观察发现,淀粉损伤程度增加后,颗粒形态发生了很大变化,淀粉表面由光滑变为粗糙,出现裂痕或破裂。X射线衍射分析表明,损伤淀粉含量增加会降低淀粉结晶度。

淀粉损伤程度对面粉的粒度也有较大的影响,研究发现,损伤淀粉含量从6.54%增加到12.06%,面粉的平均粒度从70.941 μm降到14.77 μm。损伤淀粉含量与溶剂保持能力、碱水保持能力呈显著正相关,而与淀粉糊化衰减值、面团弱化度呈显著负相关。淀粉损伤程度与面粉的吸水率成正相关,不同损伤淀粉含量的面粉具有不同的发酵特性,面团的发酵稳定性随着损伤淀粉含量的增加而呈递减趋势。

不同面制品制作时由于品质需求及制作工艺不同，对损伤淀粉含量要求不同。一般来说，面包、馒头等发酵制品需要较高的损伤淀粉含量，而面条、蛋糕等需较低的损伤淀粉含量。

研究表明，损伤淀粉含量太高或太低的面粉均制作不出优质的馒头，这是因为损伤淀粉含量太高会在面团发酵过程中产生大量的麦芽糖和糊精，使面团内心质地太软而无法支撑较大面积，使馒头体积太小，同时会使馒头出现中心过黏现象；太低的损伤淀粉含量又会使面团吸水率偏低，面团发酵时不能提供足够的麦芽糖作为酵母食料而使发酵不充分、产气不足，馒头体积太小。对面条来说，损伤淀粉含量会影响面条煮熟的时间，在煮的过程中由于损伤淀粉的粒度较小，颗粒之间结合比较致密，会阻碍水分向面条内部的渗透，并导致过多的干基损失；损伤淀粉含量的增加还会使煮熟的面条较黏，颜色较暗，影响口感。淀粉损伤后易被淀粉酶水解，增加了面团中含糖量，有利于酵母生长繁殖，产生大量的二氧化碳气体，使面包体积增大，并有利于烘焙时面包的着色和增加面包特有的风味等。但损伤淀粉含量过高，则会使面团的耐揉性下降，不利于操作，并导致面团发黏、面包芯结构粗糙、面包体积减小等变化。

损伤淀粉对面粉特性及其食用品质的影响机制，目前普遍接受的观点是α-淀粉酶对损伤淀粉比对完整的淀粉颗粒更加敏感，损伤淀粉更容易被降解为更短链的淀粉分子、糊精和部分还原糖，如麦芽糖等。

微课：机械损伤淀粉

知识拓展

麦麸对人体有良好生理作用，因为含有活性多糖和酚类化合物（酚酸、黄酮、木脂素等）两种生理活性物质。麦麸中的膳食纤维与人体消化和胃肠功能有关。酚类化合物主要具有抗氧化和抗癌作用。膳食纤维只有与其他全谷物成分结合才能最有效地预防疾病，可以调节肠道菌群、降低血胆固醇水平、降低血糖反应和胰岛素水平。

单元四　典型谷物淀粉制备工艺

学习目标

知识目标：了解马丁法、面糊法、阿尔法拉伐/瑞休法、旋流法和三相卧螺法的小麦淀粉生产工艺，熟悉玉米淀粉制备工艺流程。

技能目标：能根据需要采用不同的方法制备小麦淀粉，并根据玉米淀粉制备工艺流程制备玉米淀粉。

素养目标：养成奉献社会、爱岗敬业、开拓创新的道德情操，并在工作中自觉遵守职业道德规范。

模块三 粮食中的碳水化合物

单元导入

勾芡是做菜时的一种方法，加入芡粉或其他淀粉使汁变稠。勾芡的学术概念是借助淀粉在遇热糊化的情况下，具有吸水、黏附及光滑、润洁的特点。勾芡是指在菜肴接近成熟时，将调好的粉汁淋入锅内，使卤汁稠浓，增加卤汁对原料的附着力，从而使菜肴汤汁的粉性和浓度增加，改善菜肴的色泽和味道。

基础认识

一、小麦淀粉制备工艺

近年来，谷朊粉需求量的增加，导致小麦淀粉的产量逐年增加。高蛋白质含量的硬质小麦或低蛋白质含量的软质小麦均适宜湿法加工生产淀粉和谷朊粉，在美国湿法加工淀粉和谷朊粉主要采用硬麦，而欧洲习惯用软麦生产淀粉和谷朊粉。据报道，大约有15种以小麦或面粉为原料的小麦淀粉加工方法，其中有5种工业化应用的方法，均以面粉为原料，这5种方法分别为马丁法、面糊法、阿尔法拉伐/瑞休法、旋流法和三相卧螺法。目前，马丁法、阿尔法拉伐/瑞休法、旋流法主要在北美一些国家使用，三相卧螺法主要在欧洲一些国家使用。面糊法在1940—1960年被广泛使用，目前已不太使用。

工业化生产小麦淀粉与面筋的方法是一种物理分离过程，即采用物理的方法将水溶液中的淀粉和面筋分开，湿法分离面筋和淀粉取决于它们的水不溶性、密度和颗粒大小，面粉贮存蛋白由于相互之间聚集成颗粒，使其颗粒大于淀粉而密度小于淀粉，增加温度可以加速面筋蛋白质之间的聚集，面粉的湿法加工过程除了第一阶段面筋蛋白从淀粉中分离出来的方法不同，其余过程都是相同的，即面筋进一步聚集去除其中含有的淀粉和其他杂质，然后洗涤、脱水、干燥，淀粉通过离心进一步纯化，然后用新鲜水逆流洗涤、干燥。

小麦淀粉加工方法由于起始阶段面粉与水形成蛋白质聚集颗粒的大小，以及淀粉和蛋白分离方法的不同而形成不同的加工方法。在马丁法中，面粉蛋白形成机械强度较大的面筋网状结构，然后面团进一步分离，面筋和淀粉的分离方法是通过面团加水揉和而实现，持续的揉和过程使淀粉逐步从面团中得到分离。在面糊法中，面粉与水搅拌可产生毫米级大小的面筋束面糊，当面糊与热水混合时，面筋束可聚集成小的面筋块，这些面筋块可通过振动筛分离。在当今比较先进的三相卧螺工艺中，面粉加水混合形成微米至毫米级大小的蛋白质聚合物，它们可在分散体系中聚集成小颗粒的蛋白质基质，然后淀粉和蛋白质的分离通过卧式螺旋离心机实现。在旋流法中，剪切形成的面粉-水混合物含有1~10 cm长度的面筋束，其通过旋流器得到分离，这些浓缩的蛋白质物料流通过面筋快速聚集成大的颗粒，然后通过筛理的方法分离。

（1）马丁法小麦淀粉和谷朊粉分离方法。马丁（Martin）法也称面团洗涤法，最早于1745年由意大利化学家提出，后经马丁完善，是最古老的分离小麦淀粉和谷朊粉的方法。一直到19世纪70年代，马丁法是最广泛应用的小麦淀粉和谷朊粉生产方法。因为传统马丁法耗水量较大(大约15 t水/t面粉),所以随着时间的推移,传统的马丁法被逐步改进,通过增加过程水的重新循环,以及采用新型淀粉和蛋白有效分离设备而降低新鲜水用量,耗水量从15 t/t面粉降低到7～10 t/t面粉。现代马丁法小麦淀粉生产工艺包括5个基本步骤:①面粉与水混合形成面团;②从面团中洗出淀粉及可溶物;③面筋干燥;④淀粉精制;⑤淀粉和其他组分干燥。现代马丁法的吨粉水耗为8～10 t,A淀粉收率≥60%,B淀粉收率≥10%,谷朊粉收率≥12%,谷朊粉吸水率为150%～170%,谷朊粉灰分为0.8%～1.0%。

(2)面糊法小麦淀粉和谷朊粉分离方法。面糊法于1944年由美国的Hilbert及其同事研究得到。在面糊法中,面粉与50～55 ℃的热水混合,然后形成均一浓稠可流动的面糊,其中水的添加量取决小麦种类和蛋白质含量,硬麦比软麦需较多的水分,蛋白质含量高,戊聚糖及破损淀粉含量高的面粉一般需要添加的水量要多一些。形成的面糊醒发熟化大约30 min,以使面筋吸水并开始聚集,然后添加一定量的水,在泵输送过程中剧烈混合,面筋聚集成细小的球状悬浮物,淀粉和蛋白质通过旋转筛分离,然后淀粉的纯化方法与马丁法中淀粉的纯化方法类似。在面糊法中,面粉与水的比例对面筋的得率有较大影响,浓的糊状液可以提高面筋的得率,但纯度稍低,另外,降低剪切泵的速度可以提高面筋的纯度,面粉糊的稠度受面粉与水比例、小麦种类及蛋白质含量的影响。

(3)旋流法小麦淀粉和谷朊粉分离方法。旋流法由荷兰的KSH公司于1970年发明,然后在1989年左右成为世界上广泛采用的小麦淀粉加工方法。它利用旋液分离的原理,根据淀粉和面筋的相对密度差别,利用旋流器分离淀粉和面筋。旋流法的出现使小麦淀粉的加工可以连续化,大大提高了生产效率,为在线检测提供了可能,使小麦淀粉厂可以实现自动化操控,减轻了劳动强度,稳定了产品品质,比马丁法的用水量少,一定程度上减少了污水排放。

旋流法小麦淀粉和谷朊粉分离方法如下:面粉与水混合形成面团,然后使面团醒发,在剪切力作用下,加入水使面团分散,面团-水分散液通过过滤去除大颗粒,过滤后的分散液直接用泵输送到旋流器,旋流器顶流是相对密度较轻的蛋白质相,底流是相对密度较大的淀粉相,通常用4级旋流器分离面筋和淀粉,紧接着用8级旋流器逆流洗涤淀粉以去除基中残留的蛋白等杂质,淀粉乳浓缩,然后干燥得到淀粉(A淀粉)。富含蛋白质相通过振动筛分离出谷朊粉和B淀粉。谷朊粉和B淀粉经过纯化、洗涤、脱水和干燥,得到谷朊粉和B淀粉产品。

(4)阿尔法拉伐/瑞休法小麦淀粉和谷朊粉生产工艺。在阿尔法拉伐/瑞休法小麦淀粉和谷朊粉生产工艺中,面粉与水剪切混合形成流动性的面糊,面糊与水混合形成面粉-水分散液,然后用两相卧螺分离,一相是淀粉相,另一相是富含蛋白质相,淀粉相重新悬浮到水中,并通过筛理、逆流洗涤等技术对淀粉进行纯化,包括去除细纤维及淀粉的洗涤,A淀粉的得率占面粉淀粉量的75%～80%,蛋白质含量小于0.3%;B淀粉得率占面粉淀粉量的10%～15%,蛋白质含量为2%～5%。富含蛋白质相进行熟化以使蛋白质聚集充分形成面筋颗粒,然后通过筛理纯化、洗涤、脱水和干燥,超过80%的面粉蛋白质成为活性谷朊粉产品,谷朊粉中蛋白质含量大约为80%(干基)。

(5)三相卧螺法小麦淀粉和谷朊粉生产工艺(又称HD工艺)。三相卧螺法小麦淀粉和谷朊粉生产工艺是目前最先进的分离淀粉及谷朊粉的工艺,该工艺被赋予各种不同的名字,如基于卧式螺旋离心机的分离工艺、高压剪切分散工艺等,该工艺最初是用来分离马铃薯淀粉的，后来被改进生产玉米淀粉，在1984年以后成为欧洲最受欢迎的小麦淀粉生产工艺。

三相卧螺法小麦淀粉和谷朊粉分离工艺如下。面粉与水快速混合形成面糊，然后将面糊输送到高压匀质机，在高压作用下，产生的剪切力有以下两个作用：①将淀粉从面粉中的蛋白质基质中分散出来；②将淀粉和蛋白质形成连续的液体相，其面糊状态基本与瑞休法中面糊的状态类似。将剪切形成的面糊稀释，然后用泵输送到三相卧螺，该离心机根据相对密度的不同，可将分散相分为三相：重相为A淀粉相，相对较纯，含有<1%的蛋白质，A淀粉相通过在旋流器中逆流洗涤纯化，然后干燥；中间相主要是面筋、B淀粉和纤维，面筋通过聚集，利用筛理设备将面筋从B淀粉和细纤维中分离出来，另外，B淀粉和纤维中含有的A淀粉可通过碟片离心机分离出来，以提高A淀粉得率，最后将纤维利用筛理设备从B淀粉中分离出来；轻相为戊聚糖相，也称为C淀粉相，主要为戊聚糖、可溶性蛋白、细面筋、破损淀粉等。A淀粉的回收率为面粉淀粉量的80%~85%，蛋白质含量<0.3%；B淀粉回收率为面粉淀粉量的8%~12%；面筋的回收率为面粉含量的80%~85%。另外，产品为不溶戊聚糖、水溶物细面筋蛋白质、破损淀粉等的混合物，细面筋可通过筛理回收，剩余的滤液进行蒸发浓缩，得到戊聚糖产品。

三相卧螺法小麦淀粉和谷朊粉生产工艺最关键的优点是，黏性戊聚糖和水溶物在生产的初期阶段从面筋与淀粉中分离，因为戊聚糖可与面筋蛋白相互结合，从而影响面筋的得率；另外，因为戊聚糖在水中黏度很大，也会影响淀粉和蛋白的分离过程，所以在小麦淀粉和谷朊粉分离的初期，利用三相卧螺先将戊聚糖分离处理，可使淀粉和蛋白质有效分离，降低淀粉纯化时新鲜水用量，并且可以降低污水排放，三相卧螺小麦淀粉和谷朊粉生产工艺中水的消耗小于3 t/(t 面粉)，而阿尔法拉伐/瑞休法和旋流法中消耗水量为5~7 t/(t 面粉)。三相卧螺工艺的另一优点是蛋白质的质量对分离效果与其他方法相比影响不大，因为该方法分离时主要是基于淀粉和蛋白质之间相对密度的不同，对于马丁法和面团法而言，软麦分离效果比硬麦差。

我国小麦淀粉生产大部分以马丁法为主，离心法（旋流法）一般被酒厂或乙醇厂采用，三相卧螺法离心工艺应用很少。另外，国内一般采用后路粉生产淀粉和谷朊粉，这使生产工艺过程及产品质量也存在一些问题，如何有效降低分离过程中面团、面糊黏度及水溶相的黏度，如何有效降低成品淀粉黏度，如何有效保证谷朊粉（面筋蛋白）的活性，如何有效实现副产物（B淀粉和戊聚糖）有效利用，如何有效降低生产中废水排放量等。另外，我国目前还没有淀粉生产相关原料（小麦、面粉）标准。小麦淀粉生产工艺将向低排放或零排放方向发展，干法生产、半干法生产、水循环利用等新技术将会逐步应用。

微课：小麦淀粉生产工艺

二、玉米淀粉制备工艺

淀粉是玉米的主要组分，其含量超过玉米粒本身的70%。玉米的生产多数采用物理方法将玉米的淀粉与非淀粉组分分开。玉米淀粉分离方法有干法和湿法两种，即利用淀粉和蛋白质相对密度的不同采用干磨法生产，具体原理同小麦淀粉的干法生产。目前玉米淀粉的生产均采用湿磨法，与小麦淀粉生产不同，玉米淀粉生产时一般采用玉米为原料进行生产，而工业的小麦淀粉生产方法均采用面粉为原料生产淀粉。

玉米淀粉生产的目的是从玉米粒中尽可能多地得到纯净的淀粉及各种副产品，所以玉米淀粉生产主要是尽可能将淀粉与其他组分，如蛋白质、纤维素、脂质等分开。玉米淀粉生产工艺过程如图 3-4 所示。

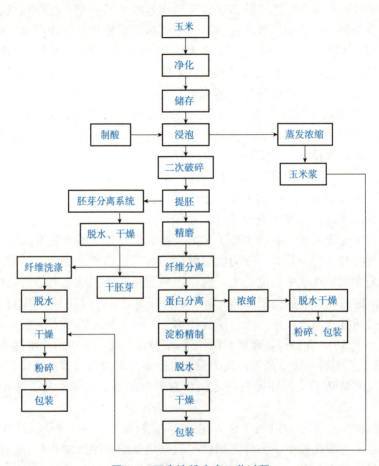

图 3-4　玉米淀粉生产工艺过程

玉米淀粉制备工艺流程如下。

(1) 玉米的浸泡、蒸发。浸泡是玉米淀粉生产非常重要的工序。浸泡的目的是改变胚乳的结构及物理化学特性，削弱蛋白质基质内的连接键，降低玉米颗粒的机械强度，浸出玉米中的可溶物，并遏制玉米中细菌的繁殖。玉米浸泡采用逆流浸泡，将若干个浸泡罐、泵、管道串联起来，将亚硫酸打入浸泡时间最长的玉米罐，通过罐旁循环泵不停倒浆，同时不停循环加热，对浸泡液进行蒸发浓缩。

(2) 胚芽分离。胚芽是玉米的重要组成部分，干胚芽中含有 40% 左右的脂肪和 15%~20% 的蛋白质。经过浸泡后的玉米通过凸齿磨破碎，再经过胚芽旋流器分离胚芽，然后经过胚芽旋流器分离胚芽。

(3) 纤维分离、洗涤、脱水、干燥。玉米经过破碎和胚芽分离，含有胚乳碎粒、麸质皮层和部分淀粉颗粒，精磨将最大限度地游离出淀粉颗粒，然后经多次洗涤、脱水和干燥得到干的纤维。

(4) 分离和精制。经过筛分后粗质淀粉乳含有蛋白质 6%～10%(干基)、脂肪 0.5%～1.0%、可溶物 2.5%～5.0% 等杂质，粗淀粉乳再经多级旋流器的洗涤，即可得精制淀粉乳。

(5) 脱水、干燥。精制淀粉乳含水 60%～65%，采用离心机脱水降至小于 40%，然后用气流干燥进行烘干，干燥后的淀粉和空气进入旋风分离器，淀粉由旋风分离器底流排出，通过汇集螺旋闭风器、分料器进入淀粉筛，然后进行包装。

(6) 麸质(蛋白)浓缩、干燥和粉碎。由分离机分离出来的稀麸质水浓度很低，蛋白含量约 2%，需浓缩、脱水、干燥才能得到干麸质。浓缩采用碟片浓缩机，脱水则采用过滤机，干燥采用管束干燥机。干燥后麸质粉由输送螺旋输送至粉碎机，粉碎后包装。

微课：玉米淀粉生产工艺

知识拓展

> 天然淀粉由于淀粉颗粒的结构及直/支链比例的不同具有不同的可利用性，但其普遍存在易老化回生、耐加工性差等问题，无法在现代食品工业中广泛应用。因此，必须对原淀粉进行变性处理，以改善其热黏稳定性、冻融稳定性、凝胶特性、抗老化性、透明度和耐加工性等。变性淀粉是指对原淀粉通过不同工艺手段处理后，使其增加了某些功能和新的特性，可满足各种工业应用的要求。变性淀粉的品种和规格多达 2 000 种，其分类一般根据处理方式进行，主要包括物理变性淀粉、化学变性淀粉、生物改性淀粉和复合变性淀粉等。

模块小结

1. 碳水化合物可分为单糖、低聚糖和多糖。谷物中主要的单糖为己糖和戊糖，己糖主要是葡萄糖和果糖，戊糖主要是木糖和阿拉伯糖。蔗糖和麦芽糖是谷物中重要的双糖。谷物中 95% 的碳水化合物是多糖类物质，主要是淀粉。

2. 单糖是指不能再水解的最简单的多羟基醛或多羟基酮及其衍生物，按照其官能团的特点，单糖可分为醛糖和酮糖。低聚糖又称寡糖，是由 2～15 个单糖通过糖苷键连接形成的直链或支链的低度聚合糖类。

3. 淀粉是谷物的主要成分，是人类膳食的主要能量来源，主要有玉米淀粉、马铃薯淀粉和木薯淀粉等。从单糖的连接方式来看，淀粉是由两不同连接方式的葡聚糖组成的，即直链淀粉和支链淀粉。一般直链淀粉占 10%～20%，支链淀粉占 80%～90%。

4. 直链淀粉是葡萄糖由 α(1～4) 糖苷键聚合而成。支链淀粉是 D-吡喃葡萄糖通过 α-1,4 和 α-1,6 两种糖苷键连接起来的带分支的复杂大分子。支链淀粉整体的结构不同于直链淀粉，它呈树枝状，葡萄糖所形成的链分别为 A、B、C 三种链。

5. 在显微镜下观察，淀粉粒形状大致可分为圆形、椭圆形和多角形三种。来源不同的淀粉颗粒大小差别也很大，最大的是马铃薯淀粉，颗粒大小约为 40 μm；颗粒最小的为大米淀粉，颗粒大小约为 5 μm。

6. 小麦淀粉颗粒包含两种基本形式：小球形颗粒(称为 B 淀粉，直径为 5～10 μm)和大的卵形颗粒(称为 A 淀粉，直径为 25～40 μm)。

7. 淀粉粒因吸水，体积膨胀数十倍，生淀粉的胶束即行消失，淀粉粒破裂，偏光十字和双折射现象消失，大部分直链淀粉溶解到溶液中，溶液黏度增加，这种现象称为糊化，处于这种状态的淀粉称为 α-淀粉。

8. 糊化作用可分为 3 个阶段：①可逆吸水阶段，水分进入淀粉粒的非晶体部分，体积略有膨胀，此时冷却干燥，可以复原，双折射现象不变；②不可逆吸水阶段，随温度升高，水分进入淀粉微晶间隙，不可逆大量吸水，结晶溶解；③淀粉粒解体阶段，淀粉分子全都进入溶液。

9. 淀粉水分含量、淀粉颗粒中直链淀粉含量，以及外源盐、碱等会影响淀粉的糊化温度。

10. 经过糊化的 α-淀粉在室温或低于室温下放置，冷却后淀粉糊因淀粉分子间的相互作用和结合，会变得不透明甚至凝结而沉淀，这种现象称为老化(又称回生、凝沉)。

11. 淀粉是葡萄糖的聚合物，它可被水解为葡萄糖糖浆、高果糖糖浆和麦芽糊精等具有甜味的产品。淀粉转为淀粉糖的方式有酸法、酸酶法和全酶法。淀粉水解常用的酶有 α-淀粉酶、β-淀粉酶及淀粉葡萄糖苷酶(糖化酶)。

12. 在淀粉糖生产时，在糖化之间首先要对淀粉进行液化处理，液化是利用 α-淀粉酶使糊化的淀粉水解为糊精和低聚糖，使淀粉乳黏度降低，流动性增高。

13. 淀粉经 α-淀粉酶水解为糊精和低聚糖，酶法糖化是利用葡萄糖淀粉酶(糖化酶)进一步将这些产物水解为葡萄糖。

14. 淀粉转化成 D-葡萄糖的程度用葡萄糖当量(DE)来衡量，其定义是还原糖(按葡萄糖计)在糖浆中所占的百分数(按干物质计)。

15. 破损淀粉颗粒与完整淀粉颗粒主要有两方面不同：一是破损淀粉更易被 α-淀粉酶所作用；二是破损淀粉有更强的吸水能力。面粉中淀粉的损伤程度与小麦的品种、制粉设备、加工工艺、面粉颗粒的粗细度等因素有关。

16. 研究发现，损伤淀粉含量与小麦籽粒硬度成极显著正相关。

17. 小麦淀粉制备工艺大约有 15 种，其中有 5 种工业化应用的方法，均以面粉为原料，这 5 种方法分别为马丁法、面糊法、阿尔法拉伐/瑞休法、旋流法和三相卧螺法。

18. 现代马丁法小麦淀粉生产工艺包括 5 个基本步骤：①面粉与水混合形成面团；②从面团中洗出淀粉及可溶物；③面筋干燥；④淀粉精制；⑤淀粉和其他组分干燥。

19. 旋流器法是利用旋液分离的原理，根据淀粉和面筋的相对密度差别，利用旋流器分离淀粉和面筋。

20. 玉米淀粉制备工艺采用湿磨法，工艺流程包括玉米的浸泡与蒸发；胚芽分离；纤维分离、洗涤、脱水、干燥；分离和精制；脱水、干燥；麸质(蛋白)浓缩、干燥和粉碎。

练习与思考

一、单项选择题(选择一个正确的答案,将相应的字母填入题内的括号)

1. 下列属于单糖的是(　　)。
　A. 葡萄糖　　　　B. 蔗糖　　　　C. 麦芽糖　　　　D. 棉子糖
2. 下列属于低聚糖的是(　　)。
　A. 葡萄糖　　　　B. 蔗糖　　　　C. 甘露糖　　　　D. 果糖
3. 禾谷类籽粒的主要化学成分是(　　)。
　A. 糖类　　　　　B. 蛋白质　　　C. 脂肪　　　　　D. 维生素
4. 小麦中淀粉含量为(　　)。
　A. 50%～60%　　B. 60%～75%　C. 80%～85%　　D. 85%～95%
5. 淀粉转化成 D-葡萄糖的程度用葡萄糖当量(DE)来衡量,DE(　　)的水解产品称为麦芽糊精。
　A. <10　　　　　B. <15　　　　C. <20　　　　　D. <25
6. 损伤淀粉主要是在小麦(　　)过程中产生的。
　A. 生长　　　　　B. 收购　　　　C. 储藏　　　　　D. 制粉
7. 淀粉转化成 D-葡萄糖的程度用葡萄糖当量(DE)来衡量,DE(　　)的水解产品称为玉米糖浆。
　A. <10%　　　　B. 10%～20%　C. 20%～60%　　D. 60%～80%
8. 直链淀粉是葡萄糖由(　　)糖苷键聚合而成。
　A. α-1,3　　　　B. α-1,4　　　C. α-1,6　　　　 D. α-1,2
9. 低聚糖又称寡糖,是由(　　)个单糖通过糖苷键连接形成的直链或支链的低度聚合糖类。
　A. 2～15　　　　B. 20～30　　　C. 30～50　　　　D. 50～100
10. 单糖中(　　)是最为丰富的碳水化合物。
　A. 木糖　　　　　B. 鼠李糖　　　C. 果糖　　　　　D. 葡萄糖

二、多项选择题(选择正确的答案,将相应的字母填入题内的括号)

1. 淀粉糊化后,性质变化描述正确的是(　　)。
　A. X 射线衍射消失　　　　　　　B. 吸水淀粉粒膨胀
　C. 淀粉颗粒形状和大小的改变　　D. 直链淀粉颗粒的浸出
2. 糊化作用可分为(　　)阶段。
　A. 可逆吸水阶段　　　　　　　　B. 不可逆吸水阶段
　C. 淀粉粒解体阶段　　　　　　　D. 淀粉复原阶段
3. 下列(　　)对淀粉糊化温度有影响。
　A. 淀粉水分含量　　　　　　　　B. 淀粉颗粒中直链淀粉含量
　C. 外源盐　　　　　　　　　　　D. 碱

4. 淀粉老化后，性质变化描述正确的是(　　)。
   A. 溶解度降低　　　　　　　　　B. 可溶性淀粉含量降低
   C. 易被淀粉酶水解　　　　　　　D. 消化吸收率高
5. 淀粉水解常用的酶有(　　)。
   A. α-淀粉酶　　　B. β-淀粉酶　　　C. 淀粉葡萄糖苷酶　　D. 蛋白酶
6. 小麦或面粉为原料的小麦淀粉加工方法有(　　)。
   A. 马丁法　　　　B. 面糊法　　　　C. 旋流法　　　　D. 三相卧螺法
7. 玉米淀粉生产主要是尽可能将淀粉与(　　)等分开。
   A. 蛋白质　　　　B. 纤维素　　　　C. 脂质　　　　　D. 半纤维素
8. 玉米淀粉制备工艺流程包括(　　)。
   A. 浸泡　　　　　B. 胚芽分离　　　C. 纤维分离　　　D. 干燥
9. 在显微镜下观察，淀粉粒形状大致可分为(　　)。
   A. 圆形　　　　　B. 椭圆形　　　　C. 多角形　　　　D. 三角形
10. 支链淀粉是 D-吡喃葡萄糖通过(　　)糖苷键连接起来的带分支的复杂大分子。
    A. α-1, 4　　　　B. α-1, 3　　　　C. α-1, 6　　　　D. α-1, 2

三、思考题

1. 单糖分类有哪些？
2. 淀粉糊化的影响因素有哪些？

模块四　粮食中的蛋白质

模块概述

　　蛋白质是构成机体组织、器官的重要成分，是维持生命活动的重要物质。它对生长发育期的儿童尤为重要，身体的生长发育可以看作蛋白质不断积累的过程。同时蛋白质还参与重要的生理功能调节。食物中的蛋白质从来源上可分为植物性蛋白质和动物性蛋白质两大类。在植物性蛋白质中，谷类含蛋白质占10%左右，虽然含量不高，却是人们的主食，故仍然是膳食蛋白质的主要来源。因此，学习粮食中的蛋白质具有重要意义。

需求分析

　　谷物蛋白不但为人类提供营养和能量，而且也是动物饲料的主要营养来源。2022年，我国工业饲料产量达3.02亿吨，产值1.32万亿元，居世界首位，这需要庞大、稳定的饲料原料供应体系支撑，受限于我国国情和资源禀赋，国内满负荷生产也难以满足需要。在这一背景下，聚焦"提质提效、开源增料"，统筹利用谷物、微生物等蛋白饲料资源，加强饲料新产品、新技术、新工艺集成创新和推广应用，为促进饲料粮节约降耗、保障粮食和重要农产品稳定安全供给提供有力支撑。

重难点分析

　　(1)通过学习和观察，了解蛋白质的定义，熟悉蛋白质的不同分类方法，掌握蛋白质的元素组成。

　　(2)通过学习和研究，了解蛋白质和氨基酸的结构，熟悉蛋白质和氨基酸的分类，掌握蛋白质和氨基酸的理化性质，熟悉不同谷物中蛋白质的含量和分布情况。

单元一　蛋白质概述

学习目标

　　知识目标：了解蛋白质的定义，熟悉蛋白质的不同分类方法，掌握蛋白质的元素组成。
　　技能目标：能根据粮食中氮元素的含量计算蛋白质的含量。

 粮食化学

素养目标：了解"食品安全重于泰山"的重要性，养成遵纪守法的法律意识、食品安全担当意识和恪守职责的职业道德意识。

单元导入

从2003年开始，安徽阜阳100多名婴儿陆续患上一种怪病，脸大如盘，四肢短小，当地人称之为"大头娃娃"。2004年3月下旬，有关媒体报道使安徽阜阳"空壳奶粉害人"事件引起社会关注。经对阜阳当地2003年3月1日以后出生、以奶粉喂养为主的婴儿进行的营养状况普查和免费体检显示，因食用"空壳奶粉"造成营养不良的婴儿229人，其中轻中度营养不良189人，当时尚有28名诊断为营养不良的婴儿正在医院接受治疗。阜阳市因食用"空壳奶粉"造成营养不良而死亡的婴儿12人。

2004年19日下午6时，由国家市场监督管理总局和卫健委组成的调查组奔赴安徽阜阳，就此事进行调查。国务院调查组通过卫生学调查证实，不法分子用淀粉、蔗糖等价格低的食品原料全部或部分替代乳粉，再用奶香精等添加剂进行调香调味，制造出劣质奶粉，婴儿生长发育所必需的蛋白质、脂肪及维生素和矿物质含量远低于国家相关标准。食用"空壳奶粉"的婴儿由于蛋白质含量严重不足，根本不能满足婴儿的生长需要，长期食用会导致婴儿患上"重度营养不良综合征"，在本是生长最快的时期停止生长，四肢短小，身体瘦弱，脑袋尤显偏大，严重的甚至越长越轻、越小，直至心、肝、肾等器官功能衰竭而死亡。

食品安全是重大的基本民生问题，企业和个人都必须恪守食品安全这条底线。这次劣质奶粉事件中，立案查处涉嫌销售劣质奶粉案件36起，捣毁劣质奶粉制造及分装窝点4个，刑事拘留42人，留置审查59人，依法传讯87人。

思政案例：增强责任意识，保障食品安全

基础认识

一、蛋白质的定义

蛋白质是由不同氨基酸以肽键相连所组成的具有一定空间结构的生物大分子物质，在生物体中广泛存在，是构成生物体最重要的高分子有机含氮化合物，是生命的物质基础。

蛋白质存在于所有动物及植物的原生质内，是构成组织和细胞的重要组成部分，含量约为人体固体成分的45%。不同组织的蛋白质含量不同，肌肉、内脏及皮肤的蛋白质含量较多，骨骼、牙齿及脂肪组织的蛋白质含量较少。蛋白质在人体生长、发育繁殖、遗传等生命活动中起着极其重要的作用。生物体结构越复杂，其蛋白质的种类和功能越多。生命最基本的特征就是蛋白质的不断自我更新。

二、蛋白质的元素组成

蛋白质的组成元素主要有C、H、O、N和少量S，有些蛋白质还含有P、Cu、Fe、Mn、Mo、Zn、Mg、Ca等矿物质元素。

在大多数蛋白质中，N元素的含量都相当接近，一般都为15%~17%平均约为16%，

即每 100 g 蛋白质中含有 16 g 氮元素。这是蛋白质元素组成的一个重要特点,也是凯氏(Kjedahl)定氮法测定蛋白质含量的计算基础。其计算公式如下:

$$样品中粗蛋白质的含量 = 样品中含氮量 \times 6.25$$

式中,6.25 被称为蛋白质系数或蛋白质因数,每测得 1 g 氮即相当于 6.25 g 蛋白质。一般动物的蛋白质系数为 6.25,植物的蛋白质系数小于 6.25。在实际测定过程中,通常把小麦面粉蛋白质系数定为 5.7,其他粮食定为 6.25。

三、蛋白质的分类

蛋白质的种类繁多,功能多样。大多数蛋白质的化学结构尚不清楚,一般按蛋白质的分子形状、分子组成及溶解度进行分类。

(一)根据分子形状分类

蛋白质根据分子形状分为球状蛋白和纤维状蛋白两大类。

1. 球状蛋白质

蛋白质分子形状呈球状或椭球状,分子长短轴比小于 10∶1,甚至接近 1∶1。其多肽链折叠紧密,疏水的氨基酸侧链位于分子内部,亲水的侧链在外部暴露于水溶剂,因此球状蛋白质在水溶液中溶解性好,如血液的血红蛋白、血清球蛋白、豆类的球蛋白等。动植物体内都有大量球蛋白。

2. 纤维状蛋白

蛋白质分子形状呈细棒或纤维状,分子长短轴比大于 10∶1,在动植物体内广泛存在。这类蛋白质在生物体内主要起结构作用。典型的纤维状蛋白质(如胶原蛋白、弹性蛋白、角蛋白和丝蛋白)不溶于水和低浓度盐溶液。

(二)根据分子组成和溶解度分类

蛋白质根据分子组成和特性分为单纯蛋白质和结合蛋白质。

1. 单纯蛋白质

单纯蛋白质也称简单蛋白质,是指蛋白质完全水解后的产物只有氨基酸。其按照溶解性又可分为如下几种。

(1)白蛋白。溶于水,溶液加热后凝固,如卵白蛋白、牛奶中的乳白蛋白等。

(2)球蛋白。不溶于水,溶于稀盐溶液,加热后和白蛋白一样凝固,如肌肉中的肌球蛋白、牛奶中的乳球蛋白、大豆中的大豆球蛋白、花生中的花生球蛋白等。

(3)谷蛋白。不溶于水及盐溶液,溶于酸、碱的稀溶液。谷物种子中含量较多,如小麦的麦谷蛋白、米中的米谷蛋白等。

(4)醇溶谷蛋白。可溶于浓度高达 70%~80% 的乙醇,这种特殊的溶解性是因为存在高含量的脯氨酸,如小麦的麦醇溶蛋白、玉米的玉米醇溶蛋白等。

(5)组蛋白。由于组成成分中碱性氨基酸含量高,所以呈碱性。溶于水、酸,但不溶于氨水,如血红蛋白、肌红蛋白等蛋白质部分的组蛋白。

(6)鱼精蛋白。和组蛋白一样,碱性氨基酸含量高而呈碱性,但溶于氨水,如分子量较小、存在于鱼精液中的蛋白质。

(7)硬蛋白。这类蛋白质在动物体中作为结缔组织或具有保护功能,不溶于水、盐溶液、稀碱和稀酸，主要有角蛋白、胶原蛋白、网硬蛋白和弹性蛋白等，如结缔组织的胶原蛋白，毛发、指甲中的角蛋白等。

2. 结合蛋白质

与单纯蛋白质不同，结合蛋白质组成成分除氨基酸外，还含有糖、矿物质、色素等。根据这些组成成分，结合蛋白有以下分类。

（1）磷蛋白。带羟基氨基酸（如丝氨酸、苏氨酸）和磷酸成酯结合的蛋白质，如牛奶的酪蛋白、蛋黄的卵黄磷蛋白等。

（2）糖蛋白。蛋白质与糖以共价键结合而成，基于糖链的长短，把短链的叫作糖蛋白，具有数百个单位的长链的叫作蛋白多糖。糖蛋白广泛存在于生物体内，如各种黏液、血液、皮肤软骨等组织。

（3）脂蛋白。脂蛋白是与脂质结合的蛋白质，脂质成分有磷脂、固醇和中性脂等，如卵黄球蛋白、血清中的α和β脂蛋白。

（4）色蛋白。为含有叶绿素、血红蛋白等具有金属卟啉的蛋白质，如肌肉中的肌红蛋白、过氧化氢酶、过氧化物酶等。

（5）核蛋白。蛋白质与核酸通过离子键结合形成，存在于细胞核。

（三）根据营养学分类

在营养学上，根据蛋白质中所含氨基酸的种类和数量，蛋白质可分为完全蛋白质、半完全蛋白质和不完全蛋白质三类。

微课：蛋白质的分类

1. 完全蛋白质

完全蛋白质是一类优质蛋白质，它们所含的必需氨基酸种类齐全、数量充足、相互比例适当，不但可以维持人体健康，还可以促进生长发育。肉类、蛋类、奶类、鱼类中的蛋白质都属于完全蛋白质。

2. 半完全蛋白质

半完全蛋白质所含的必需氨基酸虽然种类齐全，但其中某些氨基酸的数量不能满足人体的需要。它们可以维持生命，但不能促进生长发育。例如小麦中的麦胶蛋白便是半完全蛋白质，含赖氨酸很少。

3. 不完全蛋白质

不完全蛋白质不能提供人体所需的全部必需氨基酸，单纯依靠它们既不能促进生长发育，也不能维持生命。例如肉皮中的胶原蛋白、玉米中的玉米胶蛋白等都属于不完全蛋白质。

知识拓展

我国目前正研究利用合成生物技术，转化一碳气体，"无中生有"制造蛋白质，通过生物固碳技术开发新型蛋白资源。以微生物菌体蛋白为例，其粗蛋白质含量达83%以上，18种氨基酸占蛋白质比例达94%，蛋白质消化率超95%，10种必需氨基酸含量及其结构比例接近鱼粉，远优于豆粕。根据对其生产潜力的估算，如果将工业尾气总量的60%用于发酵，可生产蛋白520万吨，同时为温室气体减排做出贡献。

模块四 粮食中的蛋白质

单元二 氨基酸

学习目标

知识目标：了解氨基酸的结构，熟悉氨基酸的分类，掌握氨基酸的理化性质。
技能目标：能根据氨基酸的理化性质，对氨基酸进行定量分析。
素养目标：让科学的探索精神深入心中，培养随时保持一颗发现科学、探索科学的敏感之心，并养成持之以恒、吃苦耐劳的精神。

单元导入

生命到底是怎么诞生的，我们又是如何来到这个世界上的呢？生物学上有一个经典的理论——"米勒试验"。米勒认为在混沌初开的地球上，大气中充满了甲烷、氮气和氢气等还原性物质，同时"年轻气盛"的地球上充满了剧烈的火山活动和电闪雷鸣的大气，他在实验室里模拟了这些条件，发现这些毫无生机的无机物在高温和电火花的持续刺激下，催生出了小分子氨基酸。众所周知，有氨基酸聚合而成的蛋白质是构成生物体的基本物质之一，甚至有观点认为生命的本质就是蛋白质。当米勒在实验室中通过模拟原始地球的环境将无机物转化为有机物时，科学界为之震惊，仿佛那一刻生命的起源揭开了它神秘的面纱，米勒的"原始汤"理论也被广泛接受和认可。

虽然米勒的"原始汤"理论解释了蛋白质的形成过程，但真实还原了生命起源吗？现如今很多学者对此提出了质疑，例如，随着太空探索技术的发展和深入，很多国家相继向月球发射了很多探测器，人们逐渐认识到，我们现在的地球和月球是在约44亿年前形成的，也就是说现在的地球并不是"原装"，这样一来，"米勒试验"中的原始大气环境便不复存在……

那生命的起源到底如何呢？人类不应停下探索的脚步，应继续了解生命历史，认识科学本质，探索科学真谛。

基础知识

一、氨基酸的结构

蛋白质是一种高分子化合物，种类很多，不同蛋白质的分子量相差很大，可有数千至数万。尽管差别很大，但在酸、碱、酶的作用下，蛋白质都可水解，得到的最终水解产物都是氨基酸，所以组成蛋白质的基本结构单位是氨基酸。

组成蛋白质的20种氨基酸，除脯氨酸及其衍生物外，它们在结构上的共同点是与羧基相邻的α-碳原子($C^α$)上都有一个氨基，称为α-氨基酸。连接在α-碳原子上的还有一个氢原子和一个可变的侧链 R，各种氨基酸的区别就在于 R 基团的不同。氨基酸的结构通式如图 4-1 所示。

α-氨基酸的构型通过甘油醛对比来确定，通常要以 D、L 来标记。天然氨基酸除个别例外，都是 L 构型，如图 4-2 所示。

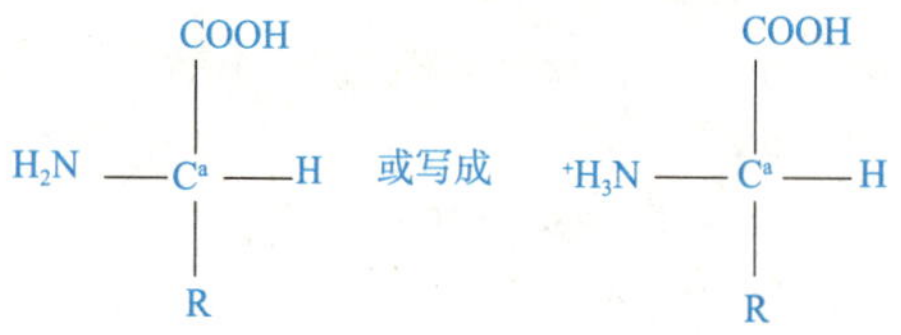

图 4-1 氨基酸的结构通式

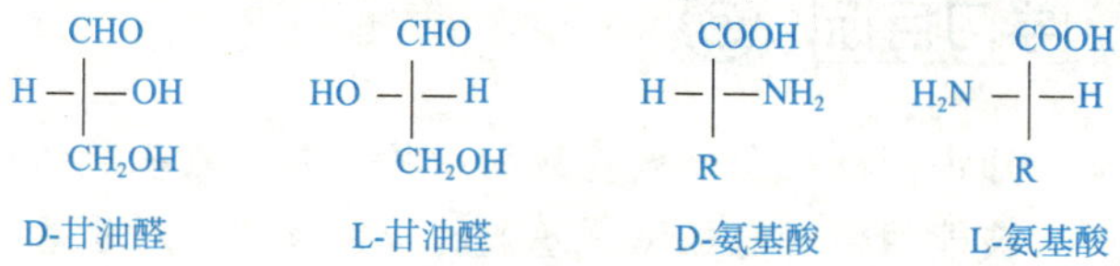

图 4-2 氨基酸的构型

二、氨基酸的分类

蛋白质的许多性质、结构和功能都与氨基酸的侧链 R 基团密切相关，因此，目前常以侧链 R 基团的化学结构或极性大小作为氨基酸分类的基础。

(一) 根据氨基酸 R 基团化学结构进行分类

1. 脂肪族氨基酸

脂肪族氨基酸有 15 种，其中中性氨基酸 5 种(甘氨酸、丙氨酸、缬氨酸、亮氨酸、异亮氨酸)，含羟基或含硫氨基酸 4 种(丝氨酸、苏氨酸、半胱氨酸、甲硫氨酸)，酸性氨基酸及其酰胺 4 种(天冬氨酸、谷氨酸、天冬酰胺、谷氨酰胺)；碱性氨基酸 2 种(赖氨酸、精氨酸)。

2. 芳香族氨基酸

芳香族氨基酸有三种，即苯丙氨酸、酪氨酸和色氨酸，它们的 R 基团含有芳香环。

3. 杂环氨基酸

杂环氨基酸有两种，即组氨酸和脯氨酸。组氨酸的 R 基团含有咪唑基，脯氨酸中没有自由的 α-氨基，它是一种 α-亚氨基酸。脯氨酸可以看成 α-氨基酸的 R 基取代了自身氨基上的一个氢原子而形成的杂环结构。

(二) 根据氨基酸 R 基团的极性进行分类

根据组成蛋白质的氨基酸 R 基团的极性性质，氨基酸可分成四类：极性带正电荷的氨基酸、极性带负电荷的氨基酸、极性不带电荷的氨基酸和非极性氨基酸。

1. 极性带正电荷的氨基酸

此类氨基酸为碱性氨基酸，pH＝7 时带净正电荷，包括赖氨酸、精氨酸和组氨酸。

2. 极性带负电荷的氨基酸

此类氨基酸共有两种，在 pH＝6～7 时带净负电荷，为酸性氨基酸，包括天冬氨酸和谷氨酸。这两种氨基酸都含有两个羧基，并且第二个羧基在 pH＝7 左右也完全解离，因此分子带负电荷。

3. 极性不带电荷的氨基酸

极性不带电荷的氨基酸是指 R 基团含有不解离的极性基团，能与水形成氢键。此类氨基酸共有 7 种，包括含羟基的丝氨酸、苏氨酸和酪氨酸，含酰胺基的天冬酰胺和谷氨酰胺，含硫基的半胱氨酸，甘氨酸。它们的侧链介于极性与非极性之间，有时也把它归于非极性氨基酸类，但是它的 R 基团为氢，对强极性的氨基、羧基影响很小。

4. 非极性氨基酸

非极性氨基酸的 R 基团含有脂肪烃链或芳香环等。此类氨基酸共有 8 种，其中 4 种为带有脂肪烃链的氨基酸，即丙氨酸、缬氨酸、亮氨酸和异亮氨酸；2 种含有芳香环氨基酸的苯丙氨酸和色氨酸；1 种含硫氨基酸即甲硫氨酸，1 种含亚氨基酸即脯氨酸。非极性氨基酸在水中的溶解度比极性氨基酸小，其中以丙氨酸的 R 基团疏水性最小，它介于非极性氨基酸和极性不带电氨基酸之间。

(三) 根据氨基酸酸碱性质进行分类

根据氨基酸分子中所含氨基和羧基数目不同，氨基酸分为酸性氨基酸、碱性氨基酸和中性氨基酸 3 类。

1. 酸性氨基酸

酸性氨基酸有 2 种，即谷氨酸和天冬氨酸，它们的分子中都含有 1 个氨基和 2 个羧基。

2. 碱性氨基酸

碱性氨基酸有 3 种，即精氨酸、赖氨酸和组氨酸，它们的分子中含有 2 个氨基（或 2 个以上）和 1 个羧基。

3. 中性氨基酸

中性氨基酸有 15 种，均为含有 1 个氨基和 1 个羧基的氨基酸。其中包括 2 种酸性氨基酸产生的酰胺，即天冬酰胺和谷氨酰胺。

(四) 根据营养学分类

人对蛋白质的需要实际上是对氨基酸的需要。从人体营养角度，人们将组成蛋白质的氨基酸分为 3 类：必需氨基酸、半必需氨基酸和非必需氨基酸。

1. 必需氨基酸

必需氨基酸是指人体生长发育和维持氮平衡所必需的，体内不能自行合成，必须由食物中摄取的氨基酸。必需氨基酸包括赖氨酸、苯丙氨酸、缬氨酸、蛋氨酸、色氨酸、亮氨酸、异亮氨酸和苏氨酸 8 种。蛋白质营养价值的优劣取决于其分子中必需氨基酸的含量和比例是否与人体所需要的相近。

2. 半必需氨基酸

半必需氨基酸是指在人体内虽然能自行合成，但人体在某些情况或生长阶段会出现内源性合成不足，不能适应正常生长的要求，也需要从食物中补充，包括组氨酸和精氨酸 2 种。对于婴儿营养来讲，半必需氨基酸也是必需的。

3. 非必需氨基酸

非必需氨基酸是指除必需氨基酸、半必需氨基外的其余 10 种氨基酸。人或动物细胞都能合成，不是必须从食物或饲料中取得，包括甘氨酸、丝氨酸、半胱氨酸、酪氨酸、谷氨酸、谷氨酰胺、天冬氨酸、天冬酰胺、脯氨酸和丙氨酸。

三、氨基酸的理化性质

(一)物理性质

1. 色泽与状态

各种常见氨基酸均为无色结晶，结晶形状因氨基酸的结构而异，例如 L-谷氨酸为四角柱形结晶，D-谷氨酸则为菱片状结晶。

2. 熔点

在有机物中，氨基酸结晶的熔点较高，一般为 200~300 ℃，许多氨基酸在达到或接近熔点时或多或少地发生分解。

3. 溶解度、旋光性

氨基酸一般都溶于水，微溶于醇，不溶于乙醚。不同的氨基酸在水中有不同的溶解度。赖氨酸和精氨酸的溶解度最大，有环氨基酸的水溶液性很小，以至于脯氨酸与羟脯氨酸只能溶于乙醇和乙醚。所有氨基酸都能溶于强酸、强碱溶液。

除甘氨酸外，所有的天然氨基酸都有旋光性。

4. 紫外光吸收性

氨基酸都不吸收可见光，但酪氨酸、色氨酸和苯丙氨酸显著地吸收紫外光，且在紫外区还显示荧光。氨基酸所处环境的极性影响它们的吸收光和荧光性质，因此，氨基酸光学性质的变化常被用来考察蛋白质的构象变化。大多数蛋白质都含有酪氨酸残基，因此，测定蛋白质对 280 nm 紫外光的吸收，可以作为测定蛋白质含量的快速方法。

5. 味感

氨基酸及其某些衍生物具有一定的味感。味感与氨基酸的种类和立体结构有关。一般来讲，D-氨基酸多数带有甜味，甜味最强的是 D-色氨酸，可达到蔗糖的 40 倍。色氨酸及其衍生物是很有发展前途的甜味剂。L-氨基酸具有甜、苦、鲜、酸 4 种不同味感。一些水溶性小的氨基酸具有苦味，是食品加工中蛋白质水解产物有苦味的原因。L-谷氨酸主要存在于植物蛋白，可从小麦面筋蛋白水解中得到。谷氨酸具有酸味和鲜味 2 种，其中以酸味为主。当加碱适当中和后，谷氨酸生成谷氨酸钠盐，其酸味消失，鲜味增强，是目前广泛使用的鲜味剂——味精的主要成分。

(二)化学性质

氨基酸和蛋白质分子中的反应基团主要有 3 类：氨基、羧基和侧链的反应基团(巯基、酚羟基、羟基、硫醚基、咪唑基和胍基)。其中有的反应可以改善它们的亲水性、疏水性或功能特性；还有一些反应被用作氨基酸和蛋白质的定量分析，如氨基酸与茚三酮、邻苯二甲醛或荧光胺的反应是氨基酸定量分析中常用的反应。

1. 氨基酸的酸碱性及等电点

氨基酸分子中同时含有羧基(酸性)和氨基(碱性)，它既能像酸一样解离，也能像碱一样解离。因此，当氨基酸溶解于水时，既可表现出酸的行为：

$$\text{R}-\underset{\underset{NH_3^+}{|}}{\overset{\overset{H}{|}}{C}}-COO^- \rightleftharpoons H^+ + \text{R}-\underset{\underset{NH_2}{|}}{\overset{\overset{H}{|}}{C}}-COO^-$$

又可表现出碱的性质：

$$\text{R}-\underset{\underset{NH_2}{|}}{\overset{\overset{H}{|}}{C}}-COO^- + H^+ \rightleftharpoons \text{R}-\underset{\underset{NH_3^+}{|}}{\overset{\overset{H}{|}}{C}}-COO^-$$

在酸性溶液中，羧基的解离受到抑制，而易获得一个氢离子变成正离子，氨基酸主要以正离子状态存在，在电场作用下移向阴极；反过来，在碱性溶液中，氨基酸主要以负离子状态存在，在电场作用下移向阳极。

$$^+H_3N-\underset{\underset{H_2}{|}}{C}-COOH \underset{}{\overset{K_1}{\rightleftharpoons}} {}^+H_3N-\underset{\underset{H_2}{|}}{C}-COO^- \underset{}{\overset{K_2}{\rightleftharpoons}} H_2N-\underset{\underset{H_2}{|}}{C}-COO^-$$
　　　酸性　　　　　　　　　中性　　　　　　　　　碱性

就某一种氨基酸而言，当溶液的酸碱度达到一定的 pH 值时，氨基酸中的氨基和羧基的解离程度完全相同，氨基酸就以电中性的偶极离子状态存在。此时，它既不向阴极移动，也不向阳极移动，这时溶液的 pH 值就称为该氨基酸的等电点，用 pI 表示。中性氨基酸的等电点为 5~6.3，酸性氨基酸的等电点为 2.8~3.2，碱性氨基酸的等电点为 7.6~10.8。在等电点时，氨基酸的溶解度最小，易于结晶沉淀。

2. 与甲醛作用

氨基酸在溶液中以两性离子形式存在。当用碱滴定氨基酸的羧基以确定氨基酸含量时，由于在酚酞等一般指示剂所指示的终点处，氨基所结合的氢离子并未被完全中和，测定结果偏低。当氨基酸与甲醛相遇后，甲醛很快与氨基结合，其碱性消失，破坏内盐的存在，促使—NH_3^+ 上的 H^+ 释放出来，这样就可以用酚酞作为指示剂，用碱来滴定，从而测定出溶液中氨基酸的总量，这就是甲醛滴定法的原理。

$$\text{R}-\underset{\underset{NH_3^+}{|}}{\overset{\overset{H}{|}}{C}}-COO^- + HCHO \longrightarrow \text{R}-\underset{\underset{NHCH_2OH}{|}}{\overset{\overset{H}{|}}{C}}-COO^- + H^+$$

$$\downarrow HCHO$$

$$\text{R}-\underset{\underset{N(CH_2OH)_2}{|}}{\overset{\overset{H}{|}}{C}}-COO^-$$

3. 与水合茚三酮的作用

水合茚三酮与氨基酸溶液共热，生成蓝紫色物质，同时有 CO_2 放出。由于此反应非常灵敏，常用于定性测定氨基酸的存在。但因不同氨基酸的水合茚三酮反应产物颜色深浅不同，所以不能定量测定氨基酸的混合物。

4. 与 HNO_2 的反应

在室温下氨基酸可定量地与 HNO_2 反应产生羟基酸和氮气，生成的氮可用气体分析仪测定，是 Van Slyke 法测氨基氮的基础，该法在氨基酸定量及测蛋白质水解程度上均有用处。

$$R-\underset{\underset{NH_2}{|}}{\overset{\overset{H}{|}}{C}}-COOH + HNO_2 \longrightarrow R-\underset{\underset{OH}{|}}{\overset{\overset{H}{|}}{C}}-COOH + N_2\uparrow + H_2O$$

5. 与金属离子作用

氨基酸可以和重金属离子 Cu^{2+}、Fe^{2+}、Co^{2+}、Mn^{2+} 等作用生成螯合物。羧基、氨基、巯基都参加此作用。

微课：氨基酸的理化性质

知识拓展

味精，学名谷氨酸钠，是最常用的鲜味剂。谷氨酸钠属于氨基酸的钠盐。1908 年，日本人池田菊苗发现海带鲜味的本质是 L—谷氨酸，数年后采用水解面筋法实现工业化生产。目前绝大多数味精采用发酵法生产。

味精（谷氨酸钠）既可作为调味品又可作为食品添加剂。当作为食品添加剂使用时，应标示为谷氨酸钠；当作为调味品使用时，应标示为味精。味精作为调味品生产、经营时，其标签应当符合相应国家食品安全标准；如作为食品添加剂生产销售，其产品标签必须载明"食品添加剂"字样。

味精是所有国家都批准使用的食品添加剂。世界卫生组织对味精的安全性进行过评估，结论是味精对人体的健康没有影响。《食品安全国家标准 食品添加剂使用标准》（GB 2760—2014）规定谷氨酸钠可在各类食品中按生产需要适量使用，味精和谷氨酸类增味剂都是安全性高的增味剂。

模块四 粮食中的蛋白质

单元三 蛋白质的结构

学习目标

知识目标：掌握蛋白质一级结构的基本测定方法；掌握高级结构的定义；掌握二级结构、三级结构和四级结构的特点；理解蛋白质结构与功能的关系。

技能目标：能根据蛋白质的不同结构，掌握蛋白质的不同功能；能查阅、分析国内外蛋白质研究前沿技术信息。

素养目标：培养创新精神、家国情怀和国际视野，具备在蛋白质化学相关领域取得职业成功的科学和技术素养，能在工作岗位上发扬粮油食品行业的工匠精神。

单元导入

1958年，中国科学院提出了"完成世界上第一次人工方法合成蛋白质"的目标，当时的中国学界可以用"一穷二白"来形容。要人工合成蛋白质，蛋白质的结构是什么？生物活性是什么？物理特性是什么？这几个标准就成为先要搞清的问题。所以，美好愿望的实现首先转化为对"美好"标准的研究，而选择胰岛素作为人工合成蛋白质的对象在当时更如"云里雾里"。

牛胰岛素是一种蛋白质分子，它的化学结构于1955年由英国的科学家桑格测定、阐明：牛胰岛素分子是一条由21个氨基酸组成的A链和另一条由30个氨基酸组成的B链，通过两对二硫链连接而成的一个双链分子，而且A链本身还有一对二硫键。

1958年12月，中国科学院上海分院组成一支强有力的科研队伍，联合攻关。中国科学院上海有机化学研究所和北京大学化学系负责合成A链，中国科学院生物化学研究所负责合成B链。经历600多次失败、经过近200步合成，1965年9月17日，世界上首批用人工方法合成的牛胰岛素晶体，在中国生物化学家手中诞生了，这是上海生物化学研究所首次人工合成结晶牛胰岛素，也是世界首次合成具有活性的人工蛋白质。

我国人工合成牛胰岛素的科学家团队敢于攻坚克难、勇于追求卓越、善于协同创新的宝贵科研精神，已然成为科研史上的明亮灯塔，照亮了当代青年的成才之路。

基础认识

一、蛋白质的一级结构

蛋白质的一级结构是指蛋白质分子中氨基酸的组成、连接方式及氨基酸在多肽链中的排列顺序。一级结构是蛋白质分子的基本结构，它是决定蛋白质空间结构的基础。维持一级结构的化学键为共价键，主要是肽键。随着肽链数目、氨基酸组成及其排列顺序的不同，就形成了种类繁多、功能各异的蛋白质。一级结构"关键"部分如果被破坏或特定的氨基酸组成与排列顺序的改变会直接影响蛋白质的功能。

一分子氨基酸的 α-羧基与另一分子氨基酸的 α-氨基脱水缩合形成的酰胺键（—CO—NH—）称为肽键，反应产物称为肽。可用下式表示。

$$H_2N-\underset{R^1}{\underset{|}{\overset{H}{\overset{|}{C}}}}-\overset{O}{\overset{\|}{C}}-[OH+H]-\underset{H}{\overset{H}{N}}-\underset{R^2}{\underset{|}{\overset{H}{\overset{|}{C}}}}-COOH \longrightarrow H_2N-\underset{R^1}{\underset{|}{\overset{H}{\overset{|}{C}}}}-[\overset{O}{\overset{\|}{C}}-\underset{H}{\overset{|}{N}}]-\underset{R^2}{\underset{|}{\overset{H}{\overset{|}{C}}}}-COOH$$

脱水 → H_2O　　　肽键

由两个氨基酸形成最简单的肽，即二肽，二肽再以肽键与另一分子氨基酸缩合生成三肽，以此类推。多肽链上的各个氨基酸由于在互相连接的过程中"损失"了 α-氨基上的—H 和 α-羧基上的—OH，故被称为氨基酸残基。一般把不多于 12 个残基的肽直接称为二肽、四肽等；把超过 12 个而不多于 20 个残基的称为寡肽；含有 20 个以上残基的称为多肽。

二、蛋白质的二级结构

蛋白质的二级结构是指多肽链中彼此靠近的氨基酸残基之间通过氢键相互作用而形成的空间关系，也指蛋白质分子中多肽链本身的折叠方式。二级结构主要是 α-螺旋结构，其次是 β-折叠结构和 β-转角。

α-螺旋是蛋白质中最常见、含量最丰富的二级结构。每圈螺旋有 3.6 个氨基酸残基，沿螺旋轴方向上升 0.54 nm，每个残基绕轴旋转 100°，沿轴上升 0.15 nm。蛋白质中的螺旋绝大多数是右手的，因其空间位阻较小，比较符合立体化学的要求，易于形成，构象也稳定。一条多肽链能否形成螺旋，以及形成的螺旋是否稳定，与它的氨基酸组成和排列顺序有极大的关系。R 基的大小及电荷性质对多肽链能否形成 α-螺旋也有影响。如 R 基小，并且不带电荷的多聚丙氨酸，在 pH=7.0 的水溶液中能自发地卷曲成 α-螺旋，含有脯氨酸的肽链不具亚氨基，不能形成链内氢键，因此，多肽链中只要存在脯氨酸（或羟脯氨酸），α-螺旋即被中断，并产生一个"结节"。

β-折叠或 β-折叠片是蛋白质中第二种最常见的二级结构。两条或多条几乎完全伸展的多肽链侧向聚集在一起，相邻肽链主链上的—NH—和 C=O 之间形成有规则的氢键，这样的多肽构象就是折叠片。除作为某些纤维状蛋白质的基本构象外，β-折叠也普遍存在于球状蛋白质。

β-转角是在蛋白质分子中肽链出现 180° 回折部分。

三、蛋白质的三级结构

蛋白质的三级结构是指多肽链中相距较远的氨基酸之间的相互作用而使多肽链弯曲或折叠形成的紧密且具有一定刚性的结构，是二级结构的多肽链进一步折叠、卷曲形成复杂的球状分子结构。多肽链所发生的盘旋是由蛋白质分子中氨基酸残基侧链（R 基团）的顺序决定的，产生与维持三级结构的作用力是肽链中 R 基团间的相互作用，即二硫键（共价键）、盐键（离子键）、氢键及疏水键的相互作用。

四、蛋白质的四级结构

有些球状蛋白质分子含有两条以上肽链，每条肽链都有自己的三级结构，称为蛋白质的亚单位。从结构上看，亚单位是蛋白质分子的最小共价单位，一般由一条肽链组成，也可由以二硫键（—S—S—）交联的几条肽链组成。几个亚单位再按一定方式缔合，这种亚单位的空间排布和相互作用称为四级结构。维系四级结构的力主要是疏水键和范德华力，四级结构中肽链以特殊方式结合，形成了有生物活性的蛋白质。

微课：蛋白质的结构

知识拓展

蛋白质是生物体最重要的分子之一，在生命活动中起着关键的作用。蛋白质的分子结构对于理解生物体的结构和功能具有重要意义，也为药物研发、食品工业等方面提供了实际应用价值。

在药物研发方面，蛋白质是许多药物的靶标，了解蛋白质的结构可以帮助科学家设计和优化药物分子，提高药物的疗效和选择性。例如，通过研究病毒蛋白质的结构，科学家可以设计出具有抗病毒活性的药物，如抗艾滋病毒药物。

在食品工业方面，蛋白质是食品中的重要成分，了解蛋白质的结构可以改善食品的质量和口感。例如，通过研究鱼肉中的蛋白质结构，科学家可以开发出能够增加鱼肉水分保持性和口感的食品添加剂。

蛋白质分子结构在农业生物技术、疾病诊断、环境保护等方面都有广泛的应用。通过深入研究蛋白质的分子结构，我们可以更好地理解生物体的结构和功能，为解决现实问题提供有力的科学依据。

单元四 蛋白质的性质

学习目标

知识目标：了解蛋白质的性质特点，熟悉各种反应原理，掌握蛋白质的盐析现象、变性现象、颜色反应。

技能目标：能运用蛋白质性质的相关知识，解释生活中的相关现象。

素养目标：树立正确的价值观，培养良好的职业道德和法律意识。

单元导入

2008年6月28日至9月8日，位于兰州市的解放军第一医院陆续收治患有肾结石症状的患儿14名，患病婴幼儿均食用三鹿某款奶粉，事件引起外界关注。其后人们发现，全国各地两个月以来相继有多例类似事件发生，舆论哗然。9月13日，党中央、国务院启动国家重大食品安全事故Ⅰ级响应。"三鹿奶粉事件"被定性为一起重大的食品安全事故。问题奶粉中含有的三聚氰胺，是不法分子为增加原料奶或奶粉的蛋白质含量而人为加入的。12月23日，石家庄市中级人民法院宣布三鹿集团破产。2009年1月22日，三鹿系列刑事案件一审宣判，多名被告人被判处死缓、无期徒刑或2年至15年不等的有期徒刑。至此，轰动全国的"三鹿奶粉事件"告一段落。

"三鹿奶粉事件"暴露的不只是乳制品行业的问题，也敲响了中国食品安全监管的警钟，此后，中国的食品领域开启了体制、标准、法规等全方位的改革。

基础认识

一、蛋白质的两性解离和等电点

(一) 两性解离

蛋白质和氨基酸一样也是两性电离质。蛋白质分子中所含的氨基酸种类及数量多，可解离的基团除主链网端自由的氨基和羧基外，还有侧链上的氨基、羟基、胍基、咪唑基、羧基及巯基等功能团，因此，可以把蛋白质分子看作多价离子的高分子化合物，两性解离较氨基酸复杂。

(二) 蛋白质的等电点

蛋白质分子在不同的pH值中能解离成为阳离子、阴离子或两性离子。在一定的pH值下，某种蛋白质所带的阳电荷与阴电荷相等，此时的pH值称为该蛋白质的等电点。等电点时，总净电荷为零，颗粒之间没有相同电荷所引起的互相排斥作用，所以蛋白质的溶解度小，极易为静电引力而结合成为较大的聚合体而沉淀析出，这种性质常被利用来分离和提纯蛋白质。

pI就是蛋白质没有净电荷时的pH值。在低的pH值时，环境中有更多的正电荷，因此，蛋白质有阳离子增加的特性；反之亦然。

二、蛋白质的胶体性质

蛋白质是天然高分子化合物，相对分子质量很大，分子体积也很大，分子直径与胶体微粒的直径接近，所以溶于水的蛋白质能形成稳定的亲水胶体，统称为蛋白质溶胶。蛋白质具有胶体性质，如布朗运动、丁达尔现象、不能透过半透膜、具有吸附能力等特性。常见的豆浆、牛奶、肉冻汤等都是蛋白质溶胶。

在一定条件下，蛋白质发生变性，原来处于分子内部的一些非极性基团暴露于分子的表面，这些伸展的肽链互相聚集，又通过各种化学键发生了交联，形成空间网状结构，而溶剂小分子充满网架的空隙中，成为失去流动性的半固体状体系，称为凝胶。这种凝胶化的过程称为胶凝。

在生物体系内，蛋白质以凝胶和溶胶的混合状态存在。在肌肉组织中，蛋白质的凝胶状态是肌肉能保持大量水分的主要原因。肌肉组织含有多种蛋白质,它们以各种方式交联在一起,形成一个高度有组织的空间网状结构。蛋白质分子未结合部位的水化作用和空间网状结构的毛细管作用,使肌肉能保持大量的水分。在很大的压力下都不能把新鲜猪肉中的水分压挤出来的原因就在于其蛋白质胶体的持水力。果冻、豆腐、面筋、香肠等都是蛋白质凝胶化作用在食品加工中的应用。

三、蛋白质的沉淀作用

蛋白质带有电荷和水化膜,因此在水溶液中呈稳定的胶体溶液。蛋白质溶液的稳定性是生物机体正常新陈代谢所必需的,也是相对的、暂时的、有条件的。当条件改变时,破坏了蛋白质的水化膜或中和了蛋白质的电荷,稳定性就被破坏,蛋白质分子相互聚集而从溶液中析出,这种现象称为蛋白质的沉淀作用。

在实际中,使蛋白质沉淀的方法主要有以下几种。

(一)等电点沉淀和 pH 值的控制

不同的蛋白质具有不同的等电点,利用蛋白质在等电点时溶解度最低的原理可以把蛋白质混合物彼此分开。当蛋白质混合物的 pH 值被调到其中一种蛋白质的等电点时,这种蛋白质的大部分或全部将沉淀下来,那些等电点高于或低于该 pH 值的蛋白质则仍留在溶液中。这样沉淀出来的蛋白质保持着天然构象,若条件恢复能再溶解。

(二)蛋白质的盐溶和盐析

中性盐(如硫酸铵、硫酸钠、氯化钠等)对蛋白质的溶解度有显著的影响。当盐浓度较低时,中性盐可以增加蛋白质的溶解度,这种现象称为盐溶。盐溶作用主要是由于蛋白质分子吸附某种盐类离子后,导致其颗粒表面同性电荷增加而彼此排斥,同时蛋白质分子与水分子间的相互作用却加强,因而溶解度提高。

当盐浓度较高时,中性盐可以破坏蛋白质胶体周围的水化膜,同时又中和了蛋白质分子的电荷,降低蛋白质的溶解度,使蛋白质发生沉淀,这种现象称为盐析。盐析所需盐浓度一般较高,但不引起蛋白质变性,若条件恢复能再溶解,因此,盐析法是蛋白质分离和纯化过程中最常用的方法之一。不同蛋白质盐析时所需盐浓度不同,所以在蛋白质溶液中逐渐增大中性盐的浓度,不同蛋白质就先后析出,这种方法称为分段盐析。

(三)有机溶剂沉淀蛋白质

乙醇、丙酮或甲醇等可使蛋白质产生沉淀,这是由于这些有机溶剂的亲水性强,破坏了蛋白质颗粒周围的水化膜,从而降低蛋白质的溶解度,发生沉淀作用。如蛋白质溶液的pH 值在等电点时,加入这些有机溶剂可加速蛋白质沉淀,因此也可应用于蛋白质的分离和纯化。但是有机溶剂沉淀蛋白质如果是在高温下或长时间作用蛋白质溶液,则沉淀蛋白质失去生物活性,不能再被溶解。

(四)重金属盐和生物碱剂沉淀蛋白质

蛋白质溶液的 pH>pI 时,蛋白质带有负电荷,可与重金属离子如 Hg^+、Ag^+、Pb^{2+}、Fe^{3+} 等作用,产生蛋白质的重金属盐沉淀。

当蛋白质溶液的 pH＜pI 时，蛋白质带有正电荷，可与生物碱试剂（如单宁酸、苦味酸、钨酸和三氯乙酸等）作用，产生溶解度很低的盐沉淀。

重金属盐和生物碱剂所引起的蛋白质沉淀不能再被溶解，沉淀蛋白质失去生物活性。

微课：蛋白质的性质

四、蛋白质的变性

大多数蛋白质分子只有在一定的温度和 pH 值范围内才能保持其生物学活性。蛋白质分子在一些物理、化学因素，如加热、高压、冷冻、超声波、辐照等作用下性质会发生改变，通常称为变性。蛋白质变性后其溶解度、黏度、膨胀度、渗透性、稳定性都发生明显的变化。球蛋白变性最显著的反应就是溶解度下降，大多数蛋白质加热到 50 ℃ 以上即发生变性。例如，鸡蛋清加热形成不溶解的凝固体就是加热使蛋白质变性。变性导致蛋白质失去大部分或全部生物学活性。例如，将酶加热，它催化特异化学反应的能力就会丧失；应用高温高压使细菌的蛋白质变性，以达到杀菌的目的。变性时蛋白质肽链的主要共价键并未打断，其变性是因为天然蛋白分子多肽链的特有折叠结构的任意卷曲或伸展。

五、蛋白质的显色反应

(一)双缩脲反应

蛋白质分子中的肽键与碱性溶液里的硫酸铜溶液反应后呈现紫或蓝紫色，此种现象称双缩脲反应。凡是化合物含有两个—CO—NH_2—基团，它们或直接相连，或通过一个碳原子或氧原子相连都能发生此反应。肽键越多则显色越深。此反应可用作定性检验和蛋白质水解程度，也可用作蛋白质的定量检测。

(二)茚三酮反应

蛋白质溶液与茚三酮丙酮溶液（或水合茚三酮）共热时生成蓝色化合物，反应很灵敏，这是蛋白质或氨基酸中的氨基及羧基所引起的。

(三)乙醛酸反应

蛋白质中先加入乙醛酸，然后沿着试管壁加入浓硫酸，分上下两层溶液，结果在分界处出现红色、绿色或紫色环，摇匀后，全部混合成紫色。此反应是乙醛酸与色氨酸的缩合物的颜色，因为色氨酸中含有吲哚基。

(四)米伦反应

含有酪氨酸的蛋白质与米伦试剂（由硝酸汞、硝酸亚汞、硝酸配制而成）混合，即有白色沉淀析出，再加热时变成砖红色。这一反应并非蛋白质的特征反应，但因大多数蛋白质均含有酪氨酸残基，所以也是检测蛋白质的一种方法。

(五)黄色反应

黄色反应是含有酪氨酸、色氨酸和苯丙氨酸等芳香族氨基酸的蛋白质所特有的呈色反应。蛋白质溶液遇浓硝酸后，先产生白色沉淀，加热则变黄，再加碱颜色加深为橙黄色。硝酸能与这些氨基酸中的苯环形成黄色的硝基化合物。

知识拓展

> 酸能引起蛋白质变性，因此酸常用于杀菌，例如：①人体胃液中含有一定浓度的盐酸，它可以杀死食物及水中的少量病菌，因此人体有一定的免疫功能。②醋酸用途很广，如可将醋酸蒸发，利用其蒸气对某些公共环境进行消毒，以防病菌的蔓延；再如，用醋酸腌制的食品不易变质等。③Cl_2、漂白粉等对自来水的杀菌消毒，实际上是次氯酸的作用，次氯酸具有高效、低毒（可忽略）、低残留的优点。

单元五　粮食中的蛋白质

学习目标

　　知识目标：了解常见的粮食蛋白质种类，熟悉各类粮食蛋白质的性质特点，掌握各类粮食蛋白质在生产加工中的应用。
　　技能目标：能根据各类粮食蛋白质的性质特点，采取不同的加工方法。
　　素养目标：了解"农业强国"战略目标，为全面推进乡村振兴、加快建设农业强国做贡献。

单元导入

　　蛋白质资源紧缺是一个世界性的问题，我国由于人口众多、资源有限，缺乏尤为严重。近几十年以来，我国生猪饲料配方参照西方国家，以"玉米-豆粕"型日粮为主，包括饲料行业在内，2017 年我国大豆总需求量达到 11 079 万吨，但是国内大豆产量每年不超过 1 500 万吨。国内蛋白源饲料严重缺乏，导致我国饲料行业过度依赖于大豆进口。
　　随着人口的增长和人民生活水平的不断提高，蛋白的需要量越来越大。提高现有蛋白质资源的利用率，积极寻找新的蛋白源，开辟新的蛋白饲料资源，是缓解我国蛋白质资源短缺的有效途径。

基础认识

一、小麦蛋白质

　　小麦中的蛋白质，其含量一般较高，约 12%，大部分（70%）集中在胚乳中，不同品种的小麦蛋白质含量不同,硬质小麦胚乳中蛋白质含量高于软质小麦。小麦蛋白质根据存在部位可分为胚蛋白和胚乳蛋白;根据溶解特性不同可分为清蛋白(溶于水)、球蛋白(溶于10%NaCl,不溶于水)、麦胶蛋白(溶于70%~90%乙醇)和麦谷蛋白(不溶于水或乙醇而溶于酸或碱)4种蛋白质。

(1)清蛋白和球蛋白一起占小麦胚乳蛋白质的10%~15%。它们含有游离的巯基和较高比例的碱性及其他带电氨基酸。清蛋白的相对分子质量很低,为12 000~26 000 D(D为道尔顿,$1D=\frac{1}{N}g$);而球蛋白的相对分子质量高达100 000 D,但多数低于40 000 D。

(2)麦胶蛋白:不溶于水、乙醚和无机盐溶液,能溶于60%~80%酒精溶液。湿麦胶蛋白黏力强,富有延伸性,加入少量食盐时黏力则增大,加入过量食盐时黏力则降低。

(3)麦谷蛋白:不溶于水、乙醇和无机盐溶液,能溶于稀酸或稀碱溶液,在热的稀酒精中可以稍微溶解,但遇热易变性。湿麦谷蛋白凝结力强,但无黏力。

麦胶蛋白和麦谷蛋白是构成面筋的主要成分,又称面筋蛋白。小麦中含有的小麦面筋蛋白质约占面粉蛋白质的85%,它决定面团的特性。面筋的主要化学成分是蛋白质,除此以外还含有少量淀粉、脂肪、糖类、矿物质及纤维素等。在小麦面筋中,麦胶蛋白和麦谷蛋白各占40%左右。麦胶蛋白和麦谷蛋白易于分离,在稀酸中溶解面筋,添加70%乙醇,然后加入足够的碱以中和酸,在4℃下放置一夜,麦谷蛋白沉淀,溶液中剩下麦胶蛋白。当面粉加水和成面团的时候,麦胶蛋白和麦谷蛋白按一定规律相结合,构成海绵一样的网络结构,组成了面筋软胶的骨架。其他成分(如脂肪、糖类、淀粉和水)都包藏在面筋骨架的网络之中,这就使面筋具有弹性和可塑性。它们在氨基酸组成上都含有丰富的谷氨酸和脯氨酸,而小麦清蛋白和球蛋白富含赖氨酸与精氨酸。

面筋具有良好的弹性、延伸性,这对面团的形成过程起着非常重要的作用。并且,面筋还具有较好的保气能力,当面团发酵时,面筋能吸水膨胀,形成有弹性的网络结构,从而阻止二氧化碳的外溢,使蒸烤出来的馒头、面包具有多孔性,并且松软可口、品质优良。但是,如果小麦受过冻伤、发热劣变或加热处理过,造成蛋白质的含量减少,性质发生变化,吸水膨胀能力减弱,会影响面筋的产出率和面筋的质量。因此,面筋的含量与质量是评定小麦和面粉工艺品质的重要指标之一,在生产上成为必不可少的测定项目。

二、玉米蛋白质

玉米籽粒中蛋白质含量一般在10%左右,其中80%在玉米胚乳中,另外20%在玉米籽粒的胚中。我国玉米的产量很大,玉米蛋白质是食品与饲养的重要蛋白质来源。根据玉米蛋白质溶解特性不同可分为玉米胶蛋白、玉米谷蛋白、玉米清蛋白和玉米球蛋白。

玉米蛋白质以离散的蛋白质体和间质蛋白质存在于胚乳,玉米籽粒中粗蛋白的40%~50%是人畜体内不能吸收利用的玉米胶蛋白。玉米胶蛋白的水解产物中谷氨酸、亮氨酸含量较多,但缺乏赖氨酸和色氨酸等必需氨基酸,所以玉米胶蛋白是一种不完全蛋白质。在以玉米胶蛋白为主的食料中补充少量的赖氨酸和色氨酸,便可大大促进幼小动物的生长。

玉米谷蛋白的水解产物与玉米胶蛋白不同，赖氨酸和色氨酸的含量较玉米胶蛋白高。玉米籽粒中还含有少量的玉米球蛋白和玉米清蛋白，它们与非蛋白氮合计只占20%，在这两种蛋白质中含有较多的赖氨酸、精氨酸、组氨酸和天冬氨酸。

三、大豆蛋白质

大豆中的蛋白质主要是球蛋白。就营养价值和消化性来看，大豆球蛋白是一种很有价值的蛋白质。

大豆、花生、棉籽、向日葵、油菜等种子中除油脂外还含有丰富的蛋白质。因此，提取油脂后的饼粕或粉粕中含有44%～50%的蛋白质，常用作饲料，是目前最重要的植物蛋白质来源。用乙醇水溶液提取大豆粉粕中的糖分和小分子的肽，残余物中蛋白质含量以干物质计可达70%以上，称为"大豆蛋白质浓缩物"。

四、稻谷蛋白质

在稻谷中，蛋白质含量一般为7%～12%。稻谷中所含的蛋白质主要是简单蛋白质，以碱溶性的谷蛋白为主，此外，还含有一定数量的清蛋白和球蛋白。稻谷蛋白质大部分分布在糊粉层中，稻谷加工精度越高，碾去的糊粉层就越多，蛋白质损失也就越多。稻谷蛋白含量与小麦和玉米相比虽然偏低，但具有优良的营养品质。主要是由于稻谷蛋白含赖氨酸、苯丙氨酸等必需氨基酸较多，含赖氨酸高的谷蛋白占稻谷蛋白的80%以上，而品质差的麦胶蛋白含量低。例如，大米蛋白的氨基酸组成配比较为合理，大米蛋白的必需氨基酸组成比小麦蛋白、玉米蛋白的必需氨基酸组成更加接近世界卫生组织（WHO）认定的蛋白氨基酸最佳配比模式。与大豆蛋白、乳清蛋白相比，大米蛋白具有低过敏性，可以作为婴幼儿食品的配料。

微课：粮食中的蛋白质

知识拓展

人体内胶原蛋白含量丰富，广泛存在于皮肤、肌肉、骨骼等组织器官。随着年龄增长，人体内胶原蛋白水平降低，皮肤逐渐失去弹性和水分，进入衰老状态。那么，口服胶原蛋白能补充皮肤中的胶原蛋白抗衰老吗？答案是否定的。目前，没有科学依据直接证明"胶原蛋白分解后产生的多肽"能对人体胶原蛋白的合成有显著促进效果。所有口服后的胶原蛋白，都会在胃肠道消化分解为多肽，再分解为短肽或氨基酸被身体各个器官利用，而不是定向用于皮肤。

那么，银耳能否补充胶原蛋白？胶原蛋白仅存在于动物，属于动物的结缔组织，植物中根本不存在胶原蛋白。银耳等植物胶类熬成汤后形成的黏稠胶质，经常被人误认为是胶原蛋白，但其实这只是被熬出来的植物多糖而已，与胶原蛋白完全不同。银耳有促进肠道益生菌生长、保护肠道健康、提升人体的免疫水平的功效，但也无法补充胶原蛋白。

模块小结

1. 蛋白质是由不同氨基酸以肽键相连组成的具有一定空间结构的生物大分子物质，组成元素主要有C、H、O、N和少量S。

2. 大多数蛋白质中氮元素的平均含量为16%，凯氏定氮系数为6.25，是凯氏定氮法测定蛋白质含量的计算基础。

3. 蛋白质根据分子形状分为球状蛋白和纤维状蛋白两大类；根据分子组成和特性分为单纯蛋白质和结合蛋白质；在营养学上，根据所含氨基酸的种类和数量分为完全蛋白质、半完全蛋白质和不完全蛋白质3类。

4. 组成蛋白质的氨基酸有20种氨基酸。除脯氨酸及其衍生物外，它们在结构上的共同点是与羧基相邻的α-碳原子($C^α$)上都有一个氨基，称为α-氨基酸。根据分子中所含氨基和羧基数目不同，氨基酸分为酸性氨基酸、碱性氨基酸和中性氨基酸3类。从人体营养角度，组成蛋白质的氨基酸可分为3类：必需氨基酸、半必需氨基酸和非必需氨基酸。

5. 氨基酸为两性解离物质。调节氨基酸溶液的pH，使氨基酸分子上的—NH_3^+和—COO^-解离度相等，即氨基酸所带的净电荷为零，在电场中，不向任何一极移动，此时溶液的pH叫作氨基酸的等电点pI。

6. 氨基酸反应：与茚三酮反应、与甲醛反应、与HNO_2反应、与金属离子作用。

7. 蛋白质的一级结构是指蛋白质分子中氨基酸的组成、连接方式及氨基酸在多肽链中的排列顺序。蛋白质的二级结构是指多肽链中彼此靠近的氨基酸残基之间通过氢键相互作用而形成的空间关系。二级结构主要是α-螺旋结构，其次是β-折叠结构和β-转角。蛋白质的三级结构是指多肽链中相距较远的氨基酸之间的相互作用而使多肽链弯曲或折叠形成的紧密而具有一定刚性的结构。蛋白质分子由两条或两条以上各自独立的具有三级结构的多肽组成，这些多肽链之间通过次级键相互缔合而形成的有序排列的空间结构，称为蛋白质四级结构。

8. 蛋白质和氨基酸一样也是两性电离质。在一定的pH值下，某种蛋白质所带的阳电荷与阴电荷相等，此时的pH值称为该蛋白质的等电点。

9. 蛋白质具有胶体性质。

10. 当破坏了蛋白质的水化膜或中和了蛋白质的电荷，蛋白质分子相聚集而从溶液中析出，这种现象称为蛋白质的沉淀作用。使蛋白质沉淀的方法主要有等电点沉淀和pH的控制、盐溶和盐析、有机溶剂、重金属盐和生物碱剂。

11. 蛋白质变性是指蛋白质构象的改变（二级、三级或四级结构的较大变化），但并不伴随一级结构中的肽键断裂。加热、高压、冷冻、超声波、辐照等作用可使蛋白质变性。

12. 蛋白质可以发生显色反应、米伦反应、双缩脲反应、茚三酮反应、乙醛酸反应、黄色反应。

13. 小麦蛋白质根据存在部位可分为胚蛋白和胚乳蛋白；根据溶解特性不同可分为清蛋白、球蛋白、麦胶蛋白和麦谷蛋白，玉米蛋白质根据溶解特性不同可分为玉米胶蛋白、玉米谷蛋白、玉米清蛋白和玉米球蛋白。大豆中的蛋白质主要是球蛋白。稻谷中所含的蛋白质主要是简单蛋白质，以碱溶性的谷蛋白为主，此外，还含有一定数量的清蛋白和球蛋白。

练习与思考

一、单项选择题(选择一个正确的答案,将相应的字母填入题内的括号)

1. 蛋白质是由不同氨基酸以( )相连所组成的具有一定空间结构的生物大分子物质。
   A. 氢键　　　　　B. 肽键　　　　　C. 酯键　　　　　D. 糖苷键

2. 在大多数蛋白质中 N 元素的含量都相当接近,一般为 15%～17%,平均约为( )%。
   A. 16　　　　　　B. 17　　　　　　C. 18　　　　　　D. 26

3. 取 100 mL 牛奶,用凯氏定氮法测得其氮含量为 0.5 g,该牛奶的蛋白质含量为( )g/(100 mL)。
   A. 8　　　　　　 B. 3.1　　　　　 C. 0.1　　　　　 D. 4.6

4. 组成蛋白质的 20 种氨基酸,除脯氨酸及其衍生物外,都是( )。
   A. δ-氨基酸　　　B. γ-氨基酸　　　C. β-氨基酸　　　D. α-氨基酸

5. 成人需要( )种必需氨基酸。
   A. 7　　　　　　 B. 8　　　　　　 C. 9　　　　　　 D. 10

6. 当溶液的 pH 值为某氨基酸的等电点时,则该氨基酸( )。
   A. 向阴极移动　　　　　　　　　　B. 向阳极移动
   C. 既不向阴极移动,也不向阳极移动　D. 不确定向哪移动

7. 水合茚三酮与氨基酸溶液共热,生成( )物质。
   A. 红棕色　　　　B. 蓝绿色　　　　C. 紫红色　　　　D. 蓝紫色

8. 当盐浓度较高时,中性盐可以破坏蛋白质胶体周围的水化膜,降低蛋白质的溶解度,这种现象称为( )。
   A. 盐析　　　　　B. 胶凝　　　　　C. 盐溶　　　　　D. 沉淀

9. ( )可用作定性检验和蛋白质水解程度的检测,也可用于蛋白质的定量检测。
   A. 茚三酮反应　　B. 米伦反应　　　C. 双缩脲反应　　D. 乙醛酸反应

10. 小麦中的蛋白质大部分集中在( )中。
    A. 皮层　　　　　B. 胚乳　　　　　C. 胚　　　　　　D. 表层

11. 大多数蛋白质都含有酪氨酸残基,因此测定蛋白质对( )nm 紫外光的吸收,可以作为测定蛋白质含量的快速方法。
    A. 220　　　　　 B. 260　　　　　 C. 280　　　　　 D. 320

二、多项选择题(选择正确的答案,将相应的字母填入题内的括号)

1. 在营养学上根据蛋白质中所含氨基酸的种类和数量,把蛋白质分为( )。
   A. 完全蛋白质　　B. 半完全蛋白质　C. 不完全蛋白质　D. 谷蛋白

2. 根据氨基酸 R 基团化学结构进行分类,氨基酸分为( )。
   A. 非极性氨基酸　B. 脂肪族氨基酸　C. 芳香族氨基酸　D. 杂环氨基酸

3. 根据氨基酸分子中所含氨基和羧基数目不同,分为( )。
   A. 酸性氨基酸　　B. 碱性氨基酸　　C. 中性氨基酸　　D. 非极性氨基酸

4. 从人体营养角度，组成蛋白质的氨基酸可分为（　　）。
   A. 必需氨基酸　　B. 中性氨基酸　　C. 非必需氨基酸　　D. 半必需氨基酸
5. 蛋白质的二级结构主要有（　　）。
   A. α-螺旋结构　　B. β-折叠结构　　C. γ-转角　　D. β-转角
6. 蛋白质的空间结构主要包括（　　）。
   A. 一级结构　　B. 二级结构　　C. 三级结构　　D. 四级结构
7. 使蛋白质沉淀的方法主要有（　　）。
   A. 等电点沉淀和 pH 值的控制　　B. 盐溶和盐析
   C. 有机溶剂　　D. 重金属盐
8. （　　）是构成面筋的主要蛋白成分，又称面筋蛋白。
   A. 麦胶蛋白　　B. 清蛋白　　C. 麦谷蛋白　　D. 球蛋白
9. 蛋白质变性，有可能改变了它的（　　）结构。
   A. 一级　　B. 二级　　C. 三级　　D. 四级
10. 小麦蛋白质溶解特性不同，可将它分为（　　）。
    A. 谷蛋白　　B. 清蛋白　　C. 醇溶蛋白　　D. 球蛋白

三、思考题

1. 什么是必需氨基酸？人体所需的必需氨基酸有哪些？
2. 什么是蛋白质的盐溶现象？

模块五　粮食中的脂类

模块概述

我国是世界上植物油消费第一大国，2021年，我国植物油总消费量为4 254.5万吨，占全球植物油总消费的20%左右，其中食用消费量3 708.0万吨，占全球食用消费量的25%。我国植物油自给率低，2021年，我国进口油料油脂相当于植物油3 019.7万吨，国产植物油1 234.8万吨，自给率仅为29%，且油脂油料进口来源地高度集中，保障植物油安全存在潜在风险。我国从生产、加工、消费等多个环节入手，努力拓展植物油来源渠道，积极引导植物油健康消费习惯，以适度加工科技创新推动油脂产业高质量发展，确保植物油质量安全和营养安全，满足人们对高品质生活的需求。

植物油源于油料，中国是世界油料生产大国之一，大豆、油菜籽、花生、棉籽、葵花籽、芝麻等油料作物的生产量均居世界前列。了解油脂的结构、性质和功能，对于油脂生产、加工和食用具有重要意义。

需求分析

植物油是为人体提供能量的重要来源，每天适量摄入食用油，可以为人体提供生长、代谢、维持体温及从事各种体力劳动所需的能量。《中国居民膳食指南（2022）》推荐的成人每天烹调油摄入量为25～30 g，我国居民植物油摄入明显过高。植物油摄入过多，会引发肥胖及糖尿病、脂肪性肝病、冠心病、高血压、脑梗死等疾病；可能还会增加罹患老年痴呆、乳腺癌、肠癌等疾病的风险。因此，我们需要了解脂类的结构、性质、功能、粮食中的脂类分布，为我们的生活和身体健康提供有用信息。

重难点分析

（1）通过学习和观察，熟悉油脂和脂肪酸的结构，掌握油脂和脂肪酸的理化性质。

（2）通过学习和研究，熟悉动植物油脂的脂肪酸情况，掌握油脂氧化酸败的机理及其影响因素，掌握油脂干燥的条件。

（3）通过学习和研究，熟悉类脂种类，掌握粮食中脂类的分布情况。

单元一　脂肪酸

学习目标

知识目标：了解脂类的分类方式，熟悉脂肪酸的命名方法，掌握常见的脂肪酸种类及其结构。

技能目标：能根据不同的命名方式对脂肪酸进行命名，能分析饱和脂肪酸、不饱和脂肪酸的结构特点，能区分常见的不饱和脂肪酸结构。

素养目标：领会"确保谷物基本自给，口粮绝对安全"的新粮食安全观的重要意义，怀抱对粮食行业的热情，树立粮食人的职业理想。

单元导入

油脂是人类自古以来的食物，但是作为化学物质从 19 世纪开始才被人们认识。1813 年，法国化学家谢弗罗尔开始研究油脂和油脂制成的肥皂。当时的肥皂是用动物脂肪和草木灰共同熬煮制得的。谢弗罗尔将猪油制得的肥皂与无机酸共同熬煮后，获得两种酸物质，一种从溶液中结晶析出，形似珍珠，命名为"珍珠酸"；另一种留在溶液中呈油状，命名为"油酸"。谢弗罗尔通过试验证明肥皂是不同脂肪酸的盐，除生成脂肪酸外，还生成甘油，因而得到结论——油脂是由脂肪酸和甘油构成的，称它们为酯。

基础认识

一、脂类

脂是一类结构多变、种类繁多的生物有机分子，它是由脂肪酸和醇结合形成的酯及其衍生物。脂具有重要的生理功能，如磷脂和糖脂是生物膜的重要组成部分，与生物膜的功能特性（如柔软性、对极性分子不可透性等）具有密切关系。脂也是人类的重要营养物质之一，每摄入 1 g 脂可释放 38 kJ 热量，是生物代谢极为重要的储能方式。同时，它也是维生素类物质的良好溶剂。脂还能提供人体内不能自身合成的不饱和脂肪酸，增加食品风味等。在谷物的储藏加工过程中，脂在谷物中的含量和分布与制品的储藏特性及食用品质具有重要关系。

脂对食品质构的影响取决于脂的状态和食品机制的特性，脂肪晶体的熔化特性对质构、稳定性、分散性和口感发挥了极大的作用。在很多食品中，脂是固态基质的完整部分，它的物理状态赋予最终产品良好的流变学性能。脂结晶（如起酥油）赋予最终产品如嫩度、口感、热传递和保质期长等特性。

脂对食品外观影响很大，如食品乳状液的颜色、巧克力和糖果的起霜现象等。食品的风味和口感受脂质类型及浓度影响。

可供人类食用的动、植物油称作食用油脂，简称油脂。在食品中使用的油脂是油和脂肪的总称。在常温下呈液体状态的称为油，呈固体状态的称为脂。油脂的原料来自动物、植物。酰基甘油类脂肪占脂类的99%以上。

油脂由碳、氢、氧三元素所构成。化学结构上是由一分子甘油和三分子脂肪酸结合而成。脂质除了三酰甘油酯，还包括单酰甘油酯、双酰甘油酯、磷脂、脑苷脂类、固醇、脂肪酸、油脂醇、油溶性维生素等。通常所说的油脂是甘油与脂肪酸所成的酯，也称为真脂或中性脂肪，而把其他脂质统称为类脂。

脂种类繁多，目前分类方式也有多种，主要分类方式有以下几种。

（1）按物理状态分为脂肪和油。

（2）按化学结构分为简单脂和复合脂，其中简单脂包括酰基脂和蜡，复合脂包括鞘脂类（鞘氨酸、脂肪酸、磷酸盐、胆碱组成）、脑苷脂类（鞘氨酸、脂肪酸、糖类组成）和神经节苷脂类（鞘氨酸、脂肪酸、复合的碳水化合物）。

（3）按来源分为乳脂类、植物脂、动物脂、海产品动物油、微生物油脂等。

（4）按不饱和程度分为干性油（碘值大于130，如桐油、亚麻籽油、红花油等）、半干性油（碘值为100~130，如棉籽油、大豆油等）和不干性油（碘值小于100，如花生油、菜籽油、蓖麻油等）。

二、脂肪酸

脂肪酸是构成脂肪的主要成分。如果脂肪分子中3个脂肪酸相同，则生成物为单纯甘油酯；如果3个脂肪酸不相同，生成的则是混合甘油酯。在甘三酯分子中，甘油基部分的相对分子质量是41，其余部分为脂肪酸基团（RCOO—）。油脂种类不同，脂肪酸基团有很大的变化，总相对分子质量为650~970，脂肪酸占整个甘三酯分子质量的95%。由于在甘三酯分子中所占的比例很大，它们对甘三酯的物理性质和化学性质的影响起主导作用。所以，从某种意义上讲，油脂的化学是构成油脂的脂肪酸成分的化学。

脂肪酸最初是油脂水解而得到的，因具有酸性而得名。根据IUPAC-IUB（国际理论和应用化学—国际生物化学联合会）在1976年修改公布的命名法中，脂肪酸定义为天然油脂加水分解生成的脂肪族羧酸化合物的总称，属于脂肪族的一元羧酸（只有一个羧基和一个烃基）。天然油脂中含有800种以上的脂肪酸，已经得到鉴定的有500种之多。天然脂肪酸按结构类型分，可分为饱和酸、不饱和酸及脂肪酸碳链上的氢原子被其他原子或原子团取代的脂肪酸。

一般情况下，不饱和脂肪酸多的油脂在常温下呈液态，常称为油；饱和脂肪酸多的油脂在常温下呈固态，称为脂，两者并称为油脂。天然脂肪酸绝大多数为偶碳直链，极少数为奇数碳链和具有支链的酸。脂肪酸碳链中不含双键的为饱和脂肪酸，含有双键的为不饱和脂肪酸。

天然脂肪酸中脂肪酸碳链上氢原子被其他原子或原子团取代的酸为取代酸，其种类不是很多，主要有甲基取代、环取代、含氧酸、环氧酸、炔酸等，存在于少数几种油脂中，含量也很少。

总之，各种类型不同脂肪酸的物理性质和化学性质也不相同，组成甘三酯的性质显然也不同。因此，由各种不同类型的脂肪酸组成的油脂，其性质和用途也有较大的差别。

(一)脂肪酸的命名

1. 习惯命名法(俗名)

天然脂肪酸的名称常出自它们的来源。例如,棕榈酸最先得自棕榈油;花生酸存在于花生油中;蓖麻酸和桐酸分别存在于蓖麻油和桐油中。用俗名称呼既简单又明了,对于结构复杂的脂肪酸尤其方便,其缺点是不能反映出名称与结构之间的关系。

2. 普通命名法

普通命名法可在脂肪酸的名称中反映出脂肪酸的结构特点,规则如下。

(1)直链饱和脂肪酸以所含碳原子数命名,例如有12个碳原子的称为正十二烷酸或十二烷酸。碳原子数在10之内的,可用天干表示碳原子数,例如5个碳原子的称为正戊酸或戊酸。

(2)碳链末端有"CH_3—CH—"基团时,在名称前加"异"字,例如:

$$CH_3-CH_2-CH_2-CH_2-COOH$$

正戊酸,简称戊酸

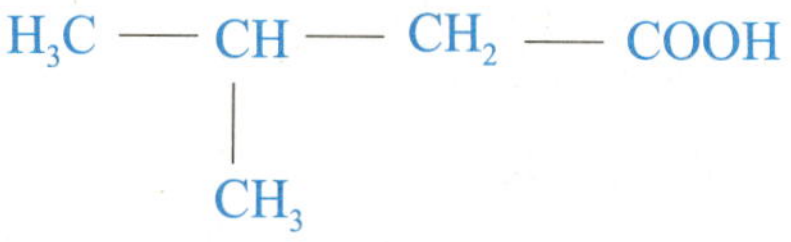

$$H_3C-CH(CH_3)-CH_2-COOH$$

异戊酸

(3)如果分子中有其他取代基,把分子内碳原子的定位从羧基相邻的碳原子开始,用希腊字母 α、β、γ 等加以标记,命名时将取代基的位置和名称写在脂肪酸名称的前面,例如:

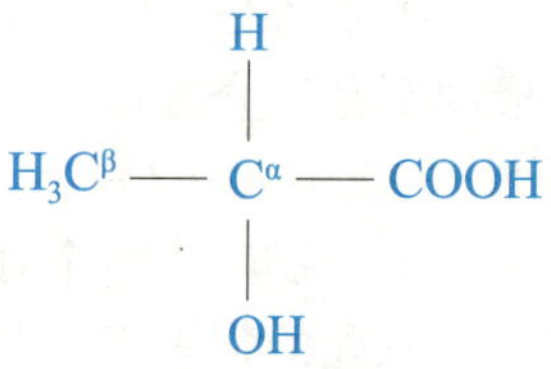

$$H_3C^\beta-C^\alpha H(OH)-COOH$$

α-羟基丙酸

3. 系统命名法

(1)选择分子中含羧基的最长碳链作为主链,根据其碳原子数目称为某酸,例如:

$CH_3-CH_2-CH_2-CH_2-CH_2-COOH$ 己酸

$CH_3-(CH_2)_{16}-COOH$ 十八碳酸

(2)当碳链上有取代基时,从羧基开始用阿拉伯数字将主链上的碳原子进行编号,把取代基名称、所在位置和取代基个数写在某酸的名称之前,位置用阿拉伯数字表示,取代基个数用汉字数字表示,例如:

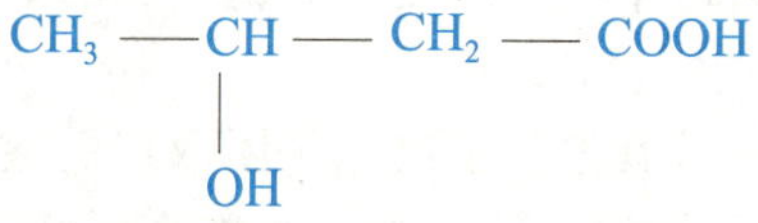

$$CH_3-CH(OH)-CH_2-COOH$$

3-羟基丁酸

$$CH_3-(CH_2)_7-{}^{10}CH(OH)-{}^9CH(OH)-(CH_2)_7-COOH$$

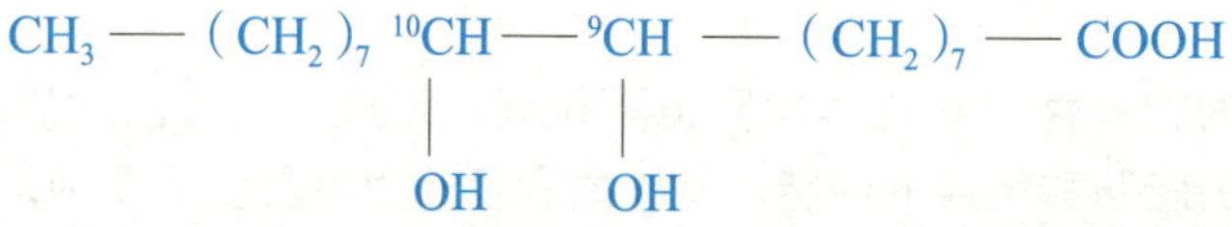

9,10-二羟基-十八碳酸

如果碳链上有几个不同的取代基，则按顺序从小到大排列，例如：

$$CH_3-(CH_2)_7-\overset{10}{C}H-\overset{9}{C}H-(CH_2)_7-COOH$$
$$||$$
$$ClOH$$

9-羟基-10-氯-十八碳酸

(3) 碳链上含有不饱和双键时，取含有羧基和碳碳双键的最长碳链作为主链，根据主链上的碳原子数和双键的个数命名，并表示出双键位置，例如：

$$CH_3-(CH_2)_4-CH=CH-CH_2-CH=CH-(CH_2)_7-COOH$$

9:10, 12:13-十八碳二烯酸　　△^{9,12}-十八碳二烯酸

其中，"△"表示脂肪酸分子中双键的存在，"△"右上方的数字表示双键的位置。

不饱和脂肪酸主链上有取代基时，命名方法如前，例如：

$$CH_3-(CH_2)_5-CH-CH_2-CH=CH-(CH_2)_7-COOH$$
$$|$$
$$OH$$

12-羟基-△^{9}-十八碳一烯酸

4. 速记命名法

除上述命名方法外，还有一种速记的方法，即以脂肪酸的甲基端为头、羧基端为尾定位。以离甲基端最近的双键第一个碳原子位置表示双键的位置。

例如：十八碳酸速记为"18：0"；△^{9}-十八碳一烯酸记作"18：1(9)"；△^{9,12}-十八碳二烯酸记作"18：2(n-6)"。

(二) 饱和脂肪酸

天然食用油脂中存在的饱和脂肪酸(表5-1)，用通式 $C_nH_{2n}O_2$ 表示，主要是长链(碳数>14)、直链、具有偶数碳原子的脂肪酸，但在乳脂中也含有一定数量的短链脂肪酸，而奇数碳原子及支链的饱和脂肪酸很少见。饱和脂肪酸又可分为低级饱和(挥发性)脂肪酸和高级饱和脂肪酸(固态脂肪酸)。低级饱和脂肪酸分子中，碳原子数在10以下，其油脂常温下为液态。分子中碳原子数多于10的就是高级饱和脂肪酸，其油脂常温下为固态。

表 5-1　天然油脂中的主要饱和脂肪酸

系统命名	俗名	速记命名	分子式	相对分子质量	熔点/℃	来源
正丁酸	酪酸	C4：0	$C_4H_8O_2$	88.10	−7.9	乳脂
正己酸	低羊脂酸	C6：0	$C_6H_{12}O_2$	116.5	−3.4	乳脂
正辛酸	亚羊脂酸	C8：0	$C_8H_{16}O_2$	144.21	16.7	乳脂、椰子油
正癸酸	羊脂酸	C10：0	$C_{10}H_{20}O_2$	172.26	31.6	乳脂、椰子油
十二烷酸	月桂酸	C12：0	$C_{12}H_{24}O_2$	200.31	44.2	椰子油、棕榈仁油
十四烷酸	豆蔻酸	C14：0	$C_{14}H_{28}O_2$	228.36	53.9	肉豆蔻种子油
十六烷酸	棕榈酸	C16：0	$C_{16}H_{32}O_2$	256.42	63.1	一般动植物油
十八烷酸	硬脂酸	C18：0	$C_{18}H_{36}O_2$	284.47	69.6	一般动植物油

续表

系统命名	俗名	速记命名	分子式	相对分子质量	熔点/℃	来源
二十烷酸	花生酸	C20：0	$C_{20}H_{40}O_2$	312.52	75.3	花生油、鱼油中少量
二十二烷酸	山嵛酸	C22：0	$C_{22}H_{44}O_2$	340.57	79.9	花生油、菜籽油中少量
二十四烷酸	木焦油酸	C24：0	$C_{24}H_{48}O_2$	368.62	84.2	花生与豆科种子油中少量
二十六烷酸	蜡酸	C26：0	$C_{26}H_{52}O_2$	396.68	87.7	巴西棕榈蜡、蜂蜡
二十八烷酸	褐煤酸	C28：0	$C_{28}H_{56}O_2$	424.73	90.0	褐煤蜡、蜂蜡
三十烷酸	蜂花酸	C30：0	$C_{30}H_{60}O_2$	452.78	93.6	巴西棕榈蜡、蜂蜡

C10：0（正癸酸）以下的只在少数油脂中存在。软脂酸（C16：0）和硬脂酸（C18：0）是已知分布最广的两种饱和脂肪酸，存在于所有的动、植物油脂中。大多数植物油脂中豆蔻酸（C14：0）的含量少于5%，但在肉豆蔻种子油中其含量达到70%以上。月桂酸（C12：0）主要存在于椰子油、棕榈仁油中，含量为40%~50%，其他油中月桂酸的含量较少。

少数油脂（如乳脂、椰子油）中含中碳链脂肪酸（C6：0~C10：0）；二十碳以上的长链饱和脂肪酸（如 C20：0、C22：0、C24：0）分布于常见的花生油、菜籽油等中，但含量很少。天然油脂中某种脂肪酸含量超过10%时，即称该种脂肪酸为这种油脂的主要脂肪酸，小于10%的为次要脂肪酸。天然油脂中奇碳酸含量很少。

（三）不饱和脂肪酸

天然油脂含大量的不饱和脂肪酸，具有一个、两个和三个双键的十八碳脂肪酸，主要存在于动、植物油脂中。四个或四个以上双键的20~24个碳原子的不饱和脂肪酸主要存在于海洋动物油脂中；个别油脂中也有高达七个双键的脂肪酸。天然油脂中存在的不饱和脂肪酸大多数都是偶数碳原子，所含双键多是顺式构型。二烯以上的不饱和脂肪酸除少数为共轭酸外，大部分是顺式结构的非共轭酸。双键位置也多位于脂肪酸碳链的第九和第十个碳原子之间。天然食用油脂中存在的不饱和脂肪酸常含有一个或多个烯丙基（—$(CH=CH-CH_2)_n$—）结构，两个双键之间夹有一个亚甲基（非共轭双键）。在油脂加工和储藏过程中部分双键会转变为反式并出现共轭双键，这种形式的不饱和脂肪酸对人体无营养。脂肪酸不饱和键越多，熔点越低，越易受化学作用，如油脂酸败、氧化、氢化作用等。

在所有脂肪中，不饱和脂肪酸主要有油酸（C18，含1个不饱和键）、亚油酸（C18，2个不饱和键，也称亚麻油酸）和亚麻酸（C18，3个不饱和键，也称次亚麻油酸）。生物化学中按不饱和键的位置把脂肪酸分为两大类，即不饱和键从第3个碳原子开始的称w3系列脂肪酸，从第6个碳原子开始的称为w6系列脂肪酸。

在不饱和脂肪酸中有几种多不饱和脂肪酸，人体内不能合成，但它们具有特殊的生理作用，必须由食物供给，这种脂肪酸称为必需脂肪酸。必需脂肪酸具有一些特殊的结构，如分子中至少有两个以上的烯丙基，一般距离羧基最远的双键位于末端甲基数起的第6和第7个碳原子之间。必需脂肪酸在体内具有特殊的作用，如它是组织细胞的组成部分，参与类脂质代谢、胆固醇代谢等。常见的必需脂肪酸有亚油酸、亚麻酸和花生四烯酸。最好的必需脂肪酸来源为植物油，特别是豆油和棉籽油。

1. 一烯酸

一烯酸是指脂肪酸碳链中含一个双键的脂肪酸,用通式 $C_nH_{2n-2}O_2$ 表示。这类酸在自然界中分布很广,最有代表性的是油酸,参见表 5-2。油酸存在于绝大多数的天然油脂中,常见于动、植物油脂中,如猪脂、羊脂中达 40%;花生油、棕榈油、可可脂约含 40%;个别油脂(如茶油、橄榄油)中含量达 70% 以上。

表 5-2 常见不饱和一烯酸

普通名称	系统命名	结构式	存在物
棕榈油酸	9-十六烯酸	$\triangle^9 — C_{16}H_{30}O_2$	奶油、植物油、鱼油
岩芹酸	6-十八烯酸	$\triangle^6 — C_{18}H_{34}O_2$	芹菜科种子油
油酸	9-十八烯酸	$\triangle^9 — C_{18}H_{34}O_2$	一般动植物油
异油酸	反-11-十八烯酸	$\triangle^{11} — C_{18}H_{34}O_2$	奶油、羊脂、猪脂、硬化油
芥酸	15-二十二烯酸	$\triangle^{15} — C_{22}H_{42}O_2$	菜籽油、芥菜油

一烯酸由 IUPAC 系统命名方法命名,以油酸为例,其结构式及命名如下。

$$CH_3—(CH_2)_7—C=CH—(CH_2)_7—COOH$$
$$\qquad\qquad\qquad\quad |$$
$$\qquad\qquad\qquad\quad H$$

$$CH_3—(CH_2)_7—\overset{H}{C}=\overset{H}{C}—(CH_2)_7—COOH$$

顺-9-十八碳一烯酸,速记表示为 9C~18:1

天然油脂中的油酸绝大多数为顺式酸,极少数为反式酸。反式酸不存在于植物油中,仅存在于反刍动物脂肪中,但含量较少。近年来,油酸的营养与功能特性已引起人们的关注,它可以降低 LDL(低密度胆固醇),起预防动脉硬化的作用。

天然油脂中存在另外一种重要的一烯酸,即顺-13-二十二碳一烯酸,俗名为芥酸。其结构式为

$$CH_3(CH_2)_7CH=CH(CH_2)_{11}COOH$$

芥酸在菜籽油、芥籽油和桂竹香籽油中通常含 40%~50%,旱金莲种子中芥酸的含量高达 80%。目前,人们已通过适当控制各种遗传因素使各种油菜种子油中的芥酸含量变化范围为 0%~60%。

2. 二烯酸

二烯酸是指脂肪酸碳链中含两个双键的脂肪酸,用通式 $C_nH_{2n-4}O_2$ 表示,重要的二烯酸以亚油酸为代表。亚油酸在大豆油、芝麻油、棉籽油、玉米油中含量为 40%~60%,苍耳子油、葵花油约为 60%,个别油脂如红花油、烟草籽油中含量达 75%。

二烯酸常以 IUPAC 的系统命名法命名,以亚油酸为例,其结构式及命名为

$$CH_3(CH_2)_4CH=CHCH_2CH=CH(CH_2)_7COOH$$

顺-9,顺-12-十八碳二烯酸或 9c,12c-18:2

理论上亚油酸有两个双键应有 4 种几何异构体(顺顺式、顺反式、反反式、反顺式 4 种)。经红外光谱证实,天然油脂中亚油酸为顺-9,顺-12-十八酸二烯酸。

另外，不饱和脂肪酸也常用能表明脂肪酸中双键离甲基位置的 n、w 速记法表示，以离甲基双键第一个碳原子位置表示双键的位置。

$$CH_3(CH_2)_4CH=CHCH_2CH=CH(CH_2)_7COOH$$

可表示为 18：2(n-6)或 18：2w6。因此，油酸则表示为 18：1(n-9)或 18：1w9。速记法仅限于双键为顺式；若有多个双键应为五碳双烯型（— CH═CHCH₂CH═CH —）直链的不饱和脂肪酸。其他类型的不饱和脂肪酸一般采用系统命名法命名，例如：

$$CH_3(CH_2)_6CH=CH(CH_2)_3CH=CHCH_2COOH$$

称为 3c，8c-十六碳烯炔酸。

亚油酸 18：2(n-6)是人体必需脂肪酸，也是维持生命的重要物质。亚油酸能在体内转 γ-亚麻酸、DH-γ-亚麻酸（二十碳三烯酸）和花生四烯酸，然后合成前列腺素，其中前列腺素 PC-Ⅱ是抗血栓、治疗周围血管疾病、预防心肌梗死的有效成分。亚油酸还能与胆固醇酯化，起降低体内血清、肝脏及血液胆固醇的作用，防止动脉粥样硬化和动脉血栓的形成。动脉血栓常是造成急性心肌梗死发作的主要诱因。

3. 三烯酸

三烯酸与相应的饱和脂肪酸相比少 6 个氢原子，通式为 $C_nH_{2n-6}O_2$，有共轭酸和非共轭酸之分，天然油脂中的三烯酸以非共轭型为主，少数油脂中存在共轭三烯酸。非共轭三烯酸以亚麻酸为代表，共轭三烯酸以 α-桐酸为代表，在桐油中的含量约为 85%。

（1）α-亚麻酸。最常见的三烯酸是顺-9，顺-12，顺-15-十八碳三烯酸，俗称 α-亚麻酸，结构式如下。

$$CH_3CH_2CH=CHCH_2CH=CHCH_2CH=CH(CH_2)_7COOH$$
$$9c，12c，15c—18：3$$

如以表明脂肪酸双键离甲基位置的 n、w 速记法表示，简写为 18：3(n-3)或 18：3w3。

α-亚麻酸普遍存在于植物油脂，一般含量不高，是一种次要脂肪酸。但在苏籽油中含量约为 65%，亚麻籽油中为 45%～55%，大麻籽油中为 35% 左右，是主要脂肪酸。大豆油、菜籽油、小麦胚芽油等含有 10% 左右的亚麻酸。

α-亚麻酸是人体必需脂肪酸，能在体内经脱氢和碳链延长合成 EPA、DHA 等代谢产物。EPA 是体内前列腺素和白三烯的前体，DHA 是大脑、视网膜等神经系统膜磷脂的主要成分，它们在体内对于稳定细胞膜功能、细胞因子和脂蛋白平衡，以及抗血栓和降血脂及抑制缺血性心血管疾病等方面起重要作用。

（2）γ-亚麻酸。天然油脂中存在的另一种重要的非共轭三烯酸顺-6，顺-9，顺-12-十八碳三烯酸，俗称 γ-亚麻酸，结构式如下。

$$CH_3(CH_2)_4CH=CHCH_2CH=CHCH_2CH=CH(CH_2)_4COOH$$
$$6c，9c，12c—18：3 \text{ 简写为 } 18：3(n-6)\text{或 } 18：3w6$$

γ-亚麻酸仅在少数植物油脂中存在，如月见草油和微孔草籽油中，含量在 10% 以上。在螺旋藻所含类脂物中，γ-亚麻酸占总量的 20%～25%。

γ-亚麻酸与亚油酸一样同属(n-6)型多不饱和脂肪酸，是亚油酸在体内代谢的中间产物，也能在体内氧化酶的作用下，生成生物活性极高的前列腺素、凝血烷及白三烯等二十碳酸的衍生物，具有调节脉管阻塞、血栓、伤口愈合、炎症及过敏性皮炎等生理功能。

（3）共轭三烯酸。共轭三烯酸大量存在于桐油中，含量达 80% 以上，俗称桐酸。天然桐

酸又称 α-桐酸(熔点为 49 ℃)，为顺-9，反-11，反-15-十八碳三烯酸，结构式如下。

$$CH_3(CH_2)_3CH=CHCH=CHCH=CH(CH_2)_7COOH$$
$$9c, 11t, 13t—18:3$$

α-桐酸在光及微量催化剂(硫、硒或碘)的作用下，很易转化为子 β-桐酸(熔点为 71 ℃)，即反-9，反-11，反-13-十八碳三烯酸，结构式如下。

$$CH_3(CH_2)_3CH=CHCH=CHCH=CH(CH_2)_7COOH$$
$$9t, 11t, 13t—18:3$$

4. 四烯酸和多烯酸

含有 4～6 个双键的多烯酸在植物油中很少存在，主要存在于海洋动物油脂中。常见的几种重要多烯酸如下。

(1)顺-5，顺-8，顺-11，顺-14-二十碳四烯酸俗称花生四烯酸，即 20:4(n-6)，结构式如下。

$$CH_3(CH_2)_4CH=CHCH_2CH=CHCH_2CH=CHCH_2CH=CH(CH_2)_3COOH$$
$$5c, 8c, 11c, 14c—20:4$$

花生四烯酸在陆地动物油脂(如猪脂、牛脂)中普遍存在，但含量不高，一般小于 1%；在植物油脂中很少，仅在苔藓及蕨类种子油中发现有微量存在；它主要存在于海洋鱼油中。经研究发现，花生四烯酸在陆地动物(猪、牛)肾上腺磷脂脂肪酸中的含量达 15% 以上。它是人体合成前列腺素的重要前体物质。

(2)顺-5，顺-8，顺-11，顺-14，顺-17-二十碳五烯酸，即 20:5(n-3)，常以英文缩写 EPA 表示，其结构式如下。

$$CH_3CH_2CH=CHCH_2CH=CHCH_2CH=CHCH_2CH=CHCH_2CH=CH(CH_2)_3COOH$$
$$5c, 8c, 11c, 14c, 17c—20:4$$

EPA 主要存在于鳕鱼肝油中，含量为 1.4%～9.0%，其他海水、淡水鱼油及甲壳类动物油脂中也有存在；对于陆地动物油脂，仅发现在牛肝磷脂中有少量 EPA 存在。

(3)顺-4，顺-7，顺-10，顺-13，顺-16，顺-19-二十二碳六烯酸即 22:6(n-3)，常以英文缩写 DHA 表示，其结构式如下。

$$CH_3CH_2CH=CHCH_2CH=CHCH_2CH=$$
$$CHCH_2CH=CHCH_2CH=CHCH_2CH=CH(CH_2)_2COOH$$
$$4c, 7c, 10c, 13c, 16c, 19c—22:6$$

DHA 主要存在于沙丁鱼肝油、鳕鱼肝油及鲱鱼油中，其他鱼油中含量较少。上述几种脂肪酸在生物代谢中起重要作用。

微课：脂肪酸的认知

知识拓展

调和油是将两种以上经精炼的油脂按比例调配制成的食用油，外观透明，可作为熘、炒、煎、炸或凉拌用油。调和油一般选用精炼的大豆油、菜籽油、花生油、葵花籽油、棉籽油等为主要原料，可配有精炼过的米糠油、玉米胚油、油茶籽油、红花籽油、小麦胚油等特种油脂。

单元二　甘油三酯

学习目标

知识目标：了解油脂的主要成分，熟悉甘三酯、甘一酯和甘二酯的分子结构与分布情况，掌握动植物油脂的差异。

技能目标：能根据油脂种类分析油脂的主要成分及主要脂肪酸类型，能从脂肪酸种类、结构特点、形状及成分等分析动植物油脂之间的差异。

素养目标："粮食安全关系国计民生，是一个国家最基本的安全之一"，深刻体会健康用油对于人体健康的重要意义，激发学生的求知欲，树立较强的社会责任感。

单元导入

橄榄油是由新鲜的油橄榄果实直接冷榨而成的，不经加热和化学处理，保留了天然营养成分。可供食用的高级橄榄油是用初熟或成熟的油橄榄鲜果通过物理冷压榨工艺提取的天然果油汁，是世界上以自然状态的形式供人类食用的木本植物油之一。橄榄油被认为是迄今所发现的油脂中最适合人体营养的油脂。

橄榄油和橄榄果渣油在地中海沿岸国家有几千年的历史，在西方被誉为"液体黄金""植物油皇后""地中海甘露"，原因在于其极佳的天然保健功效、美容功效和理想的烹调用途。

基础认识

甘油中的三个羟基与几个不同的脂肪酸进行结合可以产生很多种不同的甘油酯分子，其中甘油三酸酯分子中具有三个酯基，甘油二酸酯分子具有两个酯基，甘油一酸酯分子具有一个酯基。

$$\begin{array}{c} \text{CH}_2\text{—O—C—R}_1 \\ | \quad\quad \| \\ \text{O} \\ \text{R}_2\text{—C—O—CH} \\ \| \\ \text{O} \\ \text{CH}_2\text{—O—C—R}_3 \\ \| \\ \text{O} \end{array}$$

式中，R_1、R_2、R_3 分别表示不同的脂肪酸烃基。

油料种子在成熟过程中，油脂的合成反应尚未进行到底，即使到油料收获时，有些甘油的羟基也未能完全与脂肪酸结合，仍存在着油脂合成代谢反应的中间产物——甘油一酸酯和甘油二酸酯。另外，油料种子中存在脂肪酶，它会催化甘油三酸酯的一些酯键进行一定程度的水解，产生一定数量的游离脂肪酸和增加甘油一酸酯、甘油二酸酯的含量。所以天然油脂中或多或少含有甘油一酸酯和甘油二酸酯。

一、天然油脂中的甘三酯

一般天然动植物油脂含脂肪酸有 4~8 种，除了个别油脂（如蓖麻油和桐油）仅含 1~2 种主要脂肪酸外，大多数油脂中，主要脂肪酸常有 3~4 种。油脂中同酸甘三酯很少见，大多数是由不同的脂肪酸组成的甘三酯（甘油三酯），只有在某一种脂肪酸的含量很大时，才有可能形成较多数量的同酸甘三酯。

天然油脂中的甘油酯大部分是混合甘油酯，其组成中除 95% 以上为甘三酯外，还有含量极少而成分又非常复杂的成分，包括甘二酯、甘一酯、脂肪酸、磷脂、色素、甾醇、三萜醇、脂溶性维生素等。

甘油三酯的命名方法以处于 Fisher 平面构型，以图 5-1(a)排布时，从上至下分别为 sn-1、sn-2、sn-3。因此可命名为 1-软脂酰-2-油酰-3-硬脂酰-sn-甘油。sn 命名法是油脂立体专一分析的基础[图 5-1(b)]。

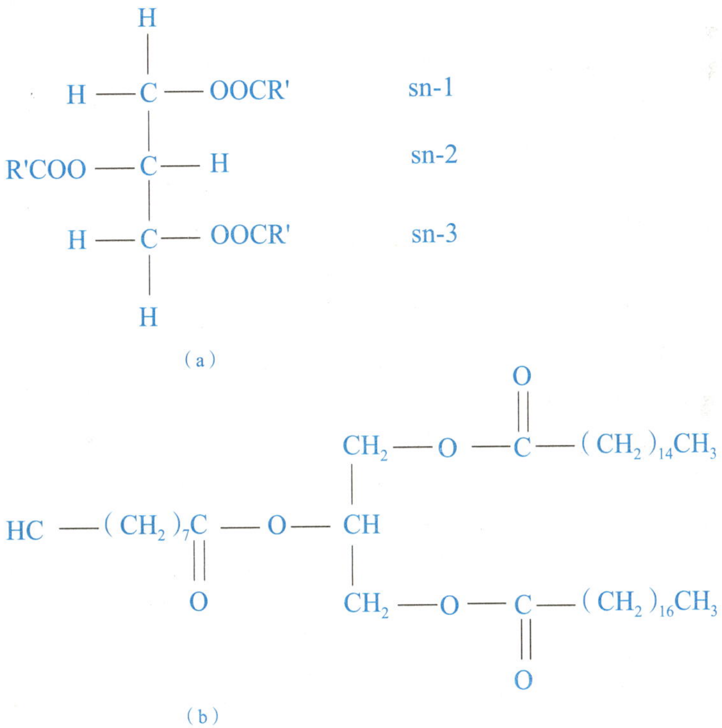

图 5-1 甘油三酯的 Fisher 投影和结构式
(a)Fisher 投影；(b)结构式

sn 命名法虽然准确但十分烦琐，有时采用传统的 α、β 命名法来表示甘油酯的立体结构。α 指 sn-1 位，α 指 sn-3 位，β 指 sn-2 位。为方便起见，甘油三酯也以简单的形式表示，如 SSS、SSU、SUU 及 UUU 分别表示三饱和脂肪酸甘油酯、一不饱和二饱和脂肪酸甘油酯、一饱和二不饱和脂肪酸甘油酯及三不饱和脂肪酸甘油酯。

表 5-3 给出了相对全面的甘油三酯命名及表达实例。甘油酯的简单表示形式不是完全固定的，在阅读文献时应注意该文献中的注释。

表 5-3 甘油三酯结构研究中常见脂肪酸简写法

脂肪酸	表示法	脂肪酸	表示法	脂肪酸	表示法
癸酸(10：0)	D	山嵛酸(22：0)	Be	三烯酸	T
月桂酸(12：0)	La	芥酸(13c—22：1)	E	多烯酸	PI
豆蔻酸(14：0)	M	木焦油酸(24：0)	Lg	饱和酸	0
棕榈酸(16：0)	P	棕榈油酸(9c—16：1)	Po	一烯酸	1
硬脂酸(18：0)	St	饱和脂肪酸	S	二烯酸	2
油酸(9c—18：1)	O	不饱和酸	U	三烯酸	3
反油酸(9t—18：1)	EI	西门木烯酸	X	四烯酸	4
亚油酸(9c, 12c—18：2)	L	游离羟基	—	五烯酸	5
亚麻酸(9c, 12c, 15 c—18：3)	Ln	一烯酸	Mo		
花生酸(20：0)	Ad	二烯酸	Do		

20 世纪中期以前，科学家对油脂的甘三酯组成和结构没有清楚的认识，脂的生物合成途径也不明了，普遍认为油脂化学就是脂肪酸化学，因为脂肪酸占油脂分子量构成的 95% 左右。但随着油脂科学的发展，学者们认识到脂肪酸组成的不同，其构成油脂的性质也有差异；脂肪酸组成相近，油脂的性质不一定相同。例如，羊脂与可可脂所含的脂肪酸种类和各种脂肪酸的数量都非常接近，但两种油脂的物理性质不同，从而影响它们的用途。可可脂熔点低，为 32～36 ℃，具有独特、优良的熔化特性，同时易被人体消化吸收，是制造巧克力的极好原料，广泛用于糖果生产。而羊脂熔点高达 40～55 ℃，物性差，不易消化、吸收，食用价值大大降低。

表 5-4 列出了可可脂与羊脂的脂肪酸及甘三酯组成。从表中的数据可以看出，羊脂与可可脂熔点的不同并非由脂肪酸的种类和数量所引起的。研究这两种油脂中的各种甘三酯组成发现，羊脂中含有大量的三饱和酸甘油三酯(SSS, 26%)；而可可脂中的三饱和酸甘油三酯仅为羊脂的 1/10(约 2.5%)，其甘油三酯的主要成分为一不饱和二饱和酸甘油三酯(约 75%)，组成简单，所以熔点低，塑性范围窄。

微课：天然油脂中的甘三酯认知

表 5-4 可可脂与羊脂的脂肪酸及甘油三酯组成

类型	羊脂	可可脂
	脂肪酸组成/%	
14：0	2～4	—
16：0	25～27	23～24
18：0	25～31	34～36
18：1	36～43	39～40
18：2	3～4	2

续表

类型	羊脂	可可脂
	脂肪酸组成/%	
SSS	26	2.5
SSU	35	77.0
SUU	35	16.0
UUU	4	4.0

二、甘油二酯和甘油一酯

甘油二酯简称甘二酯，存在1,3-甘二酯、1,2-甘二酯和2,3-甘二酯3种立体异构体。1,3-甘二酯、1,2-甘二酯和2,3-甘二酯分子结构如下。

$$\begin{array}{cc} \text{CH}_2\text{OCR}_1 & \text{CH}_2\text{OH} \\ | & | \\ \text{HO—C—H} & \text{HC—OCR}_1 \\ | & | \\ \text{CH}_2\text{OCR}_2 & \text{CH}_2\text{OCR}_2 \\ \text{1,3-甘二酯} & \text{1,2-甘二酯(2,3-甘二酯)} \end{array}$$

甘二酯和甘一酯是食用油脂的天然成分，也是油脂在人体内代谢的中间产物。

天然油脂中甘二酯含量相对较少，普通食用油脂以棕榈油和橄榄油中甘二酯含量相对较多，见表5-5。

表5-5　常见食用油中甘二酯的含量　　　　　　　　　　　　　　　%

食用油种类	甘二酯含量	食用油种类	甘二酯含量
棕榈油	5.8	红花籽油	2.1
橄榄油	5.5	葵花籽油	2.0
棉籽油	3.1	猪油	1.3
玉米油	2.8	菜籽油	0.8
芝麻油	2.6	牛油	3.8
花生油	2.2	大豆油	1.0

甘二酯的热量值与消化吸收率分别为38.9 kJ/g和96.3%±0.3%。因此，就供能而言，甘二酯与甘三酯接近。但研究发现1,3-甘二酯具有不同于甘三酯的代谢方式，从而使其具有吸收速度快、供能及时、不增加肠道负担等独特的生理活性，现如今1,3-甘二酯已作为功能性油脂用于预防肥胖、高血脂及心脑血管等疾病。甘二酯还在食品、化妆品、生

物化工领域有着极为广泛的用途。

甘油一酯简称甘一酯，又名单甘酯。单甘酯根据其主要组成成分（脂肪酸）的不同，可将其分为单硬脂酸甘油酯、单月桂酸甘油酯、单油酸甘油酯等。

单甘酯是一种高效的表面活性剂，能够起乳化、起泡、分散、消泡、抗淀粉老化等作用，是食品中应用最为广泛的乳化剂之一，还广泛地应用于化妆品、医药、精细化工、洗涤剂、塑料等工业。

自然界天然存在的单甘酯和甘二酯较少，主要通过化学法和酶法合成制备。

单甘酯、甘二酯的颜色、气味同相应的脂肪酸基团及原料来源有关，一般都有油脂气味，颜色从褐色到乳白色不等。

单甘酯、甘二酯的感官特性和甘三酯相似，其稠度与脂肪酸基团有关，呈油状、脂状或蜡状。一般来说，单甘酯和甘二酯比其原料油脂或脂肪酸具有更高的稠度及熔点。随着脂肪酸碳链的延长，单甘酯和甘二酯的熔点增加；相同碳原子情况下，单甘酯、甘二酯和甘三酯的熔点高低顺序为单甘酯＞甘二酯＞甘三酯。单甘酯的熔点总是比所对应的甘三酯的熔点高10~15 ℃，而1,3-甘二酯比所对应的甘三酯高10 ℃左右。

三、动植物油脂的差异

油脂中，植物油脂种类多、产量大，成分也比较单纯，主要由软脂酸、油酸和亚油酸构成。还有一些是以亚麻酸为主要成分，在个别的油料中，还含有一些其他油脂所没有的特殊成分。动物油脂的主要成分是软脂酸和油酸。

（一）脂肪酸种类的差异

植物油脂所含的脂肪酸种类较少，常见的只有5~8种脂肪酸，在种子油中不饱和脂肪酸含量占80%或更多，以油酸、亚油酸、亚麻酸为主。另外，还有些个别油脂含有特殊脂肪酸。

对于个别油脂所存在的特殊脂肪酸，如桐油中含有78%~82%的桐酸，蓖麻油中含有90%的蓖麻酸，这种含有特殊成分的植物油脂也有别于动物油脂。

动物油脂所含的脂肪酸种类一般在10种以上，它可分为水中动物和陆上动物两种。水中动物油还可分为海水动物油和淡水动物油，它们的组成是不同的，海水动物油脂普遍存在 C_6~C_{22} 的脂肪酸，有时也含 C_{14} 和 C_{24} 脂肪酸，饱和酸在20%左右，主要为软脂酸。碳链 C_{20}~C_{22} 的不饱和酸多数为三烯酸、四烯酸和五烯酸，个别油中含有六烯酸和七烯酸，这些酸极易氧化而产生恶臭，使其具有令人不快的鱼腥臭味，这种特有气味很容易与别的油类相区别。碳链 C_{16}~C_{18} 不饱和酸基本为一烯酸。淡水鱼油与海水鱼油不同，淡水鱼油中含的 C_{16} 和 C_{18} 不饱和酸较多，C_{16} 的一烯酸常达30%，而 C_{20} 及 C_{22} 的脂肪酸含量比海水鱼油少。

陆上动物油中所含的饱和脂肪酸较多，一般在25%以上，其中硬脂酸含量较丰富，所以常称为"富含硬脂酸的油脂"，动物油脂中的不饱和脂肪酸以油酸为主，还含有少量的亚油酸和亚麻酸，而 C_{16} 和 $C_{20~22}$ 的不饱和脂肪酸含量很少。在所有的脂肪酸中以 C_{16} 和 C_{18} 最为常见。主要动物油脂的脂肪酸组成见表5-6。

（二）脂肪酸的不饱和程度和双键位置的差异

植物油脂中的脂肪酸以不饱和酸占优势，除油酸外，其余不饱和酸的双键之间都相隔一个亚甲基(—CH₂—)，构成了"五碳双烯"结构：—CH＝CH—CH₂—CH＝CH—(亚油酸结构)；也有构成共轭体系的结构，如[—CH＝CH—CH＝CH—]。它们的化学性质很活泼，而且不饱和双键一般都在第9和第10两个碳原子上。

表5-6 主要陆上动物脂的脂肪酸组成　　　　　　　　　　　　　　　　　　%

油脂	饱和酸				
	12∶0	14∶0	16∶0	18∶0	20∶0
牛脂	0.1~0.5	2~6	24~31	22~26	0.4~1.3
猪脂		0.7-1.3	25~30	8~16	
羊脂		1~4	21~25	23~31	

油脂	不饱和酸				
	14∶1	16∶1	18∶1	18∶2	20∶2
牛脂	0.4~0.6	1.7~2.7	38~42	1.8~2.0	0.1~0.5
猪脂	0.1~0.3	2.0~4.8	42~51	3~8	1.7~3.0
羊脂			36~47	3~5	48

动物油脂中的不饱和脂肪酸的双键之间一般隔两个或两个以上的亚甲基，这一点区别于植物油脂。不饱和程度高的植物油脂，碘价高，也具有良好的干燥性能。动物油脂即使含有多个双键，其干燥性也很差，而且生成薄膜会遇水软化。故动物油脂在干燥时氧化物聚合的性质比植物油脂差。高度不饱和的动物油脂的稳定性差，极易氧化酸败，故常具有使人不快的臭味。

(三)动植物油脂性状的差异

陆地动物油脂含有较多的饱和脂肪酸，常温下呈固态，羊油、牛油、猪油等都属于固体脂类。鱼油、海产动物油与陆地动物油的区别在于它们在常温下一般为液体，含有较多的长链高度不饱和脂肪酸，具有鱼腥味。

植物油含饱和脂肪酸较少，组成的饱和甘三酯(SSS)接近零，在常温下呈液态，大豆油、菜籽油、棉籽油、玉米胚油、芝麻油等都属于此类液体油。

(四)动、植物油脂的根本区别

从根本意义上说，动、植物油脂的重大区别不是脂肪酸，也不是甘三酯的构成，而是它们所含的"不皂化物"成分各异，其中甾醇(固醇)成分相差尤大，动物油脂中的固醇成分主要是胆固醇，又称为"动物油固醇"；植物油脂含的主要是谷甾醇、豆固醇和菜籽固醇等，又称为"植物油固醇"。这两类固醇的甲酯熔点分别为114 ℃和125 ℃左右。胆固醇是人体必需的营养素之一，但过剩了会在动脉血管壁上沉积，甚至在某些器官中形成结石，故有害健康；植物油固醇则无此危害，并能促进多余胆固醇的代谢和排除，有益健康，如今随着饮食生活水平的逐步提高和营养知识的普及，很多人在对猪牛羊等动物油脂"敬而远之"的同时青睐植物油脂，除害怕摄入过多的饱和酸外，更重要的原因是避免受胆固醇的过剩之苦。

微课：动植物油脂的差别

知识拓展

微生物油脂又称单细胞油脂，是由酵母、霉菌、细菌和藻类等微生物在一定条件下，利用碳水化合物、碳氢化合物和普通油脂为碳源、氮源，辅以无机盐生产的油脂和另一些有商业价值脂类。

微生物生产油脂具有油脂含量高、生产周期短、不受季节影响、不占用耕地等优点。另外，可通过细胞融合、细胞诱变等方法，微生物产生高营养油脂或某些特定脂肪酸组成油脂，如 EPA、DHA 等。

单元三　油脂和脂肪酸的性质

学习目标

知识目标：了解油脂的色泽、气味、滋味产生的原因，了解油脂的乳化作用，熟悉油脂的烟点、闪电、燃点、折光指数、相对密度、溶解度等物理性质，掌握油脂的化学反应及对油脂品质的影响。

技能目标：能根据油脂的色泽、气味等物理性质分析油脂的品质，能根据油脂的折光指数、相对密度对油脂种类进行分析，能根据油脂品质变化分析可能发生的化学反应。

素养目标："勿以恶小而为之，勿以善小而不为"，提高对于油脂质量安全的认识，从我做起，养成安全意识，避免安全事故发生。

单元导入

地沟油泛指在生活中存在的各类劣质油，如回收的食用油、反复使用的炸油等。地沟油最大来源为城市大型饭店下水道的隔油池。长期食用可能会引发癌症，对人体的危害极大。国务院办公厅于 2010 年 7 月发布文件，决定组织开展地沟油等城市餐厨废弃物资源化利用和无害化处理试点工作。2011 年 9 月 13 日，中国警方全环节破获特大利用"地沟油"制售案。2011 年 12 月，卫健委向社会公开征集"地沟油"检测方法，并于 2012 年 5 月初步确定了 4 个仪器法和 3 个可现场使用的快速检测法。

地沟油是一种质量极差、极不卫生的非食用油。一旦食用地沟油，它会破坏人们的白细胞和消化道黏膜，引起食物中毒，甚至致癌的严重后果，因此，地沟油严禁用于食用油领域。

基础认识

油脂与脂肪酸的物理性质由油脂与脂肪酸的组成和结构所决定，与油脂和脂肪酸的应用有直接关系，如广泛应用于检测油脂的品质和质量、某些定性鉴定，同时，油脂和脂肪酸的性质在油脂制取、加工工艺及脂肪酸生产工艺中得到充分的应用。

一、油脂和脂肪酸的物理性质

1. 色泽

纯净的甘油三酯在液态时是无色的，但大多数植物油脂或多或少带有颜色，这是由于叶绿素、类胡萝卜素、叶黄素、叶红素等色素的存在，少数油脂中还含有特殊色素，如棉籽油中的棉酚。这些都属于油溶性的色素，在油脂制取过程中，这些色素会溶于油中而使油脂带有一定的颜色。在油料细胞内还含有一些色原体，其本身无色，当受到空气中氧的作用或某些试剂的作用时，就会显示出颜色。某些动物油脂也带有颜色，同样是由于原料或加工过程的因素。

2. 气味和滋味

未经加工的油脂都有固有的气味和滋味，如鱼油的鱼腥味、菜籽油的辛辣味、芝麻油的香味等，这些都与各种油料的组成成分有关。这些成分存在于油脂中且容易挥发而使油脂具有固有气味，如芝麻油因含有芝麻酚这种易挥发且具有特殊香气的物质而成为很受欢迎的风味油脂。有些油料霉变或蒸炒焦煳等都会使制得的油脂具有异味，油脂酸败变质会产生"哈喇味"，另外，油脂气味还与油脂的脂肪酸组成有关。

3. 烟点、闪点及燃点

衡量油脂热的稳定性指标有烟点、闪点和燃点。烟点是指在一定的条件下油脂经加热至逸出分解物，首先觉察到发烟时的温度；闪点是指在油脂加热时，所逸出的分解产物与火焰接触时能燃起火焰，但不能维持燃烧的最低温度；与火焰接触着火燃烧而不熄灭（时间不少于 5 s）的最低温度，称为燃点。烟点、闪点、燃点主要取决于油脂本身的组成及含杂情况。一般含有低碳链脂肪酸的油脂抗高温性能较差，其烟点、闪点、燃点较低；油脂中游离脂肪酸的含量直接影响其烟点、闪点及燃点，含量越高，烟点、闪点、燃点就越低。

4. 熔点和沸点

脂肪酸的熔点随碳链的增长及饱和程度的增高而不规则地增高，且偶数碳原子链脂肪酸的熔点比相邻的奇数碳链脂肪酸高，双键引入可显著降低脂肪酸的熔点，如 C_{18} 的四种脂肪酸：硬脂酸、油酸、亚油酸和亚麻酸，硬脂酸的熔点为 70 ℃，油酸为 13.4 ℃，亚油酸为 −5 ℃，亚麻酸为 −11 ℃；顺式异构体低于反式异构体，如顺式油酸熔点为 16.3 ℃，而反式油酸为 43.7 ℃。脂肪酸的沸点随链长增加而升高，饱和程度不同但碳链长度相同的脂肪酸沸点接近。

脂肪是甘油酯的混合物，而且其中还混有其他物质，所以没有确切的熔点和沸点。一般油脂的最高熔点为 40～55 ℃，与组成的脂肪酸有关。几种常见食用油脂的熔点范围见表 5-7。

表 5-7　常见食用油脂的熔点范围　　　　　　　　　　　　　　　　　℃

油脂	大豆油	花生油	向日葵油	黄油	猪油	牛油
熔点	−18～−8	0～3	−19～−16	28～42	34～48	42～50

熔点范围对脂肪消化来说十分重要。健康人体温为 37 ℃左右，熔点高于体温的脂肪较难消化，如牛油、羊油，只有趁热食用才容易消化。油脂的沸点一般为 180～200 ℃，与脂肪酸的组成有关。

5. 折光指数

光在真空或空气中传播的速度与光在某物质中传播的速度之比，即光线进入某物质时，其入射角的正弦和折射角的正弦的比值称为某物质的折光指数。油脂具有折光性，折光指数是植物油重要的特征常数。不同的油脂由于脂肪酸组成不同，因而在相同的光线、波长、温度等条件下具有不同的折光指数。折光指数的大小可以反映油脂的脂肪酸碳链的长短及其不饱和程度。一般来说，油脂的折光指数随碳链的增长而增加，随碳链双键数目的增多而增加；脂肪酸含有羟基的脂肪具有较高的折光指数。各种天然油脂都有一定的折光指数范围，因此，折光指数可作为鉴别油脂类别、纯度和酸败程度的参考依据之一。主要植物油的折光指数见表 5-8。

表 5-8　主要植物油的折光指数

种类	折光指数 n_D^{20}	皂化值/(mg·g^{-1})	碘价/[mg·(100 g)$^{-1}$]	凝固点/℃
菜籽油	1.471 0～1.475 0	170～179	97～105	−12～−10
花生油	1.469 5～1.472 0	189～199	83～105	−3～3
大豆油	1.472 0～1.477 0	190～197	115～145	−18～−15
芝麻油	1.471 5～1.475 0	188～193	103～112	−7～−3
茶油	1.468 0～1.472 0	190～195	80～87	−10～−5
棉籽油	1.469 0～1.475 0	191～195	104～114	−5～5
玉米油	1.475 0～1.477 0	187～196	109～133	−12
米糠油	1.471 0～1.475 0	181～189	99～108	−5～5
亚麻油	1.479 0～1.485 5	184～195	170～209	−27～−18
大麻油	1.477 6～1.481 0	190～194	145～167	−20
桐油	1.581 5～1.522 0	190～195	161～173	0
蓖麻油	1.476 5～1.481 9	176～187	82～86	−20～−18
红花油	1.475 0～1.476 5	187～194	138～150	−20～−18
棕榈油	1.456 0～1.459 0	196～210	52～58	27～30

6. 相对密度

单位体积的物质所具有的质量称为绝对密度。物质的绝对密度与水的密度之比值称为相对密度。水在 4 ℃时的绝对密度为 1 g/cm^3。所有油脂都不溶于水，但它可溶于醚、苯、四氯化碳等溶剂。油脂比水轻，相对密度为 0.7～0.9，一般与相对分子质量成反比，与不饱和度成正比。

7. 溶解度

脂肪酸分子有极性的羟基端和非极性的烃基端，因此，它具有亲水端（羟基）和疏水端（碳氢链），脂肪酸分子中的亲水和疏水两种不同的性质竞争决定其水溶性或脂溶性，常可作为乳化剂使用。一般短链的脂肪酸能溶于水，长链的脂肪酸不溶于水。碳链的长度对溶解度有影响,随着碳链的增加其溶解度减小。

脂肪一般不溶于水,易溶于有机溶剂(如苯、乙醚、石油醚、二硫化碳、氯仿、四氯化碳等)。脂肪的相对密度小于1,故能浮在水面上。由低级脂肪酸构成的脂肪则能在水中溶解;由高级脂肪酸构成的脂肪虽不溶于水,但经胆汁盐的乳化作用变成微粒,就可以和水形成乳状液,此过程称为乳化作用。人体内脂肪的消化和吸收与胆汁盐有关。胆汁盐为各种胆汁酸的盐类,它与磷脂、胆固醇组成的细胞微粒称为胆汁盐微团,由肝细胞分泌,经胆道而入肠腔。胆汁盐能使脂肪乳化,有利于接受胰脂酶的作用。胆汁盐微团能运载脂类的消化产物扩散到黏膜细胞,有利于这类物质的吸收。

微课:油脂和脂肪酸的物理性质

二、油脂和脂肪酸的化学性质

(一)水解反应和皂化反应

1. 水解反应

在适当的条件(温度、压力和催化剂)下,油脂能发生水解反应,生成游离脂肪酸和甘油。

$$\begin{array}{c} \text{R—C—O—CH}_2 \\ | \\ \text{R—C—O—CH} \\ | \\ \text{R—C—O—CH}_2 \end{array} + 3H_2O \longrightarrow \begin{array}{c} CH_2OH \\ | \\ CHOH \\ | \\ CH_2OH \end{array} + 3RCOOH$$

甘三酯　　　　　　　　　　　甘油　　脂肪酸

油脂水解反应常用酸、碱和醇为催化剂。在碱性溶液中,水解比在酸性溶液中水解快约4 000倍。在催化剂作用下,油脂水解反应能改变反应历程而加速进行。油脂的水解在有脂肪酸存在时,反应速度加快,这是油脂在贮藏时发生酸败变质的重要因素之一。

油脂水解后会产生大量的游离脂肪酸,使油脂带酸性。衡量油脂中游离脂肪酸量的多少,常用油脂的酸价(AV)表示。酸价是指中和1 g油脂中游离脂肪酸所需氢氧化钾的毫克数,用mg/g表示。该指标是评价油脂品质好坏的重要依据之一。在其他条件相同时,一般来说,酸价低的油脂,其品质较好。

在粮食分析中,对于谷物来说,由于其脂肪含量低,用酸价这个指标就不合适了,所以采用脂肪酸值来反映粮食的品质及变化。粮食脂肪酸值是指中和100 g粮食试样中游离脂肪酸所需氢氧化钾的毫克数,酸价和脂肪酸值都是粮油储藏中早期劣变指标之一。

2. 皂化反应

脂肪在碱性溶液中水解,其产物为甘油和脂肪酸盐,这种盐类习惯上称为肥皂,因此将脂肪在碱性溶液中的水解称为皂化作用。

皂化反应如下：

$$R-\overset{O}{\underset{\|}{C}}-O-\overset{CH_2-O-\overset{O}{\underset{\|}{C}}-R}{\underset{CH_2-O-\overset{O}{\underset{\|}{C}}-R}{CH}} + 3NaOH \longrightarrow \overset{CH_2OH}{\underset{CH_2OH}{CHOH}} + 3RCOONa$$

皂化值是指在规定条件下皂化 1 g 脂肪所需的氢氧化钾的质量(mg)，用 mg/g 表示，油脂中可皂化的物质一般包含游离脂肪酸及脂肪酸甘油酯等。

油脂的皂化值与其相对分子质量成反比，也就是与脂肪酸链的平均长度成反比。皂化值越低，则脂肪酸相对分子质量越大或含有较多的不皂化物(如甾体物质、脂溶性维生素及胡萝卜素等)，根据皂化值的高低可略知油脂相对分子质量的大小。同一油脂的皂化值具有一定的变动幅度，通过皂化值的测定并结合其他检验项目可鉴定油脂纯度。制皂时所需的碱液用量都是通过皂化值计算得到。

$$皂化值 = \frac{3 \times 56 \times 1\,000}{油脂平均相对分子质量}$$

式中　56——氢氧化钾相对分子质量；
　　　3——皂化 1 g 油脂消耗 3 mol 氢氧化钾。

(二) 氢化反应和卤化反应

脂肪中不饱和脂肪酸的双键非常活泼，能起加成反应，其主要反应有氢化和卤化两种。

1. 氢化反应

脂肪中不饱和脂肪酸在催化剂(如 Pt、Ni)存在下，在不饱和键上加氢而变成饱和脂肪酸，这种作用称为氢化。

$$-CH=CH- + H_2 \xrightarrow{Ni} -CH_2-CH_2-$$

利用这个原理可将液态的油氢化后变为固态的脂，加氢后的油脂称为氢化油或硬化油。氢化油因双键减少，不易酸败，且固化后便于储藏和运输。油脂氢化扩展了油脂的适用范围，使植物油氢化成适宜硬度的人造奶油、起酥油等；也可作为工业用固体脂肪，如制皂工业中将油脂氢化成为硬化油，作为制造肥皂的原料。

2. 卤化反应

不饱和脂肪酸的双键可以与卤素发生加成反应，生成饱和的卤化酯，这种作用称为卤化。油脂的不饱和程度越大，吸收卤素的量就越多，因此，加碘作用在脂肪分析上很重要，从加碘的多少可衡量脂肪或脂肪酸的不饱和程度。

$$-CH=CH- + I_2 \longrightarrow -\underset{I}{CH}-\underset{I}{CH}-$$

卤素与不饱和脂肪酸发生的卤化反应速度不同，由于氯的化学性质很活泼，它不仅会发生加成反应，同时还可能发生取代反应；碘的加成太慢而不能反应完全，用 ICl 加成，则效果更佳。

碘值是指 100 g 油脂所能吸收碘的克数。碘值大小直接反映了油脂不饱和程度的高低，碘值越高，油脂的不饱和程度越高。碘值是油脂氢化时加氢用量的依据，也是衡量油脂干性程度的依据。根据油脂碘值的高低，可将油分为三类：碘值在 130 以上的为干性油；在 100 和 130 之间为半干性油；在 100 以下的为不干性油。主要植物油碘价见表 5-8。

3. 氧化反应

不饱和脂肪酸的双键在有氧化剂、空气及臭氧等条件时容易被氧化，氧化条件不同则产物不同。饱和脂肪酸很难被氧化，但在高温等条件下，也可在分子的不同位置上发生氧化，使碳链断裂生成二元酸、一元酸、醛、酮等物质的复杂混合物。

(1) 臭氧氧化。不饱和脂肪酸易被臭氧氧化，生成臭氧化合物，此物不稳定，能以两种方式水解而得到 4 种不同的产物。油酸经臭氧氧化的情况如下：

$$CH_3-(CH_2)_7-CH=CH-(CH_2)_7-COOH + O_3 \longrightarrow$$

$$CH_3-(CH_2)_7-\underset{\underset{O-O}{|}}{CH}\underset{}{\overset{\overset{O}{|}}{-}}\underset{}{HC}-(CH_2)_7-COOH \xrightarrow{水解}$$

(1) $CH_3-(CH_2)_7-CHO + COOH-(CH_2)_7-COOH$

(2) $CH_3-(CH_2)_7-COOH + CHO-(CH_2)_7-COOH$

从上述产物可得到如下结论：油酸分子中的双键位于碳链中第 9 和第 10 个碳原子之间。

同样，亚油酸与臭氧的反应结果生成己酸、丙二酸和壬酸，从而可知亚油酸分子中的两个双键分别位于第 9、第 10 和第 12、第 13 个碳原子之间。同样方法可证明亚麻酸分子中双键位置在 △9, 12, 15 上。所以不饱和脂肪酸与臭氧的反应是测定其未知双键位置的重要方法。

(2) 空气氧化。不饱和脂肪酸双键很容易被空气中的氧所氧化，氧化剧烈时会使脂肪酸及油脂变质。该反应有两种形式：

$$R-\underset{\underset{H}{|}}{C}=CH-(CH_2)_n-COOH \xrightarrow{2[O]} R-HC=CH-\underset{\underset{OOH}{|}}{CH}-(CH_2)_{n-1}-COOH$$

氢过氧化物

$$R-\underset{\underset{H}{|}}{C}=CH-(CH_2)_n-COOH \xrightarrow{2[O]} R-\underset{\underset{O-O}{|}}{C}\overset{\overset{H}{|}}{-}CH-(CH_2)_n-COOH$$

过氧化物

氧化反应生成的氢过氧化物和过氧化物极易分解成短碳链的醛、酮、酸等物质,这些物质均有强烈的刺激性气味,从而影响油脂的品质。我们把油脂被空气氧化的历程称为"自动氧化",经氧化使油脂变质的现象叫作油脂的"氧化酸败"。

油脂自动氧化的程度可用产生过氧化物的多少来衡量。用过氧化物相当于碘的质量分数或1 kg样品中活性氧的毫摩尔数表示过氧化值。油脂的过氧化值是油脂品质分析中的一项常规指标,因过氧化物不稳定,当油脂酸败之初呈上升趋势,到深度酸败时(发生分解)便会下降,故深度酸败(已有异味)油脂的过氧化值反而小。

微课:油脂和脂肪酸的化学性质

三、油脂的乳化

(一)乳化、乳化剂的概念

1. 乳化

油脂和水是互不相溶的两种液体,如果加入一种物质,使互不相溶的两种液体中的一种呈微滴状态分散于另一种液体中,这种作用称为乳化。这两种不同的液体称为"相",在体系中量大的称为连续相,量小的称为分散相。油与水的乳化在食品中是极其常见的,如乳饮料、冰激凌、鲜奶油等。

2. 乳化剂

能使互不相溶的两相中的一相分散于另一相中的物质称为乳化剂。

(二)乳浊液的形成

乳化剂是含有亲水基团和疏水基团的分子。亲水基团是极性的,被水吸引;疏水基团是非极性的,被油吸引。在以水为分散相的乳液中,乳化剂分子的极性"头部"伸向水滴中,而非极性"尾部"伸向油中(图5-2)。由于极性相斥,附于水-油界面的乳化剂分子形成一个围绕水滴的完整保护膜,因而形成稳定的乳浊液。

在以油为分散相的乳液中,乳化剂以相同的吸附方式围绕油滴,形成一个完整的保护膜,使乳液稳定。

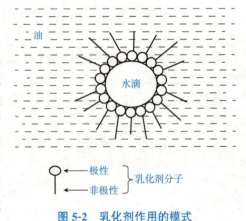

图5-2 乳化剂作用的模式

(三)乳浊液的类型

水-油乳浊液可分油包水型[水在油中(水/油)]和水包油型[油在水中(油/水)]两种类型,适用的乳化剂也各不相同。油/水型乳浊液宜用亲水性强的乳化剂,而水/油型乳浊液宜用亲油性强的乳化剂。在食品加工中较多遇到的是油/水型的乳浊液。

食品中经常使用的乳化剂有甘油脂肪酸酯、脂肪酸丙二醇酯、蔗糖脂肪酸酯、聚氧乙烯脂肪酸山梨糖醇酯、大豆蛋白、磷脂等。乳化剂在食品生产中使用范围很广,在工艺上主要起乳化、发泡、增稠、抗老化、抗冰晶生成等作用。根据食品生产中工艺要求选择适当的乳化剂或与其他的添加剂混用,对提高产品质量有重要的意义。

模块五　粮食中的脂类

> **知识拓展**
>
> 　　食用植物油安全储存有"四怕"：一怕阳光；二怕空气；三怕高温；四怕水。因此，保存食用油要避光、密封、低温、防水。

单元四　油脂氧化

学习目标

　　知识目标： 了解油脂的氧化类型，熟悉油脂酸败和油脂干燥的含义，掌握油脂酸败和油脂干燥的机理与影响因素。

　　技能目标： 能根据反应条件分析油脂氧化酸败的类型，能分析油脂氧化酸败和干燥成膜的机理，能对油脂氧化酸败和干燥成膜的影响因素进行分析。

　　素养目标： 深刻认识"至诚之道，可以前行"，提高对油脂质量安全的认识和意识，为保障油脂质量安全做出自己的贡献。

单元导入

　　古人粮食储存方式一般分为两类：一是地面粮仓；二是地下储粮。

　　据史料记载，西周陇东粮仓的储粮方式主要有两类：一类是建筑在地面上，粮仓的形状有方形和圆形；另一类是窑洞储粮，有对窑洞做一些处理，直接堆放在地下的，也有在窑洞里围成芦苇编成的席囤储粮食的。仓贮是古代常见的地面藏粮方法，因此粮仓也是古代储存粮食的重要场所。

　　除了西周时期的陇东粮仓，被世人熟知的"天下粮仓"是隋代的含嘉仓。它位于河南省洛阳市老城北，始建于605年，并在2014年成功入选世界遗产名录。

　　考古工作者们在含嘉仓粮窖内发现了满满一窖1 300多年前存下的粮食，且"谷粒颗粒分明，糠是糠，米是米。"考古专家把这归功于粮窖设计的科学。含嘉仓不仅防鼠防盗、防潮防火，还具有良好的"保鲜"功能，粮食不易发热、发芽，不易腐烂。在唐代，这样的地下窖仓里稻米的"保质期"为5年，谷子的"保质期"更是长达9年。

基础认识

　　脂肪能够发生多种形式的氧化，根据其氧化作用形式和效果的不同，可分为两种情况：一种是油脂在空气中受光、热等因素影响被空气中的氧所氧化而生成过氧化物，过氧化物分解而产生具有不良气味的酸败物质，这种氧化称为油脂的氧化酸败；另一种是油脂中所含的不饱和脂肪酸被空气中的氧氧化后发生聚合，形成一层坚硬、耐磨、不透水、不溶化的薄

109

膜，这类膜有防腐防水的作用，此为油的干化现象，如干性油桐油、亚麻油的氧化就是如此。

一、油脂的氧化酸败

油脂及含油脂较多的食物在空气、光线、温度、金属离子、微生物等多种因素的影响下，分解成具有臭味的低分子醛、酮、酸，这种现象称为油脂的酸败。

油脂酸败对油脂及含油脂较多的粮食或食品在储藏期间的变化有着很大的影响，不仅风味变坏，而且油脂的营养价值也随之降低。油脂酸败是一个复杂的变化过程，根据其引起酸败的原因和机制，可分为油脂的自动氧化酸败、水解型酸败和β-型氧化酸败三种类型，其中以自动氧化酸败对油脂及食品的危害最大。

1. 油脂的自动氧化酸败（氧化型酸败）

油脂在空气、光、温度、水等因素的影响下，易与氧发生氧化作用，引起油脂酸败，此现象称为油脂的自动氧化酸败。

油脂自动氧化有两种类型：一种是氧直接加在不饱和脂肪酸的双键上，形成环过氧化物；另一种是氧加在双键旁边的亚甲基上，形成氢过氧化物。因为使亚甲基活化的能量小于使双键活化的能量，加之氢过氧化物在稍高温度下易分解，故在常温下以生成氢过氧化物为主。在温度高于50 ℃时，才有环过氧化物生成。

油脂自动氧化可分为两个阶段：第一阶段，连接脂肪双键的亚甲基的氢为游离基所取代，由此加入氧分子而生成氢过氧化物；第二阶段，氢过氧化物分解。

第一阶段：氢过氧化物的生成。

油脂自动氧化可分为三个时期：引发期、传播期和终止期。

（1）引发期：油脂中的不饱和脂肪酸在热、光、金属等影响下，被活化而生成不稳定的游离基 R·（—CH—CH=CH—CH₂—），即

$$-\underset{H}{\overset{H}{C}}-CH=CH-CH_2- + O_2 \longrightarrow -\underset{\cdot}{\overset{H}{C}}-CH=CH-CH_2- + HOO\cdot$$

这个时期没有酸败现象，引发期越长越不易酸败。

引发期反应也可用下列简式表示。

$$RH \xrightarrow{热、光、金属离子} R\cdot + HOO\cdot$$

（2）传播期：当有分子氧存在时，游离基 R·可与 O₂ 生成过氧化物游离基（ROO·），即

$$-\underset{\cdot}{\overset{H}{C}}-CH=CH-CH_2- + O_2 \longrightarrow -\underset{\underset{O-O\cdot}{|}}{\overset{H}{C}}-CH=CH-CH_2-$$

过氧化物游离基（ROO·）遇到另一分子一烯酸，自其分子中夺取一个氢原子而形成氢过氧化物（ROOH）和一个新的游离基（R·），即

$$\underset{\substack{|\\O-O\cdot}}{-C}-CH=CH-CH_2- \;+\; -H_2C-CH=CH-CH_2- \longrightarrow$$

$$\underset{\substack{|\\O-OH}}{-C}-CH=CH-CH_2- \;+\; \underset{\cdot}{-C}-CH=CH-CH_2-$$

此游离基 R· 再与 O_2 及另一个一烯酸或其酯反应，此反应循环不止，称为连锁反应。传播期的反应也可用下列简式表示。

$$\begin{array}{l} \longrightarrow R\cdot \;+\; O_2 \longrightarrow ROO\cdot \quad \text{过氧化物游离基} \\ \quad\; ROO\cdot \;+\; RH \longrightarrow R\cdot \;+\; ROOH \quad \text{氢过氧化物} \end{array} \right\} \text{循环往复，产生许多ROOH}$$

(3)终止期：当油脂中存在大量的游离基、过氧化物游离基时，游离基 R· 之间或游离基 R· 和过氧化物游离基 ROO· 之间相互撞击而结合，产生稳定的化合物，反应逐步结束。这只能在自动氧化的最后阶段才有可能，但这时油脂已深度酸败。

$$\underset{\cdot}{-C}-CH=CH-CH_2- \;+\; \underset{\cdot}{-C}-CH=CH-CH_2- \longrightarrow$$

$$\begin{array}{c} H \\ | \\ -C-CH=CH-CH_2- \\ | \\ -C-CH=CH-CH_2- \\ | \\ H \end{array}$$

$$\underset{\substack{|\\O-O\cdot}}{-C}-CH=CH-CH_2- \;+\; -H_2C-CH=CH-CH_2- \longrightarrow$$

$$\underset{\substack{|\\O-OH}}{-C}-CH=CH-CH_2- \;+\; \underset{\cdot}{-C}-CH=CH-CH_2-$$

终止期反应也可用下列简式表示。

$$R\cdot + R\cdot \longrightarrow R—R$$
$$ROO\cdot + R\cdot \longrightarrow ROOR$$
$$ROO\cdot + ROO\cdot \longrightarrow ROOR + O_2$$

第二阶段：氢过氧化物的分解。

氢过氧化物是油脂氧化的第一个中间产物，本身无异味，因此，有些油脂可能在感官上尚未察觉到酸败的象征，但已有过高的过氧化值，油脂已经开始酸败。

氢过氧化物是极不稳定的化合物，当体系中此化合物的浓度增至一定的程度时，就开始分解，生成许多种不同的产物。

油脂自动氧化最后产生具有酸败气味的低分子醛、酮、酸、醇等化合物，这些物质对人体有毒害作用。这类物质在油脂中含量越多，说明其酸败程度越深；油脂中双键越多，则分解产物越复杂。

影响油脂酸败的因素主要有温度、光线（或放射线）、氧气、催化剂（主要是金属离子），以及油脂中脂肪酸的类型等。

(1) 温度的影响：温度是影响油脂氧化速度的一个重要因素，油脂自动氧化速度随温度升高而加快。高温既能促进游离基的产生，也可促进氢过氧化物的分解与聚合。因此，应在低温下储藏油脂。

(2) 光和射线的影响：光特别是紫外线及射线（如β射线、γ射线），都是有效的氧化促进剂，主要是能促进油脂中脂肪酸链的断裂，提高了游离基的生成速度，加速油脂的酸败。因此，油脂及含油脂的食品应用有色遮光容器盛装。

(3) 氧气的影响：油脂自动氧化速度随大气中氧的分压增加而增加，当氧气分压达到一定值后，自动氧化速度便保持不变。故可采用排除 O_2 的包装。

(4) 催化剂的影响：铜、铁等金属离子是促进油脂自动氧化的催化剂。油脂与金属长期接触时，自动氧化的引发期缩短，同时金属离子还可加速氢过氧化物的分解。

(5) 油脂中脂肪酸类型的影响：油脂中所含的不饱和脂肪酸的比例越高，其相对的抗氧化稳定性就越差；油脂中游离脂肪酸含量增加时，会促使设备或容器中具有催化作用的微量金属进入油中，因而加快了油脂氧化的速度。饱和脂肪酸也能发生自动氧化，但速度较慢。

(6) 抗氧化剂的影响：能阻止、延缓油脂氧化作用的物质称为抗氧化剂，维生素E、丁基羟基茴香醚、丁基羟基甲苯等抗氧化剂都具有减缓油脂自动氧化的作用。

根据上述油脂氧化的机制，只要除去促进油脂氧化的因素，就可以防止或延缓酸败。其具体措施见表5-9。

表5-9 油脂氧化促进因素与防止措施

油脂氧化促进因素	抑制或延缓措施
高温	低温储藏
光（紫外线）	储于遮光性、干燥密封容器或放于阴暗之处，避免阳光直接照射
氧气	除去氧（充 N_2 储藏等）或加抗氧化剂
微量金属催化剂	加入螯合物或抗氧化增效剂
脂氧化酶作用	加热处理，抑制酶的活性

2. 水解型酸败

此类酸败多发生于含低级脂肪酸较多的油脂中，油脂如果含水分偏高，并有脂肪酶的存在，会发生水解而产生游离脂肪酸。游离脂肪酸的生成使酸价大大提高。酸价的升高在大米、面粉和其他粮食的总酸度变化中起着主导作用，其中低级脂肪酸（如丁酸、己酸、辛酸等）的游离会使脂肪具有腐臭味。人造黄油、奶油等乳制品中易发生这种酸败，放出一种奶油臭味。

3. β-氧化酸败

在微生物的作用下，脂肪水解为甘油和脂肪酸。甘油继续氧化生成具有臭味的1，2-丙醚丙醇。一般低级脂肪酸因霉菌的酶促反应，通过β-氧化途径，生成β-酮酸，脱酸后生成甲基酮类产物，出现苦味和臭味，使油脂不能食用。

微课：油脂的氧化酸败分析

二、油脂的干燥

（一）油脂的干燥成膜

1. 干燥的含义

把干性油脂涂成薄层暴露在空气中便逐渐黏稠，随后成为坚韧的膜，这种现象称为"油脂的干燥"。

油脂的干燥与酸败比较，都是油脂在空气中发生氧化，不同的是，油脂的酸败是容器中大量油脂与少量空气作用后发生的现象，其结果是降低了油脂的价值，对油脂是不利的。而油脂的干燥是少量油脂（涂成薄层）与大量空气氧化后发生的现象，其结果是薄层变成了坚韧的膜，这种氧化对人类生活有着极其重要的意义。油脂干燥后形成的薄膜，具有质地坚韧、耐磨、不透水、不熔化且不再溶于有机溶剂等特性，故常把它作为其他物体的保护涂料（也称油漆）。此外，工业上使用的熟油也是根据油脂的这一性质制造的。

2. 干燥的机理

"油脂的干燥"不是一般意义的失水作用，而是油脂氧化聚合的结果。油脂氧化后生成的过氧环化物可与另一不饱和分子的双键发生聚合，生成六环氧化物。此外，过氧环化物分子间也可以相互聚合生成过氧八环化合物。

在外界条件影响下，两分子间的双键也可相互聚合生成碳碳四环化合物。如果有共轭双键，可聚合成碳碳六环单烯化合物。

隔离双键被氧化时，往往转变为共轭双键，所以聚合反应在油脂氧化中，尤其是干燥油脂中同样会发生上述反应。桐油等干性油脂之所以具有良好的干燥性能，成为上乘的油漆原料，其原因在于它含有大量的共轭脂肪酸甘三酯，很容易发生聚合反应。

随着干燥过程的进行，油脂中发生着各种各样的聚合反应，分子量越来越大，直至凝固。但是并不是所有的油脂都能如此，例如有的只能凝缩变稠，不能凝固成坚韧的薄膜。这说明油脂的干燥是有条件的，这种现象主要决定于油脂本身的性质。

3. 油脂干燥成膜的条件

（1）聚合反应不能中断。即每聚合一次以后所产生的聚合分子内，其反应基团必须增加而不能减少。如果产生的聚合分子内，反应基团已消失，则聚合即告停止。这样的分子就很难干燥成膜了。例如，油酸分子中只含有一个双键，两分子油酸聚合后就不再有双键，故反应中断，因此不能干燥成膜。亚油酸分子中具有两个双键，两分子亚油酸聚合后还剩下两个双键，故亚油酸的干燥性比油酸好。亚麻酸的二聚体中存在着四个双键，比原来单分子多出一个双键。这样，此后的聚合反应容易进行，亚麻酸的聚合效能大大超过亚油酸，所以含亚麻酸多的油脂具有良好的干燥成膜性能。可见分子中双键数越多，聚合反应越容易进行。

(2)分子中的官能度要在6个以上。分子中具有反应活性的基团通常称为"官能团"，官能团的数目叫作官能度。油脂干燥成膜的第二个条件是分子中的官能度要在6个以上，满足了这一条件，分子聚合时才能同时向长、宽、高三个方向进行。这样的聚合叫作"体型聚合"，其结果是构成了网状的膜。如果分子中的官能度不在6个以上，分子的聚合叫作"线型聚合"，其结果只能形成凝胶而不能成膜。

根据以上两个条件，油脂中各种组成成分的干燥性能可大致归纳如下：①甘油三油酸酯只能凝缩，不能成膜；②甘油三亚油酸酯能干燥成膜，但用作油漆时需进行加热处理；③甘油三亚麻酸酯可以干燥成膜。

亚麻油、大麻油和苏子油都能干燥成膜，它们是良好的干性油脂。桐油中含有大量的共轭三烯酸，是最好的干性油脂之一。

(二)油膜的败坏

随着聚合反应的进展，油脂由黏稠的液体变成柔软弹性的膜，然后成坚硬的膜。聚合反应仍不断进行，分子不断增大，油膜的结构变得更紧密。另外，含氧基团(羟基、羧基、羰基)不断增加，于是发生脱水脱羧等反应，碳-碳键开始断裂，油膜开始破坏，直到最后断裂，这种现象称为油膜的"败坏"。引起油膜败坏的原因有光的照射、水和碱的作用。由于膜中存在游离羟基和酸性基团，因此与水、碱具有很大的亲和力，从而引起膜败坏。另外，在涂好的涂料表面上，真菌的生长或发霉造成相似于灰尘集结那样明显的褪色，同时也可通过破坏光泽、膜强度和黏着力而败坏。油膜败坏时膜会变黄乃至起皮。

(三)干燥油脂的品质变化

油脂干燥后的品质完全不同于原来的油脂。干性良好的油脂，干燥后成了坚韧的膜，完全失去了原来油脂的各种性状及理化性质。一般的油脂干燥后，其品质也与原来大不相同，经测定得知，干燥薄膜是高分子化合物。

(四)影响油脂干燥的因素

除了油脂本身的结构，外界条件对油脂干燥也有影响。这些条件主要是温度、光线、水分、催化剂，以及油脂与空气接触的面积等。

温度升高和充足的光线都可以加速油脂干燥的速度，尤其是直接光照比散射光的催干作用更大。油脂与空气的接触面积越大，油层越薄时，油脂的干燥速度越快。水分能延缓油脂干燥速度，即使含量很少也有明显影响。

影响油脂干燥速度的另一重要因素是催干剂，它的存在能加快油脂的干燥速度。常用的催干剂是金属的亚油酸盐、亚麻酸盐或松脂酸盐，简称"脂肪酸盐"。催干剂的用量必须适合，太少不起作用，太多了则会使薄膜表面干燥的速度太快，阻止空气进入薄层内部，从而使氧化作用不完全，使形成的薄膜不坚韧。

但是，有些有机化合物对油脂干燥的影响与催干剂相反，这些物质叫作"阻干剂"。如某些酚类和胺类化合物、油脂的抗氧化剂都是油脂干燥的阻干剂。

微课：油脂的干燥分析

知识拓展

> 中国油脂博物馆位于武汉轻工大学，馆内分为中国古代油脂、近代油脂工业发展、油脂行业名人、油脂学会沿革、油脂名校名企、油脂标准、油脂科普、国家油脂安全等展厅，每个展区都有丰富的藏品及相关油脂文化的展陈品。展区陈列榨油机械、油灯、粮油票、典籍等300余件展品，对我国油脂发展历程进行全方位展示。例如，博物馆内藏有一台卧式木榨设备，我国传统的木榨机经历了漫长的成型过程，至明清时期逐渐成熟。传统木榨工艺可以榨花生、芝麻、油菜籽、茶籽等多种油料，一天一夜能榨出上百斤油。这种榨油方法全靠人力来完成，劳动强度非常大。从选籽、炒籽到碾末、熏蒸、包饼、装榨、打榨等，每一道工序均靠人工操作并依靠特定的技艺来完成。

单元五　类脂

学习目标

知识目标：了解磷脂、固醇、蜡和色素的种类与结构，熟悉磷脂、固醇、蜡和色素的性质，掌握油脂中磷脂的存在状态及磷脂对油脂品质的影响。

技能目标：能分析油脂中类脂的种类，能根据磷脂的性质分析磷脂对油脂品质的影响，能分析固醇对人体健康的影响。

素养目标：树立"食品安全责任重于泰山"的理念，提高食品安全责任感，明确自己在食品安全中的责任和义务，提高对食品安全的责任感和使命感。

单元导入

磷脂最早由Uauquelin于1812年从人脑中发现，由Gobley于1844年从蛋黄中分离出来，并于1850年按希腊文"Lekithos"（蛋黄）命名为"Lecithin"（卵磷脂）。

早在1910年，就有各种含有卵磷脂的药物制剂。但是太昂贵，也没有足够的数量用于工业应用。因此，磷脂工业开始寻找一个更便宜、更广的来源，这个来源就是大豆。大豆最早在5 000年前在中国种植。大豆卵磷脂被誉为与蛋白质、维生素并列的

"第三营养素"。而真正了解大豆卵磷脂的人很少，例如，卵磷脂被称为肝脏的保护神，不但可以预防脂肪肝，还能促进肝细胞再生，同时可降低血清胆固醇含量，防止肝硬化并有助于肝功能的恢复。另外，人们长期处在紧张的环境和种种压力下，常患有神经衰弱，补充卵磷脂，可使大脑神经及时得到营养补充，保持健康的工作状态，利于消除疲劳等。

基础认识

人们习惯于把脂肪以外的脂类化合物统称为类脂，如磷脂、蜡、固醇、脂溶性色素等。它们的共同特点是能溶解于脂肪和脂溶剂，因此，制油时常与油脂伴随在一起而称脂肪伴随物。它们的化学组成和结构各异，在油脂中含量不高，但在生理上和应用上有着重要意义。

一、磷脂

磷脂结构比较复杂，由醇类、脂肪酸、磷脂和一个含氮化合物（含氮碱）所组成。按组成中醇基部分的种类可分为甘油磷脂和非甘油磷脂两类。

（一）甘油磷脂

甘油磷脂主要为卵磷脂、脑磷脂、肌醇磷脂。

1. 卵磷脂

卵磷脂由磷脂酸与胆碱结合而成，结构如下。

$$\begin{array}{c}
\text{O}\\
\text{CH}_2-\text{O}-\overset{\|}{\text{C}}-\text{R}^1\\
\text{O}\phantom{\text{CH}-}\phantom{\text{O}}\\
\overset{\|}{\text{R}^2-\text{C}-\text{O}-\text{CH}}\phantom{-\overset{\|}{\text{O}}}\\
\text{CH}_2-\text{O}-\overset{\|}{\underset{\text{OH}}{\text{P}}}-\text{OCH}_2\text{CH}_2\text{N}-(\text{CH}_3)_3\\
\overset{|}{\text{OH}}
\end{array}$$

其中 $-\text{OCH}_2\text{CH}_2\underset{\underset{\text{OH}}{|}}{\text{N}}-(\text{CH}_3)_3$ 为胆碱残基

卵磷脂是动植物组织中最常见的磷酸甘油酯，最早获自蛋黄而得名。卵磷脂有两种同分异构体，即α-卵磷脂和β-卵磷脂。大多数天然卵磷脂为α型结构，α型卵磷脂胆碱基连接在甘油基的第3碳位上，β型则连在第2碳位上。卵磷脂的磷酸基上的—OH基和胆碱基N上的—OH基都可以离解，因此它的结构可以写成两性离子式。

游离基式与两性离子式(内盐式)有如下平衡关系：

$$\begin{array}{c} \text{R}^2-\overset{\overset{\displaystyle O}{\|}}{C}-O-\overset{\displaystyle CH_2-O-\overset{\overset{\displaystyle O}{\|}}{C}-R^1}{\underset{\displaystyle CH_2-O-\overset{\displaystyle \|}{\underset{\displaystyle OH}{P}}-OCH_2CH_2N-(CH_3)_3}{CH}} \\ \text{（羟基游离式）} \end{array}$$

$$\xrightleftharpoons[+H_2O]{-H_2O}$$

$$\begin{array}{c} \text{R}^2-\overset{\overset{\displaystyle O}{\|}}{C}-O-\overset{\displaystyle CH_2-O-\overset{\overset{\displaystyle O}{\|}}{C}-R^1}{\underset{\displaystyle CH_2-O-\overset{\displaystyle \|}{\underset{\displaystyle O^-}{P}}-OCH_2N^+H-(CH_3)_3}{CH}} \\ \text{（两性离子式）} \end{array}$$

卵磷脂分子中酯化的脂肪酸分子在甘油第一碳位为饱和脂肪酸，第二碳位为不饱和脂肪酸。目前发现的有软脂酸、硬脂酸、油酸、亚油酸、亚麻酸和花生四烯酸等。所以卵磷脂是一类化合物的总称。

2. 脑磷脂(脂酰胆胺、氨基乙醇磷脂)

脑磷脂是从动物脑组织和神经组织中提取的磷脂，因而得名，它常与卵磷脂共存。

结构式为

$$\begin{array}{c} \text{R}^2-\overset{\overset{\displaystyle O}{\|}}{C}-O-\overset{\displaystyle CH_2-O-\overset{\overset{\displaystyle O}{\|}}{C}-R^1}{\underset{\displaystyle CH_2-O-\overset{\displaystyle \|}{\underset{\displaystyle OH}{P}}-OCH_2CH_2NH_2}{CH}} \end{array}$$

其中，$NH_2-CH_2-CH_2-$为胆胺(乙醇胺)残基。脑磷脂自然界中有 α 型和 β 型两种异构体，广泛存在于动植物组织与细菌中。

脑磷脂分子中的脂肪酸常见的有软脂酸、硬脂酸、油酸及少量花生四烯酸等。

脑磷脂不溶于丙酮及乙醇而溶于乙醚。

此外，还有磷脂酰丝氨酸(丝氨酸磷脂)，其结构如下。

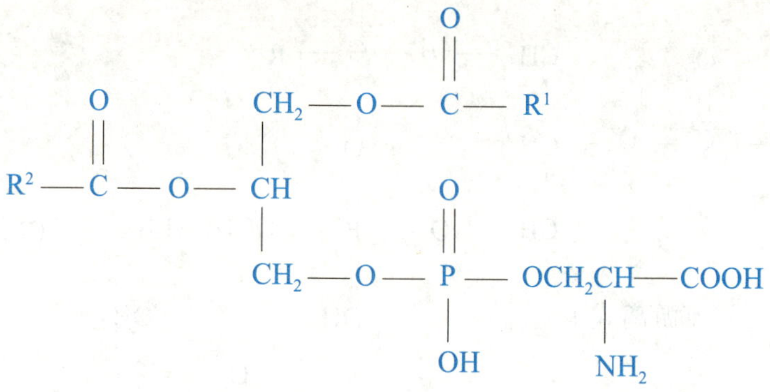

$$\begin{array}{c} \text{CH}_2\text{—O—CO—R}^1 \\ \text{R}^2\text{—CO—O—CH} \\ \text{CH}_2\text{—O—P(O)(OH)—OCH}_2\text{CH(NH}_2\text{)—COOH} \end{array}$$

3. 肌醇磷脂

肌醇磷脂存在于动植物组织与细菌脂质中，为环己六醇，磷脂酰连接在肌醇的 1 碳位羟基上。肌醇磷脂分子中酯化的脂肪酸有软脂酸、硬脂酸及花生四烯酸等，它在大豆油、棉籽油、玉米胚油和米糠油中含有，其结构式如下。

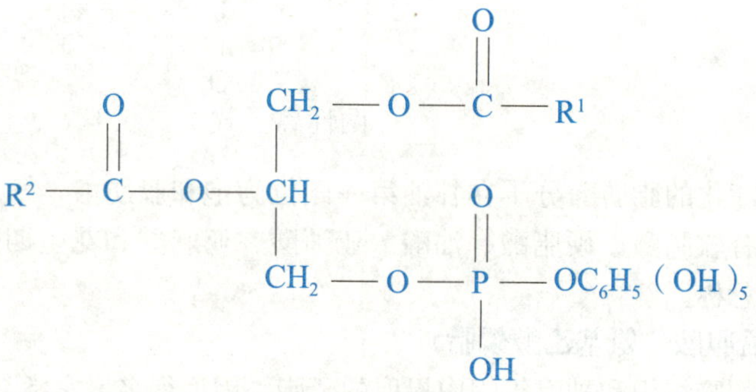

$$\begin{array}{c} \text{CH}_2\text{—O—CO—R}^1 \\ \text{R}^2\text{—CO—O—CH} \\ \text{CH}_2\text{—O—P(O)(OH)—OC}_6\text{H}_5(\text{OH})_5 \end{array}$$

(二)非甘油磷脂

鞘磷脂(神经鞘磷脂)是非甘油磷脂的代表。这类磷脂不含甘油，分子中只含有一个脂肪酸。鞘磷脂经水解可以得到磷酸、脂肪酸、鞘氨醇、二氢鞘氨醇和其他醇类。

鞘磷脂大多存在于动物油中，对神经系统发挥正常功能具有重要作用，被视为传递信息的"使者"。

(三)磷脂的性质

1. 状态

纯净的磷脂呈白色，与空气接触迅速氧化成黄色，稍久则呈褐色。一般的磷脂制品都有深浅不同的黄色。

2. 溶解性

磷脂分子中都含有长碳链脂肪酸基，具有亲油性。磷脂分子中还含有磷酰化物，是强亲水基团，具有亲水性，所以磷脂在水中又能以胶体状态存在。不同的磷脂在有机溶剂中的溶解度有差别(表 5-10)，因而可将不同的磷脂分离出来。

表 5-10　卵磷脂、脑磷脂溶解性质比较

种类	乙醚	乙醇	丙酮
卵磷脂	溶	溶	不溶
脑磷脂	溶	不溶	不溶

3. 胶体性及乳化性

磷脂分子中既含疏水基又含亲水基，故磷脂是一种很好的表面活性物质。磷脂的亲水性使其具有吸湿性，遇水膨胀成胶状，进而成为乳胶体。这时磷脂的亲水基团投入水中，疏水基留在水界面外并进行定向排列，在水的表面形成双分子层薄膜，磷脂的存在降低了油—水或水—油界面张力，使之形成油包水（W/O）型或水包油（O/W）型乳化液，这就是磷脂的乳化性。磷脂的这种作用叫作"乳化作用"，因此磷脂是一种常用的高效乳化剂和营养补给品。

4. 氧化性质

磷脂不耐热，在 100 ℃以上逐渐氧化变色直到分解，至 280 ℃时则会变成黑色沉淀物，称其为"加热试验"，常用此法定性检验油脂中磷脂的存在。

（四）油料种子中的磷脂

1. 磷脂在油料细胞中的存在状态

油料种子中的大部分磷脂存在于细胞原生质中。细胞内所有的膜包括细胞质膜、细胞核膜、细胞器隔膜称为"生物膜"，占原生质质量的 70%～80%，生物膜的化学成分都是由类脂物和蛋白质两部分组成，分别占 40% 和 60% 左右。构成生物膜的类脂物以磷脂和甾醇含量较多，在双膜层结构中，大部分的磷脂是甘油磷脂，也有一些鞘磷脂、固醇和糖。磷脂多与蛋白质结合而存在。

2. 油料种子和油脂中磷脂的含量

含磷脂最多的油料为大豆，其次是棉籽、菜籽和葵花籽等。其他一些种子中含磷脂较少。油料种子中主要含卵磷脂和脑磷脂，在个别油料（如大豆）中，肌醇磷脂的含量也较多。而神经磷脂和不含氮的磷脂（植酸钙、镁除外）在油料种子中含量很少甚至不存在。

3. 磷脂对油脂品质的影响

磷脂是生物体内一种重要成分，用油料制油时，磷脂会或多或少地随着油脂溶解于油中，磷脂在生理上有极重要的作用，对人体有很高的营养价值，且在医疗上起一定作用。从以上角度看，油脂中含有的磷脂理应保留。但因磷脂的吸水性和胶溶性，会把微生物、酶及其他杂质和水带入油脂，这些杂质的存在会使油脂加快水解，酸价升高，甚至导致油脂酸败。另外，磷脂分子在空气中的不稳定性，会使油脂不稳定，加快氧化，这对油脂安全储藏不利。为此油脂中的磷脂必须除去，这对含磷脂较多的大豆油和菜籽油尤为重要。

（五）磷脂的应用

磷脂的理化性质，特别是其乳化性质和高营养价值，决定了磷脂的广泛用途。磷脂是非常好的乳化剂、稳定剂和分散剂。常称磷脂是"天然乳化剂"。例如，卵磷脂能使 O/W 溶液、脑磷脂能使 W/O 溶液稳定。这些性质在食品、医药、化工等方面被广泛应用，并能强化诸多产

微课：磷脂

品的营养价值。

二、蜡

蜡在自然界分布很广，有动物蜡、植物蜡和矿物蜡。蜡是由高级脂肪酸和高级一元醇所组成的酯类。

(一) 蜡的种类

蜡按照其来源和组成可分为三大类。

(1) 动植物蜡。植物的叶、茎和果实的表皮，种子的皮层都覆盖着一层很薄的蜡，起保护作用，避免水分过快蒸发。动物的皮和甲壳、微生物细菌的外壳也有蜡层保护。它们分别是蜂蜡、虫蜡、棕榈蜡、糠蜡、甘蔗蜡、羊毛蜡（也称羊毛脂）、鲸头蜡等。这一类蜡的组成较复杂，大多以长碳链脂肪酸与长链一元醇所组成的酯为主要成分，还含有游离脂肪酸、游离醇和烃，如蜂蜡、虫蜡、巴西棕榈蜡、米糠蜡等。有的蜡还含有较多的甾醇、脂肪酸酯，如羊毛蜡等。

(2) 矿物蜡。地蜡、褐煤蜡、化石蜡属此类。它们的成分不尽一致。地蜡、褐煤蜡绝大多数是高级烃。化石蜡中高级一元醇和高级脂肪酸所组成的酯，还含部分高级脂肪酸、树脂、烃及少量沥青等。

(3) 石油蜡。石油精炼时自重油中提取出来的饱和高级烃称为石油蜡，常温下呈固态。

(二) 蜡的性质

1. 性状及熔点

大多数纯净的动植物蜡在常温下呈结晶状固态，可切割，有滑腻感，有光泽，相对密度小于1；熔点不高（100℃以下），加热易熔。根据蜡的熔点比油脂熔点高的性质，可利用冷冻法除去油脂中的蜡。

2. 溶解性

蜡不溶于水，溶于脂肪溶剂，且溶解度随温度升高而增大，难溶于丙酮，不溶于丁酮。故在制油时，种子中的蜡质常转移到油脂中，油脂中含蜡量的检验可用丁酮不溶物来表示。

3. 稳定性和水解作用

蜡的组成大多是饱和长链一元醇与饱和长链脂肪酸所组成的酯。所以蜡的性质十分稳定，不易氧化，不易水解，在酸性溶液中不水解，在碱性溶液中缓慢水解，比油脂水解困难得多。

(三) 蜡的应用

植物毛油中蜡的含量为0.1%以下，玉米胚油、葵花籽油及芝麻油中略多一些，毛糠油含蜡最多，通常为2%~4%，米糠蜡是米糠油工业副产品仅次于脂肪酸的一种大宗产品。我国年产米糠油数万吨，可生产米糠蜡千吨以上。糠蜡影响油脂的透明度；生产氢化油和太古油时，影响触媒的效率和太古油的透明度；用于制皂则影响操作和肥皂质量。故蜡的存在对油脂来说，是弊大于利。利者，做煎炸油时可隔绝空气而保护油脂，推迟变质过程。

三、固醇

固醇是一类高分子不饱和环状一元醇。因为它们在常温下是固体,所以称为固醇。其在有机化学中属于甾族,故又称甾醇。这类化合物都是以环戊烷多氢菲为骨架的物质,其结构通式如下。

固醇不溶于水,易溶于有机溶剂乙醚、氯仿、苯及热酒精等。大豆榨油时,固醇一同榨出。皂化时,固醇成为不皂化物。植物油精炼后,大部分固醇沉淀在残留物中。

固醇分布于动植物体中,其中动物固醇以胆固醇为代表,植物固醇以麦角固醇为代表。

(一)胆固醇

胆固醇又称胆甾醇,广泛分布于动物的组织中,在脑和神经组织中含量较高。在食品中以卵黄含量最多,肥肉、乳类中含量也较多。

胆固醇在生物体内具有重要的生理作用。它是生物细胞膜的组成成分,可以合成固醇类激素等物质,它还参与脂肪的消化吸收过程。胆固醇作为胆汁的组成成分,经胆道排入肠腔,帮助脂类的消化和吸收。

胆固醇极易结晶,人体中胆固醇含量过高时,会沉积在血管壁上引起动脉硬化、心血管疾病等。存在于动物表皮组织中的 7—脱氢胆固醇与胆固醇结构相似,经紫外线照射后可转化为维生素 D_3,故称 7—脱氢胆固醇为维生素 D_3 原。

(二)麦角固醇

麦角固醇存在于酵母和麦角菌中,最初从麦角(麦及谷类患麦角菌病而产生)中分离而得名。酵母菌、长了麦角的黑麦和小麦中都含有麦角固醇。麦角固醇经紫外线照射后可转化为维生素 D_2。

工业上常用酵母菌提取麦角固醇,再由麦角固醇制取维生素 D_2。干酵母中含甾类化合物和固醇为 1.7%,粮食种子中含量不多,例如,小麦中含量为 0.03%~0.07%,玉米中含量为 1%~3%。

除麦角固醇外,还有豆固醇和谷甾醇,它们分别存在于豆类和谷类的油脂中。油脚中提炼出的固醇主要有豆固醇、β-谷甾醇,是制药工业制造性激素的原料。

四、色素

油脂中的色素主要为叶绿素和类胡萝卜素。

1. 叶绿素

叶绿素主要是叶绿素 a(蓝绿色)和叶绿素 b(黄绿色)。叶绿素不溶于水,但能在水中膨胀并产生胶体溶液。叶绿素能溶解于乙醇、乙醚、石油醚等脂肪溶剂；叶绿素在碱性溶液中稳定，在酸性溶液中极不稳定，因此，米糠油在碱炼后常有绿色加深的现象。氧化大豆油比大豆毛油带有更深的绿色，是由于油中所含的具有掩盖蓝绿色作用的红色和黄色色素很容易被破坏而减少，而叶绿素仅被部分脱除而显出了绿色的缘故。

2. 类胡萝卜素

类胡萝卜素是在动物和植物中广泛分布的脂类化合物。

类胡萝卜素可分为胡萝卜素（烃类）和叶黄素（醇类）。胡萝卜素的分子式是 $C_{40}H_{56}$，它有3个同分异构体 α-、β-和 γ-胡萝卜素。在植物组织中的胡萝卜素主要是橙黄色的 β-胡萝卜素，并伴有不定量的 α-胡萝卜素。叶黄素分子式为 $C_{40}H_{56}O_2$，在自然界中比胡萝卜素丰富，花生油的类胡萝卜素主要是 β-胡萝卜素和叶黄素。这些色素特别是 β-胡萝卜素会随着花生的成熟程度提高而减少。

类胡萝卜素室温时为固体，熔点一般为 100～200 ℃，不溶于水而溶于油脂及脂肪溶剂；其分子结构的特点是所有双键都是反式且含大量的共轭双键，化学活性较大，稳定性较差，容易被氧化而双键断裂。其对热和氧不稳定，高温下氧化破坏作用更大，会使油色变浅。

知识拓展

> 植物油的过度加工主要表现在精炼过程，精炼是一个去除毛油中有害杂质的过程，同时也会导致植物甾醇、维生素 E、多酚、角鲨烯和类胡萝卜素等营养成分流失。根据国家标准，植物油按精炼程度从高到低分为一级、二级、三级。等级越高，营养损失一般也越大。

单元六　粮食中的脂肪

学习目标

知识目标：了解粮食中的脂肪分布，熟悉粮食中脂肪的组成特点，掌握粮食中脂肪的营养成分。

技能目标：能分析粮食中脂肪的分布情况，能根据粮食中脂肪的成分选择合适的油脂。

素养目标：辩证地看待油脂使用，讲究适度原则，培养逻辑思维、理论联系实际的能力，为人民群众"舌尖上的安全"保驾护航。

单元导入

谷雨取自"雨生百谷"之意，中国古代将谷雨分为三候："一候萍始生；二候鸣鸠拂其羽；三候戴胜降于桑"，是指谷雨后降雨量增多，浮萍开始生长，接着布谷鸟便开始提醒人们播种了，然后是桑树上开始见到戴胜鸟。

谷雨与雨水、小满、小雪、大雪等节气一样，都是反映降水现象的节气，是古代农耕文化对于节令的反映。谷雨是春季的最后一个节气，这时田中的秧苗初插、作物新种，最需要雨水的滋润，所以说"春雨贵如油"。

基础认识

一、小麦中的脂质

脂质是小麦中的微量成分，占籽粒质量的3%～4%；其中，25%～30%在胚中，22%～33%在糊粉层中，4%在外果皮中，其余的40%～50%在淀粉性胚乳组分中。在糊粉层和胚中，70%的脂质是由中性脂质组成的(主要是三酰甘油)。在淀粉胚乳中，大约67%的胚乳脂质是淀粉脂质，即极性脂质(磷脂和糖脂)；33%是淀粉粒以外的籽粒各部分中的脂质，称为非淀粉脂质。小麦中脂质的脂肪酸成分随品种和栽培条件不同而存在一些差异。

小麦粉中的淀粉脂质主要由单酰脂质、溶血磷脂酰胆碱和游离脂肪酸组成，它们可与直链淀粉形成复合物。一般通过水-丁醇使淀粉膨胀或冷冻干燥等方法，淀粉粒产生缝隙，结构破坏，使脂质分子溶出。小麦粉中的非淀粉脂一般用极性溶剂提取。小麦粉中各种非极性脂以不同比例存在。其中，游离脂质占0.8%～1%，结合脂质占0.6%～1%，两者组成差别很大，游离脂质中约67%是非极性，结合脂质中约67%是极性的。极性脂质是糖脂和磷脂的复合物，游离极性脂质中糖脂比磷脂多，而结合极性脂质中磷脂较多。

小麦胚芽油富含多不饱和脂肪酸。其中，最主要的脂肪酸是18∶2(亚麻酸)，占总量的60%。饱和脂肪酸中大多数是16∶0(软脂酸)，而18∶0(硬脂酸)的含量低于2%。脂肪酸组成见表5-11。高含量的多不饱和脂肪酸对人体非常有益，但是高含量的亚麻酸使油脂更容易氧化酸败。小麦胚芽油中主要的三酰甘油是1-棕榈酸-2,3-甘油二亚油酸酯(29%)、甘油三亚油酸酯(16%)、1-棕榈酸-2-亚油酸-3-三油酸甘油酯(12%)。

表5-11　小麦胚芽油的脂肪酸组成　　　　　　　　　　　　　　　　　　　%

脂质类型	脂肪酸组成			
	16∶0	18∶0	18∶1	18∶2
实验室提取小麦胚芽油	16.5	0.5	15.5	58.1
	17.4	0.9	12.3	58.0
	17.5	0.6	12.3	58.7
	17.5	0.5	13.8	59.3
商业小麦胚芽油	12.3	2.0	19.3	61.2
	13.7	1.5	21.8	57.9
	15.5	1.3	22.2	57.3
	21.0	1.0	18.8	52.2
	7.1	4.1	22.7	66.1

二、稻米中的脂质

稻米中脂质含量及组成受稻谷成熟期温度、加工精度、提取方法等因素的影响。脂质在稻米籽粒中的分布是不均匀的,胚中含量最高,其次是种皮和糊粉层,胚乳中含量极少。糙米中脂质含量一般为1%~4%,其脂类组成大致为游离脂类2.14%~2.61%、结合脂类0.21%~0.27%、牢固结合的脂类0.24%~0.32%、脂类总量0.86%~3.1%。

据测定,胚乳蛋白体含有胚乳中脂类总量的80%及蛋白质总量的76%。从白米外层分离得到的蛋白体中含有50%的脂质,而从米糠分离蛋白体仅含有14%的脂质。糙米中的非极性脂类比其他脂肪含量少的谷物(如大麦、小米及小麦)中多,但糖脂和磷脂较少。

去除表皮层、胚和部分糊粉层后的大米脂质含量一般为0.2%~2%。稻米的脂肪酸组成主要有亚油酸(18:2,21%~36%)、油酸(18:1,32%~46%)、棕榈酸(16:0,23%~28%),还有少量的肉豆蔻酸(14:0,0.5%~0.8%)、硬脂酸(18:0,1.4%~2.4%)、棕榈油酸(16:1,0.4%~0.7%)、亚麻酸(18:3,0.4%~1.3%),以及微量的月桂酸(12:0)、花生酸(20:0)、花生四烯酸(20:4)等。

米糠中脂质含量为13%~22%,米胚中的脂质含量在30%以上。米糠和米胚油脂中不饱和脂肪酸与饱和脂肪酸含量比例约为80:20。米糠油富含亚油酸、亚麻酸等必需脂肪酸,是潜在的功能性脂质。此外,米糠油中类脂物(脂质衍生物、甾醇和胡萝卜素等)种类多,并且含量很高。谷维素是脂质醇与阿魏酸结合成酯的混合物,具有抗高血脂、抗氧化和调节肠胃神经等功能。米糠皮层中谷维素含量为0.3%~0.5%,米糠毛油中含量为1.8%~3.0%,稻谷品种、种植条件和加工方式对其含量有一定的影响。在米糠谷维素中,环木菠萝醇类阿魏酸酯的含量为75%~80%,甾醇类阿魏酸酯含量为15%~20%。米糠油中含有3%~5%的糠蜡,以C_{22}和C_{24}的饱和脂肪酸与C_{28}、C_{30}、C_{34}、C_{36}的饱和脂肪醇的酯为主,其中高级脂肪醇占55%左右。纯的糠蜡为白色或淡黄色固体,无黏度但有一定的硬度,可在碱性介质中水解。米糠油中含有一定量的生育酚和生育三烯酚,其中生育三烯酚特别是γ-生育三烯酚含量在谷物中含量非常高。米糠油中不皂化物中烃类物质含量为5%~10%,其中角鲨烯含量占50%~60%,较其他谷物高。角鲨烯是生物体代谢不可缺少的物质,具有降血脂、降胆固醇等生理功能。米糠油不皂化物中甾醇含量约为80%,其甾醇中β-谷甾醇占55%~63%。米糠油被称为"油中真黄金",与玉米胚芽油、橄榄油同为世界卫生组织(WHO)推荐的三大健康食用油。

三、玉米中的脂质

玉米脂质含量为0.4%~17%,约85%存在于胚乳中。玉米胚中脂质含量约占45%,脂质组成由72%的液体脂质和28%的固体脂质组成。有研究发现,玉米中有4.2%~4.4%的游离脂类和0.3%~0.9%的结合脂类。其组成为游离脂类4.59%~5.55%、结合脂类0.29%~0.39%、牢固结合的脂类0.13%~0.45%。完整籽粒和胚芽中脂类的组成成分相似,但胚乳中脂类的饱和程度稍高。胚乳的脂肪酸组成与所用的抽提溶剂有关,但胚的脂肪酸组成受溶剂影响极小。玉米油中酰基甘油由85%左右的不饱和脂肪酸组成,并含有丰富的亚油酸和花生四烯酸。玉米油中还含有1.1%~3.2%的磷脂及2%~2.5%的不皂化物(维生素E、角鲨烯和甾醇等)。

四、大豆油

大豆油是世界上消费最多的油,常作为油炸制品用油,以及人造油脂的原料。其脂肪酸组成中,不饱和脂肪酸占80%以上。其特征为有8.3%的高度不饱和脂肪酸(亚麻酸),所以有一种腥味,为此常通过少量氢化处理制成与棉籽油成分相近的产品。

从营养价值看,大豆油中含棕榈酸7%~10%,硬脂酸2%~5%,花生酸1%~3%,油酸22%~30%,亚油酸50%~60%,亚麻酸5%~9%。大豆油的脂肪酸构成较好,它含有丰富的亚油酸,有显著降低血清胆固醇含量、预防心血管疾病的功效。大豆中还含有大量的维生素E、维生素D,以及丰富的卵磷脂,对人体健康均非常有益。另外,大豆油的人体消化吸收率高达85%,所以大豆油也是一种营养价值很高的优良食用油。

油脂是焙烤食品的主料之一,有的糕点用油量高达50%。焙烤食品中常用的油脂有植物油、动物油和氢化油,而大豆油是焙烤食品中较常用的植物油之一。另外,大豆油也是生产氢化油的原料之一,而氢化油因其具有优于一般油脂的可塑性、乳化性、起酥性和稠度,成为焙烤食品的理想原料。

五、棕榈油

棕榈油是从油棕树上的棕果中榨取出来的。果肉压榨出的油称为棕榈油,而果仁压榨出的油称为棕榈仁油,两种油的成分大不相同。棕榈油主要含有棕榈酸(C_{16})和油酸(C_{18})两种最普通的脂肪酸,棕榈油的饱和程度约为50%;棕榈仁油主要含有月桂酸(C_{12}),饱和程度达80%以上。

棕榈油的脂肪酸组成中,不饱和脂肪酸为50%~60%,比其他植物油少;而且不饱和脂肪酸中油酸较多,饱和脂肪酸中软脂酸(棕榈酸)较多。棕榈油熔点为30~40℃,常温下为固体植物脂。

微课:粮食中的脂肪

棕榈油如果在半熔融状态下静置一段时间,下层形成固体脂,上层成为液体油。上层的油可分离出来作为油炸油使用,下层稍微软的固体可作起酥油用,更硬一些的可作为硬奶油,常用来代替可可脂,是做巧克力的原料。另外,经适当加工处理,棕榈油可以加工出人造奶油和起酥油。

知识拓展

> 科学均衡饮食才能提高免疫力。碳水化合物是最直接的能源物质,也是体力活动后优先代谢的营养素。蛋白质是人体免疫力的重要基石,可以与碳水化合物协同作用,促进训练后机体的修复。脂肪是机体重要的储能供能物质。油脂含有卵磷脂和不饱和脂肪酸,卵磷脂可以增强脑细胞活性;不饱和脂肪酸可以降低胆固醇,促进血液循环,保护机体脏器。维生素及矿物质是机体新陈代谢和生长发育所必需的营养素。维生素具有促进细胞生长发育和组织修复的作用。合理补充营养能够有效增强机体机能,提高免疫力。

模 块 小 结

1. 脂是由脂肪酸和醇结合形成的酯及其衍生物,由碳、氢、氧三元素所构成,化学上由一分子甘油和三分子脂肪酸结合而成，可按照物理状态、化学结构、来源、不饱和程度进行分类。

2. 脂肪酸是天然油脂加水分解生成的脂肪族羧酸化合物的总称，属于脂肪族的一元羧酸，命名方法有习惯命名法、普通命名法、系统命名法、速记命名法四种。

3. 饱和脂肪酸主要是长链（碳数>14）、直链、具有偶数碳原子的脂肪酸，典型代表是软脂酸和硬脂酸；不饱和脂肪酸是具一个、两个及以上双键的脂肪酸，典型代表是油酸、亚油酸、亚麻酸。

4. 天然油脂中的甘油酯大部分是混合甘油酯，其组成中95%以上为甘三酯，还有含量极少而成分又非常复杂的成分，包括甘二酯、甘一酯、脂肪酸、磷脂、色素、甾醇、三萜醇、脂溶性维生素等。

5. 动植物油脂的差异表现在脂肪酸种类的差异、脂肪酸的不饱和程度和双键位置的差异、动植物油脂性状的差异、动植物油脂的固醇区别四个方面。

6. 油脂和脂肪酸的物理性质主要包括色泽、气味和滋味、烟点、闪点及燃点、熔点和沸点、折光指数、相对密度、溶解度等方面。

7. 油脂和脂肪酸的化学性质主要包括水解反应和皂化反应、氢化反应和卤化反应、氧化反应等。水解反应的多少以酸价表示，皂化反应以皂化值衡量，氢化反应和卤化反应以碘值衡量，从加碘的多少衡量脂肪或脂肪酸的不饱和程度，油脂自动氧化的程度可用产生过氧化值来衡量。

8. 能使互不相溶的两相中的一相分散于另一相中的物质称为乳化剂，乳浊液包括油包水型[水在油中（水/油）]和水包油型[油在水中（油/水）]两种类型。

9. 油脂酸败是一个复杂的变化过程，根据其引起酸败的原因和机制，可分为油脂的自动氧化酸败、水解型酸败和β-型氧化酸败三种类型。

10. 油脂自动氧化可分为两个阶段：第一阶段，连接脂肪双键的亚甲基的氢为游离基所取代，由此加入氧分子而生成氢过氧化物；第二阶段，氢过氧化物分解。第一阶段氢过氧化物的生成可分为三个时期：引发期、传播期和终止期。

11. 影响油脂酸败的因素主要有温度、光线（或放射线）、氧气、催化剂（主要是金属离子），以及油脂中脂肪酸的类型等。

12. 把干性油脂涂成薄层暴露在空气中便逐渐黏稠，随后成为坚韧的膜，这种现象称为"油脂的干燥"。油脂干燥成膜的条件：聚合反应不能中断、分子中的官能度要在6个以上。影响油脂干燥的因素主要是温度、光线、水分、催化剂，以及油脂与空气接触的面积等。

13. 磷脂结构比较复杂，由醇类、脂肪酸、磷脂和一个含氮化合物（含氮碱）所组成。按组成中醇基部分的种类可分为甘油磷脂和非甘油磷脂两类。甘油磷脂主要为卵磷脂、脑磷脂、肌醇磷脂。鞘磷脂（神经鞘磷脂）是非甘油磷脂的代表。

14. 磷脂具有胶体性及乳化性。磷脂不耐热，在100℃以上逐渐氧化变色直到分解，至280℃时则会变成黑色沉淀物，称其为"加热试验"，常用此法定性检验油脂中磷脂的存在。

15. 蜡在自然界分布很广，有动物蜡、植物蜡和矿物蜡，是由高级脂肪酸和高级一元醇所组成的酯类。固醇是一类高分子不饱和环状一元醇，分布于动植物体中，其中动物固醇以胆固醇为代表，植物固醇以麦角固醇为代表。油脂中的色素主要为叶绿素和类胡萝卜素。

16. 脂质是小麦中的微量成分，占籽粒质量的3%～4%。糙米中脂质含量一般为1%～4%。玉米脂质含量为0.4%～17%，约85%存在于胚乳中。大豆油脂肪酸组成中，棕榈酸7%～10%、硬脂酸2%～5%、花生酸1%～3%、油酸22%～30%、亚油酸50%～60%、亚麻酸5%～9%。棕榈油主要含有棕榈酸和油酸两种，棕榈油的饱和程度约为50%；棕榈仁油主要含有月桂酸，饱和程度达80%以上。

练习与思考

一、单项选择题（选择一个正确的答案，将相应的字母填入题内的括号）

1. 天然脂肪中主要以（　　）甘油形式存在。
   A. 一酰基　　B. 二酰基　　C. 三酰基　　D. 一羧基
2. 在油的储藏中，最好选用（　　）质地的容器。
   A. 塑料瓶　　B. 玻璃瓶　　C 铁罐　　D. 不锈钢
3. 下列物质中由二十碳原子组成的不饱和脂肪酸是（　　）。
   A. 油酸　　B. 亚油酸　　C. 亚麻酸　　D. 花生四烯酸
4. 下列磷脂中不属于甘油磷脂的是（　　）。
   A. 神经鞘磷脂　　B. 卵磷脂　　C. 脑磷脂　　D. 肌醇磷脂
5. 下列脂肪酸中，必需脂肪酸是（　　）。
   A. 亚油酸　　B. 棕榈酸　　C. 油酸　　D. 草酸
6. 天然脂肪酸的结构大多数是（　　）。
   A. 偶碳直链　　B. 偶碳支链　　C. 奇碳直链　　D. 奇碳支链
7. （　　）是指在一定的条件下油脂经加热至逸出分解物，首先觉察到发烟时的温度。
   A. 烟点　　B. 燃点　　C. 闪点　　D. 沸点
8. 酸值是指中和（　　）g油脂中游离脂肪酸所需氢氧化钾的毫克数，用mg/g表示。
   A. 1　　B. 10　　C. 100　　D. 1 000
9. 通常用（　　）反映油脂的不饱和程度。
   A. 酸值　　B. 过氧化值　　C. 皂化值　　D. 碘值
10. 纯净的磷脂呈（　　）。
    A. 白色　　B. 黄色　　C. 无色　　D. 灰色

二、多项选择题（选择正确的答案，将相应的字母填入题内的括号）

1. 下列属于不饱和脂肪酸的是（　　）。
   A. 油酸　　B. 亚油酸　　C. 亚麻酸　　D. 软脂酸
2. 下面关于脂肪酸的说法正确的是（　　）。
   A. 脂肪酸的熔点随碳链的增长而增高
   B. 脂肪酸的沸点随碳链的增长而增高
   C. 双键多的脂肪酸熔点高
   D. 饱和程度不同但碳链长度相同的脂肪酸沸点相近

3. 脂肪水解生成的产物是（   ）。
   A. 甘油　　　　B. 氨基酸　　　　C. 脂肪酸　　　　D. 果糖
4. 影响油脂自动氧化的因素有（   ）。
   A. 受热　　　　B. 水分活度　　　C. 重金属离子　　D. 阳光
5. 下列脂肪酸属于必需脂肪酸的是（   ）。
   A. 亚油酸　　　B. 亚麻酸　　　　C. 肉豆蔻酸　　　D. 花生四烯酸
6. 关于酸价的说法，正确的是（   ）。
   A. 酸价反映了游离脂肪酸的高低
   B. 新鲜油脂的酸价较小
   C. 我国规定食用植物油的酸价不能超过 6
   D. 酸价越大，油脂质量越好
7. 不饱和脂肪酸中多烯酸主要代表物是（   ）。
   A. 18：2 和 18：3，22：4　　　　B. 18：2 和 22：4
   C. 16：1 和 18：2　　　　　　　　D. 16：0 和 18：0
8. 下列脂肪酸中，属于饱和脂肪酸的是（   ）。
   A. 亚油酸　　　B. 硬脂酸　　　　C. 软脂酸　　　　D. 亚麻酸
9. 大豆油中含有下列哪些脂肪酸？（   ）
   A. 棕榈酸　　　B. 花生酸　　　　C. 油酸　　　　　D. 亚油酸
10. 常见的类脂物有（   ）。
    A. 磷脂　　　　B. 固醇　　　　　C. 蜡　　　　　　D. 脂溶性色素

三、判断题（将判断结果填入括号，正确的填"√"，错误的填"×"）

1. 脂肪的营养价值仅在于它可以提供热量，因此可用蛋白质代替。（   ）
2. 不同的油脂由于脂肪酸组成不同，因而在相同的光线、波长、湿度等条件下具有不同的折光指数。（   ）
3. 当油脂无异味时，说明油脂尚未被氧化。（   ）
4. 当油脂酸败严重时，可加入大量的抗氧化剂使情况逆转。（   ）
5. 过氧化值是衡量油脂氧化程度的指标。（   ）
6. 酸值是衡量油脂水解程度的指标。（   ）
7. 纯净的磷脂呈白色，与空气接触迅速氧化成黄色，稍久则呈褐色。（   ）
8. 磷脂分子中既含疏水基又含亲水基（既亲水又亲油），故磷脂是一种很好的表面活性物质。（   ）
9. 胆固醇在生物体内具有重要的生理作用。它是生物细胞膜的组成成分，而且也是合成固醇类激素等许多具有重要生理功能的物质，还参与脂肪的消化吸收过程。（   ）
10. 油脂的干燥速度与温度、光线、水分、催化剂，以及油脂与空气接触的面积等有关。（   ）

四、思考题

1. 油脂中因含有不饱和脂肪酸，极易发生酸败变质，日常生活中应如何保存油脂？
2. 简述油脂精炼程度与油脂营养的关系。

模块六　粮食中的酶类

模块概述

酶是一类由生物细胞产生的具有催化活性和高度专一性的特殊物质。生物体的新陈代谢多数都需要酶的催化，酶在粮食、食品科学中有着广泛的应用，因此研究学习粮食中的酶类对粮食储藏和加工具有重要意义。

需求分析

酶在粮食、食品中有着显著的作用，不仅直接影响粮食、食品的质量，而且可以通过环境因素的改变，改善食品的质量，增强粮食、食品贮藏的稳定性。利用酶的作用特点，调控影响酶促反应的环境因素，对于食品加工和贮藏工作都是十分有利的。因此，酶在延缓粮食陈化，提高食品质量，增强企业活力，提高经济效益方面具有广阔的前景。

重难点分析

(1)通过学习和观察，探究酶的化学本质。
(2)通过学习和研究，掌握酶的催化特点。

单元一　概述

学习目标

知识目标：了解酶的概念和化学本质，熟悉酶的功能作用，掌握酶的催化特点。
技能目标：能了解酶的化学本质和催化特点。
素质目标：阅读分析"关于酶本质的探索"的资料，认同科学是在不断探索和争论中前进的。

📖 单元导入

酶的系统研究起始于19世纪中叶对发酵本质的研究,路易斯·巴斯德提出,发酵离不了酵母细胞;1836年,科学家施旺在胃液中提取了消化蛋白质的物质,揭开了胃的消化之谜;1878年,威尔海姆·库奈首先引入酶的概念;1926—1930年詹姆斯·萨姆纳与约翰·诺尔瑟普分别将脲酶和胃蛋白酶进行结晶,提出酶的本质是蛋白质;20世纪30年代,许多科学家提取出多种酶的蛋白质结晶,证明酶是一类具有生物催化作用的蛋白质;1982年,托马斯·塞克发现少数RNA也具有生物催化作用,塞克将其命名为核酶,核酶的发现改变了生物体内所有的酶都是蛋白质的传统观念。还有报道发现免疫球蛋白在易变区有酶的属性,称"催化性抗体",又称抗体酶。由此可见,酶的概念在不断演变,将来生物催化剂除蛋白质、核酸外,还可能有其他形形色色的催化剂。

📄 基础认识

一、酶的概念

酶(Enzyme)是由活细胞产生的、对其底物具有高度专一性和高度催化效率的蛋白质或核酸。酶是生物催化剂,能通过降低反应的活化能加快反应速度,但不改变反应的平衡点。绝大多数酶的化学本质是蛋白质,具有催化效率高、专一性强、作用条件温和等特点。

二、酶的化学本质

多数酶的化学本质是蛋白质,因此,酶具有蛋白质的一些性质,如①变性、复性;②两性电解质;③不能通过半透膜;④具有蛋白质所有的化学呈色反响;⑤具有一定的空间结构。

按照酶的化学组成。酶可分为单纯酶和结合酶两类。单纯酶分子是水解后仅有氨基酸组分的酶。结合酶分子则由蛋白质部分和非蛋白质部分共同组成,如金属离子、铁卟啉或含B族维生素的小分子有机物。结合酶的蛋白质部分称为酶蛋白(Apoenzyme),非蛋白质部分统称为辅助因子(Cofactor),两者一起组成全酶(Holoenzyme);只有全酶才有催化活性,如果两者分开则酶活力消失。非蛋白质部分(如铁卟啉或含B族维生素的化合物)若与酶蛋白以共价键相连的称为辅基(Prosthetic Group),用透析或超滤等方法不能使它们与酶蛋白分开;反之两者以非共价键相连的称为辅酶(Coenzyme),可用上述方法把两者分开。辅助因子有两大类:一类是金属离子,且常为辅基,起传递电子的作用;另一类是小分子有机化合物,主要参与传递氢原子、电子或某些化学基团或起运载体的作用。

三、酶的功能作用

酶是一类生物催化剂，它们参与生物的新陈代谢、营养和能量转换等许多过程，与生命活动关系密切的反应大多由酶催化发生。

酶的这些性质使细胞内错综复杂的物质代谢过程能有条不紊地进行，使物质代谢与正常的生理机能互相适应。若因遗传缺陷造成某个酶缺损，或其他原因造成酶的活性减弱，均可导致该酶催化的反应异常，使物质代谢紊乱，甚至发生疾病，因此，酶与医学的关系十分密切。

酶使人体所进食的食物得到消化和吸收，并且维持生命体的其他功能，包括细胞修复、消炎排毒、新陈代谢、提高免疫力、产生能量、促进血液循环。如米饭在口腔内咀嚼时，咀嚼时间越长，甜味越明显，是由于米饭中的淀粉在口腔分泌出的唾液淀粉酶的作用下，水解成麦芽糖。因此，吃饭时多咀嚼可以让食物与唾液充分混合，有利于消化。此外，人体内还有胃蛋白酶、胰蛋白酶等多种水解酶。人体从食物中摄取的蛋白质，必须在胃蛋白酶等作用下，水解成氨基酸，然后在其他酶的作用下，选择人体所需的 20 多种氨基酸，按照一定的顺序重新结合成人体所需的各种蛋白质。

四、酶的催化特点

(一)酶与一般催化剂的共同点

(1)在反应前后没有质和量的变化。
(2)只能催化热力学允许的化学反应。
(3)只能加速可逆反应的进程，而不改变反应的平衡点。

(二)酶制剂的特性

作为生物催化剂，酶制剂具有如下特性。

(1)催化效率高：谷物细胞中，大多数反应都需要酶的催化，而酶催化反应的反应速率比非催化反应高 $10^8 \sim 10^{20}$ 倍，比非生物无机催化剂高 $10^6 \sim 10^{13}$ 倍。

(2)专一性强：一般催化剂对底物没有严格的要求，能催化多种反应；而酶只催化某一类物质的一种反应，生成特定的产物。因此，酶的种类也是多种多样的。酶只催化某一类反应物发生特定的反应，产生一定的产物，这种特性称为酶的专一性。

(3)反应条件温和：谷物细胞中的大部分反应条件都相对稳定，因此，细胞中的酶促反应不需要高温高压及强酸强碱等剧烈条件，在常温常压下即可完成。

(4)酶的活性受多种因素调节：无机催化剂的催化能力通常是不变的，而酶的活性受到很多因素的影响，如底物和产物的浓度、pH 值及各种激素的浓度都对酶的活性有较大影响。细胞内还可通过变构、酶原活化、可逆磷酸化等方式改变酶的活性，从而对机体的代谢进行调节。

(5)稳定性差：大多数酶只能在常温、常压、近中性的条件下发挥作用。高温、高压、强酸、强碱、有机溶剂、重金属盐、超声波、剧烈搅拌，甚至泡沫的表面张力等都有可能使酶变性失活。但自然界中的酶是多种多样的，有些酶可以在极端条件下起作用。

微课：酶的认知

知识拓展

食品酶普遍存在于动物、植物及微生物中，可通过提取法或发酵法获得。食品酶如同魔术师一般创造着食品的色、形、味，提升食品的功能和品质。在众多的食品加工方式中，生物酶催化由于具有条件温和、高效专一、能源节省、环境友好等特点，被广泛地应用于当今食品加工各个环节中，如同"芯片"一般，虽然低调内敛但功能强大，在满足人们对健康食品多样化需求的同时，还具有数十倍甚至上百倍的下游市场放大效应，撬动着我国食品产业的绿色发展。因此，食品酶作为食品制造产业的"芯片"，可使食品变得越来越"酶"好，对于助力我国食品产业升级，实现食品产业高质量发展具有重要意义。

单元二　粮食中重要的酶

学习目标

知识目标：了解粮食中常见的几种酶，熟悉常见酶的性质和作用，掌握常见酶在粮食储藏、加工中的应用。

技能目标：能根据酶的催化特点，在粮食储藏、加工中展开应用。

素养目标：深刻领会"国以民为本，民以食为天"的含义，了解粮食的重要性，树立坚定的理想信念，养成良好的爱国精神和粮食安全意识。

单元导入

酶是一种中间催化介质，市场中流通的产品常是其形成的终端产品，消费者往往对其比较陌生。但事实上，食品酶早已悄悄走进千家万户的生活，默默地发挥着重要的作用，比如可以用于制作奶酪和酸奶的凝乳酶、增加肉鲜嫩程度的木瓜蛋白酶、提升面包口感的木聚糖酶、制备功能多肽的蛋白酶等。人们食用的纳豆中含有可溶解血栓和降低血黏度的纳豆激酶，可缓解乳糖不耐受症状的乳制品中含有的乳糖酶等。

基础认识

一、淀粉酶

淀粉酶（Amylase）又称为淀粉分解酶，广泛存在于动植物和微生物中，而存在于谷物中的淀粉酶经发芽后含量会有大幅度的提高。淀粉酶属于水解酶类，是能催化淀粉水解转化成葡萄糖、麦芽糖及其他低聚糖的一类酶的总称，它能催化淀粉、糖原和糊精中的糖苷键。

淀粉酶一般作用于可溶性淀粉、直链淀粉、糖原等α-1,4葡聚糖、水解α-1,4糖苷键,但淀粉酶很难对完整的淀粉粒发生酶解作用,而破碎淀粉粒对淀粉酶的作用比较敏感。

根据淀粉酶对淀粉作用方式的不同,淀粉酶可以分为α-淀粉酶,它从底物分子内部将糖苷键裂开;β-淀粉酶,它从底物非还原端将麦芽糖单位水解下来;葡萄糖淀粉酶,它从底物的非还原性末端将葡萄糖单位水解下来;脱支酶,它只对支链淀粉、糖原等分支点有专一性。

(一) α-淀粉酶

α-淀粉酶(α-1,4-葡聚糖-4-葡聚糖水解酶)又称液化酶。高等植物,如玉米、水稻、高粱、谷子等含有α-淀粉酶,发芽大麦中含有丰富的α-淀粉酶。谷物α-淀粉酶有多种同工酶,如从小麦芽α-淀粉酶中分离出5或6种同工酶,并且α-淀粉酶随着谷物发芽,酶含量与活力均有增加。α-淀粉酶以随机的方式水解淀粉分子内的α-1,4糖苷键,它作用的模式、性质和降解物因酶的来源不同而略有不同。

1. α-淀粉酶的性质

α-淀粉酶的相对分子质量为 15 600~139 300,其分子中的钙基往往是酶催化活性的必需基团。所有的α-淀粉酶都是金属酶,每个酶分子至少含有一个钙离子,钙离子不直接参与形成酶-底物络合物,但是它起着维持酶的构象的作用,从而使酶具有最高活力和最高的稳定性。如果将酶分子中的钙完全除去就会导致酶基本上失活和稳定性降低。许多添加剂,如钠、钾、巯基乙醇等也是α-淀粉酶的良好的稳定剂,而最常用的还是钙离子。分子中的巯基往往是酶催化活性的必需基团。

一般α-淀粉酶酶活力的最适 pH 为 4.5~7.0,在 pH=4 以下时容易失活。但不同来源的酶的最适 pH 值有所不同,高粱芽α-淀粉酶的最适 pH 值是 4.8,大麦芽α-淀粉酶的最适 pH 值是 4.8~5.4。不同来源的酶具有不同的热稳定性和最适温度,温度对酶的活性有很大的影响,纯化的α-淀粉酶在 50 ℃以上容易失活,但是在中性环境及有钙离子存在的情况下,具有一定的耐热性。在与钙结合的条件下,α-淀粉酶的热稳定性高于β-淀粉酶,这种高耐热性质在食品加工中(如烘焙面包)是很重要的。

2. α-淀粉酶的作用方式

α-淀粉酶以随机的方式水解淀粉分子内的α-1,4糖苷键,因为淀粉分子中间的α-1,4糖苷键要比位于分子末端的α-1,4糖苷键敏感,水解直链淀粉时,先切开淀粉分子中间部分的α-1,4糖苷键,使长链淀粉很快地分解成短链的糊精,糊精再继续水解,最后产物为α-麦芽糖和少量的葡萄糖。α-淀粉酶不能水解支链淀粉中的α-1,6糖苷键,也不能水解紧靠α-1,6糖苷键分支点的α-1,4糖苷键,但是能越过分支点,如切开内部的α-1,4糖苷键,因此在水解支链淀粉时,除了产生麦芽糖和葡萄糖,还产生异麦芽糖。α-淀粉酶不能水解麦芽糖,但可以水解含有3个或3个以上α-1,4糖苷键的低聚糖。因为它水解淀粉生成产物的还原性末端葡萄糖分子中的 C_1 为α-构型,所以称为α-淀粉酶。

α-淀粉酶水解直链淀粉分子时,反应可以分为两个阶段。第一阶段,α-淀粉酶将直链淀粉分子任意地迅速地水解成小分子糊精、麦芽糖和麦芽三糖等低聚糖,使淀粉液的黏度迅速下降,此现象称为液化或糊精化,故生产上又称α-淀粉酶为液化酶。在淀粉液化过程中,α-淀粉酶和碘液的呈色反应迅速地由蓝变紫,再变成红色,直至无色,该点称为消色点;第二阶段,缓慢地将第一阶段生成的低聚糖水解为葡萄糖和麦芽糖,第二阶段并不是随机作用的模式。α-淀粉酶水解直链淀粉的最终产物为麦芽六糖、麦芽三糖和麦芽糖。作用于支链淀粉时的最终产物除了葡萄糖和麦芽糖，还残留一系列具有 α-1，6 糖苷键的低聚糖，称为限制糊精（由四个或更多个葡萄糖基构成的低聚糖）。不同来源的 α-淀粉酶对分支点附近 α-1，4 糖苷键的作用有所不同，因此可得到结构不同的极限糊精。

（二）β-淀粉酶

β-淀粉酶（β-1，4-葡聚糖-4-麦芽糖水解酶）又称糖化酶。此酶存在于大多数谷物中，如大麦、小麦、甘薯、大豆和稻米等，目前已经做了大量的研究工作，并且已经得到了该酶的结晶。与 α-淀粉酶不同，β-淀粉酶存在于饱满的整粒谷物中，通常其含量并不随谷物发芽而急剧升高。近年来发现不少微生物中也有 β-淀粉酶存在，其对淀粉的作用方式与谷物中的 β-淀粉酶大体一致。

1. β-淀粉酶的性质

β-淀粉酶作用于淀粉分子时，从非还原末端逐个水解下来麦芽糖，不能快速地使淀粉分子变小，但是能够使其还原力直线上升，所以 β-淀粉酶又称为糖化酶。与碘液的呈色反应不如 α-淀粉酶的变化明显，只是由深蓝色变浅，不会变为紫红色和无色。

β-淀粉酶作用的最适 pH 值为 5.0～6.0，不同来源的 β-淀粉酶的稳定性不同，如大豆 β-淀粉酶比小麦和大麦的 β-淀粉酶稳定。

β-淀粉酶的相对分子质量一般高于 α-淀粉酶。β-淀粉酶的作用不需要无机化合物做辅助因素，酶蛋白中的巯基对 β-淀粉酶的活性是必需的。如果在酶液中加入血清白蛋白和还原型谷胱甘肽则可以防止酶失活。

钙离子对 β-淀粉酶有降低稳定性的作用，这与提高 α-淀粉酶稳定性的效果是相反的，可以利用这一差别使 β-淀粉酶失活，从而纯化 α-淀粉酶。

2. β-淀粉酶的作用方式

β-淀粉酶作用于淀粉时也是水解淀粉分子中的 α-1，4 糖苷键，但不同的是 α-淀粉酶是内切酶，而 β-淀粉酶是外切酶，水解支链淀粉、糖原及有些低聚糖的 α-1，4 糖苷键。它的分解作用是从淀粉分子的非还原末端开始，依次切下麦芽糖单位（2 个葡萄糖基），同时发生转位，产物的构型从 α-型转变成 β-型麦芽糖，因此称作 β-淀粉酶。该酶不能水解 α-1，6 糖苷键，也不能绕过支链淀粉的分支点继续作用，遇到分支点就停止作用，因此该酶对支链淀粉的作用是不完全的。

（三）葡萄糖淀粉酶

葡萄糖淀粉酶（α-1，4-葡聚糖-葡萄糖水解酶）是一种外切酶，它能将直链淀粉和支链淀粉分解成为葡萄糖。它作用于淀粉时，从非还原性末端开始以葡萄糖为单位逐个进行水解，将生成的葡萄糖分子的构型由 α-型转变成为 β-型。

葡萄糖淀粉酶的底物专一性很低，它不但能从淀粉分子的非还原末端切开 α-1，4 糖苷键，也能切开 α-1，6 糖苷键和 α-1，3 糖苷键，不过速度慢很多。理论上，葡萄糖淀粉酶可将淀粉 100％ 地水解成葡萄糖，事实上，不同来源的葡萄糖淀粉酶对淀粉的水解能力有所差别。该酶并不能使支链淀粉完全地降解，这可能与支链淀粉中的糖苷键排列方式有关，但当有 α-淀粉酶参加反应时，葡萄糖淀粉酶能够完全降解支链淀粉。

葡萄糖淀粉酶作用于淀粉时反应液的碘色反应消失得很慢，糊液黏度下降得也很慢，但是因为酶解产物葡萄糖的不断积累，淀粉糊液的还原能力上升很快。葡萄糖淀粉酶的催化速率与底物大小有关，一般底物分子越大，水解速率越快，但当相对分子质量超过麦芽五糖时，水解速率不会增加。

葡萄糖淀粉酶的相对分子质量在 69 000 左右。不同来源的葡萄糖淀粉酶在糖化的最适温度和 pH 值方面有差别。

葡萄糖淀粉酶的作用机制目前研究得不是很清楚，但它与 β-淀粉酶的某些方面类似。它是一种在工业上用途广泛的酶，目前主要用作淀粉的糖化剂，广泛用于葡萄糖工业、酿酒和乙醇工业及发酵工业，在改进食品加工技术、提高食品质量等方面有重要的作用。

(四)脱支酶

脱支酶(支链淀粉 α-1,6-葡聚糖水解酶)又称支切酶。在谷物，如大米、大麦、小麦和玉米中均发现有脱支酶的存在。该酶的作用是催化水解支链淀粉及其相关大分子化合物中的 α-1,6 糖苷键，故被命名为脱支酶。

脱支酶的活性需要金属离子。加入金属络合物 EDTA 进行反应，酶活性接近丧失。镁离子和钙离子对酶活性略有激活作用，汞离子、铜离子、铁离子和铝离子则对酶活性有着强烈抑制作用，此外，钙离子能够提高脱支酶的 pH 值稳定性和热稳定性。

脱支酶能专一性地切开支链淀粉分支点的 α-1,6 糖苷键，从而剪下整个侧支，形成长短不一的直链淀粉。支链淀粉溶液经脱支酶水解后，其碘色反应从红色变成蓝色。根据作用方式的不同，脱支酶可分为直接脱支酶和间接脱支酶；根据对底物特异性要求，直接脱支酶可分为支链淀粉酶和异淀粉酶。不同来源的脱支酶对于底物作用的专一性有所不同。

二、蛋白酶

蛋白酶是生物体内大量存在的具有重要生理功能的一类生物催化剂，是催化蛋白质肽键水解的一类酶，广泛存在于动植物和微生物中。蛋白酶催化的最普遍反应是在特定 pH 缓冲液中水解蛋白质的肽键，而且具有高度的区域选择性和主体选择性。

蛋白酶种类繁多，目前尚无统一的分类标准。以对底物蛋白质多肽链的作用方式可分为内肽酶和外肽酶，内肽酶作用于蛋白质多肽链内部的肽键，使蛋白质成为相对分子质量较小的多肽碎片；外肽酶作用于蛋白质或多肽链的氨基或羧基端的肽键，得到的水解产物是游离氨基酸，从氨基端水解肽链的为氨肽酶，从羧基端开始水解肽链的为羧肽酶。据来源可分为植物蛋白酶(如木瓜蛋白酶)、动物蛋白酶(如胃蛋白酶、胰蛋白酶和胰凝乳蛋白酶)和微生物蛋白酶。蛋白酶据酶作用的最适 pH 值可分为中性蛋白酶(最适 pH 值为 6.0～8.0)、碱性蛋白酶(最适 pH 值为 9.0～11.0)和酸性蛋白酶(最适 pH 值为 1.0～3.0) 4 类；据酶活性中心的化学性质可分为丝氨酸蛋白酶、巯基蛋白酶、金属蛋白酶、天冬氨酸蛋白酶 4 类。据酶活性中心的化学性质分类是目前比较流行的分类法，不过该方法仍然不是很完善。除此以外，还可根据被水解的底物来分类，例如，胶原蛋白酶和弹性蛋白酶等。

蛋白酶大量存在于动物性食物中，在谷物和蔬菜中含量相对较少。谷物中，如小麦、大麦等含有少量的蛋白酶类，如在小麦籽粒中蛋白酶主要位于胚及糊粉层内，酶活性很高，而胚乳中酶活性很低。谷物中的蛋白酶与木瓜蛋白酶类似，属于内肽酶，在发芽时蛋白酶活力有所增加，随着发芽程度的加深，水解蛋白酶含量也会随之非线性增加。在萌发对谷物(小麦、玉米、小米、高粱、大豆等)种子蛋白质的影响的研究中发现，随着种子发芽时间的延长，蛋白质含量呈下降趋势，这主要是由于蛋白酶的激活，蛋白酶的含量与活力的增加。在蛋白酶的作用下，储藏蛋白被分解成供胚发育的氨基酸，从而使游离氨基酸增加，再将氨基酸运转到胚的生长部分，然后以各种不同的方式重新结合起来，形成各种性质的蛋白质。

三、β-葡聚糖酶

1. β-葡聚糖酶的组成

β-葡聚糖酶(β-Glucanase)品种较多，能产生 β-葡聚糖酶的植物主要为大麦、燕麦、小麦和稻谷等谷类作物。β-葡聚糖酶是一酶系家族，包括 1，3-1，4-β-葡聚糖酶、1，3-β-葡聚糖酶、1，2-1，4-β 葡聚糖酶、1，4-β-葡聚糖酶和 1，3-1，6-β-葡聚糖酶，均属于半纤维素酶类。广义而言，β-葡聚糖酶包括了一切能分解 β 糖苷键连成的葡萄糖聚合物的酶系。

按作用方式不同，β-葡聚糖酶可分为内切和外切两类。β-葡聚糖酶对 β-葡聚糖具有重要的水解作用，能使其降解为低相对分子质量片段。内切酶主要随机地将 β-葡聚糖的长链切割成几条短链，它可以明显降低 β-葡聚糖的黏度；而外切酶是从非还原末端开始作用，将葡聚糖切割成单个葡萄糖，对 β-葡聚糖的黏度影响较小。

2. β-葡聚糖酶的作用

β-葡聚糖酶在植物中分布广泛，而且以多种类型存在。β-葡聚糖酶是重要的水解酶，在植物发育中起着重要的作用，涉及方面包括谷类发芽、胚轴和胚芽鞘发育、韧皮部运输和胼胝质的运输、细胞壁的生物合成、植物衰老，以及种子后成熟、植物防卫反应等。能产生 β-葡聚糖酶的植物主要为大麦、燕麦、小麦和稻谷等谷类作物。在籽粒发芽过程中，主要由糊粉层和盾片分泌 β-葡聚糖酶来分解胚乳细胞壁中的 β-葡聚糖，解除其对胚乳中其他营养物质分解的抗性，保证种子的正常发芽。不同类型及作用为 β-葡聚糖酶的利用创造了条件。β-葡聚糖被用于谷物类饲料加工工业与啤酒发酵工业。

β-葡聚糖属于植物细胞壁中的结构性非淀粉多糖，以右旋葡萄糖为基本单位，属于多糖类中的酮多糖类，具有线性的空间结构，存在于禾谷类(大麦、燕麦、黑麦、小麦)的糊粉层和胚乳的细胞壁中。依物种不同，β-葡聚糖的含量及所占比例也不同。β-葡聚糖的存在具有较高的黏稠性，动物本身的消化酶无法消化谷物的细胞壁成分(谷物类饲料中都含有 2%~6%的 β-葡聚糖，动物不产生消化 β-葡聚糖的水解酶类)，导致动物对其他营养物质(如蛋白质、淀粉和脂肪等)的消化率降低，而且 β-葡聚糖还能吸附一些离子和有机质，影响部分物质代谢，成为一种抗营养因子，是降低谷物营养价值的首要因素。

β-葡聚糖酶可以降解 β-葡聚糖，破坏植物细胞壁结构，增加细胞壁的通透性，促进细胞内部营养物质的释放，提高内源性消化酶活性，利于动物对营养物质的消化和吸收，从而消除 β-葡聚糖的抗营养作用，同时，提高生长性能和粮食的转化率，从而提高谷物的使用价值，在食品和饲料工业等方面有广阔的应用前景。

在饲料业中广泛应用的是内切 β-葡聚糖酶。近年来，对饲料中 β-葡聚糖酶的抗营养作用研究取得了很大进展，尤其是利用 β-葡聚糖酶来消除饲料(特别是麦类作物及其副产品)

中的 β-葡聚糖的抗营养作用，改善饲料的营养价值，已经取得了大量的成果和极大的经济与社会效益，例如，大麦粮中加入 β-葡聚糖酶，能提高能量利用率 13%，蛋白质消化率 21%。

β-葡聚糖酶多用于啤酒质量的改善。目前 β-葡聚糖酶广泛应用于啤酒发酵工业。美国、日本、丹麦、德国、澳大利亚等国家都已经采用 β-葡聚糖酶作为啤酒工业的主要酶制剂，我国啤酒每年的消费与产量逐年上升，但是该酶的应用起步较晚。在啤酒的酿造过程中，β-葡聚糖的残留是造成啤酒酒体浑浊、泡沫持久力减少和挂杯力不强的主要原因。β-葡聚糖酶可以专一性水解黏度很高的 β-葡聚糖，疏松大麦胚乳细胞壁，促进细胞内容物的外溢，提高原料的利用率，降低麦汁黏度，加快麦汁过滤速度，从而改善啤酒的质量。

四、脂类转化酶

（一）脂肪酶

脂肪酶（Lipase，甘油酯水解酶）是水解油脂酯键的一类酶的通称。脂肪酶作为生物催化剂可催化不同底物的水解和合成反应。它能催化天然底物油脂（三酰甘油）水解，作用于三酰甘油的酯键，产生脂肪酸和甘油，在水解过程中形成中间产物单酰甘油和二酰甘油。

1. 脂肪酶的特点

脂肪酶是催化油脂水解的酶类，这类酶的活性包括两个方面：其一，专一性水解甘油酯键，释放更少酯键的甘油酯和甘油及脂肪酸；其二，在无水或少量水系中催化水解的逆反应，即酯化反应。脂肪酶具有对油-水界面的亲和力，酶大分子包含疏水头和亲水尾两部分，只有在最佳含水率时，脂肪酶才表现出最大活力。

从催化特性看，脂肪酶可催化酯类化合物分解、合成和酯交换。许多脂肪酶对脂肪酸残基及酯键的位置有转移的选择性。脂肪酶反应不需要辅酶，反应条件温和，副产物少，但脂肪酶不能作用于分散在水中的底物分子，只能在异相系统（甘油酯和水所组成的非均相体系乳浊液）或有机相中应用，脂肪和水之间的界面是酶的作用部位。

大多数脂肪酶的最适 pH 值为 8.0～9.0，但也有少数脂肪酶的最适 pH 值偏酸性，大多数脂肪酶的最适温度为 30～40 ℃，但某些食物中的脂肪酶甚至在冷冻至 -29 ℃时仍有活性。除了底物、pH 值和温度，盐对脂肪酶的作用也有影响。

2. 脂肪酶的作用

利用酶作用后释放出的链较短的脂肪酸可以增加和改进食品的风味与香味，利用脂肪酶催化的醇解和酯化反应来生产各种香精酯可以做调料剂，另外，脂肪酶还可用于酒类的去浊除渣、改善面包质量、改善蛋白的发泡等方面。

谷物中的脂肪酶作用于脂肪产生游离脂肪酸，促进了脂肪氧合酶的作用，从而使食品具有不良的风味。因为脂肪酶作用产生不良风味的现象常被称为脂肪的水解酸败。在正常情况下，原粮中脂肪酶与它所作用的底物由于细胞的隔离作用，彼此不易发生反应，但制成成品粮以后，给酶和底物创造了接触的条件，所以原粮比成品粮更容易保藏。

粮食在储藏期间，当水分含量较高时，由于脂肪酶作用，脂肪水解产生脂肪酸和甘油等。脂肪酸含量升高会导致粮油变味，品质下降，另外，这对谷物种子的生活力也有较大的影响。

脂肪酶在食品工业上得到广泛应用。在面包制作中添加脂肪酶，将三酰甘油水解成单甘酯和双甘酯，使蛋白质发泡性得到改善，单甘酯还可延长面包的保质期。脂肪酶能改善面团的流动性，其作用大小与小麦脂类和面筋蛋白质之间的相关作用有关。对于高筋粉，脂肪酶可增加面团的最大抗拉阻力，减少弱化度，增强面团对过度发酵的耐受性，增大面包体积，改善面包芯的结构和柔软性；而对中筋粉，这些作用不是很明显。脂肪酶还能改进以无油配方或含油配方生产出的面包的膨胀性，但对于含有氢化起酥油的面包配方没有什么作用。脂肪酶对面制品还有一定的增白作用。在面条加工中，因加入脂肪酶能够获得乳化剂对面团的改善效果，所以可以使面粉中的天然脂质得到改性，形成脂质、直链淀粉复合物，从而防止直链淀粉在膨胀和蒸煮过程严重的渗出现象。

(二) 脂肪氧化酶

脂肪氧化酶又称脂肪氧合酶（Lipoxygenase，LOX），它广泛存在于各种植物中，特别是豆科植物中，其中，尤以大豆中活力最高。脂肪氧化酶是一种含非血红素铁的蛋白质，在氧气的参与下，特异地催化顺，顺-1，4-戊二烯单位结构的多元不饱和脂肪酸，通过分子加氢，生成具有共轭双键的氢过氧化物——过氧化氢物。

1. 脂肪氧化酶的特点

含有顺，顺-1，4-戊二烯的直链脂肪酸、脂肪酸酯和醇都可能作为脂肪氧化酶的底物，该酶最普通的底物是必需脂肪酸——亚油酸、亚麻酸和花生四烯酸，以亚麻酸为底物时酶活力最高。

大多数脂肪氧化酶的最适 pH 值是 7.0~8.0，在对大豆脂肪氧化酶活力的影响的研究中发现，在 pH 值低于 7 时，酶活力下降的部分原因是脂肪氧化酶的底物亚油酸溶解度下降。脂肪氧化酶的最适温度为 20~30 ℃，耐热性较低，经过轻度的热处理就可达到纯化的要求。研究表明，80 ℃是脂肪氧化酶的最高温度界限。

2. 脂肪氧化酶的作用

脂肪氧化酶是近些年发现的与植物代谢有密切关系的一种酶，研究认为它可能参与植物生长、发育、成熟、衰老、脂质过氧化作用和光合作用、损伤反应及其他胁迫反应等各个过程，特别是成熟、衰老过程中自由基的产生及乙烯的生物合成，都发现有脂肪氧化酶的参与，因此它被认为是引起机体衰老的一类重要的酶。

脂肪氧化酶对食品质量有着一定的影响，主要表现：脂肪氧化酶作用于不饱和脂肪酸及其酯时产生的初期产物在进一步分解后生成的挥发性化合物对食品的风味产生影响，如大豆产生豆腥味，稻米等谷物储藏期间产生陈臭等不良风味等；它作用的产物会对维生素 A 及维生素 A 原造成破坏，如奶粉中有一般食物所缺乏的维生素 A，而米汤以淀粉为主，含有脂肪氧化酶，能破坏奶粉中的维生素 A，长期用米汤冲奶粉喂婴幼儿，会使婴幼儿生长发育缓慢，抗病能力减弱。

脂肪氧化酶在面制品的生产中也有着重要的影响。将其添加于面粉中，可以催化面粉中不饱和脂肪酸氧化，生成具有共轭双键的氢过氧化物，与面粉中的类胡萝卜素发生偶合反应，使面粉增白，达到酶促漂白剂的效果。例如，在面条制作中添加脂肪氧化酶，通过偶合反应破坏胡萝卜素的双键结构，使胡萝卜素被漂白，从而使面粉增白。另外，能将面筋蛋白中的—SH氧化成为—S—S—，强化了面筋蛋白质的三维网状结构，增加面团的筋力，同时消除面粉中的蛋白酶的激活因子—SH，防止面筋蛋白的水解。试验结果表明，它既能使面粉增白，又能增加面团的筋力，因此，脂肪氧化酶可以代替现用的面粉增白剂过氧化苯甲酰。小麦粉中脂肪氧化酶活力很低，且主要存在于胚乳和麸皮中，但在大豆中脂肪氧化酶活性很高，因此可添加一些脂肪氧化酶活性高的豆粉来改善面条的品质。

知识拓展

食品酶的应用主要涉及淀粉制品制造、乳制品制造、烘焙食品制造、调味品制造、发酵制品制造、食品添加剂制造、酒和饮料制造等领域，国际上食品酶应用最多的是淀粉及淀粉制品行业、乳制品行业，而我国食品酶的应用规模相对较小，其应用主要集中在淀粉及淀粉制品行业、酿酒行业，其他食品行业的应用大多处于起步阶段。目前，食品酶在改善食品的质构特性，提高食品的风味和营养价值，稳定有效成分和食品体系，降低食品安全风险，简化加工工艺等方面发挥着越来越重要的作用。

模块小结

1. 酶是由活细胞产生的、对其底物具有高度专一性和高度催化效率的蛋白质或核酸。酶是生物催化剂，能通过降低反应的活化能加快反应速度，但不改变反应的平衡点。绝大多数酶的化学本质是蛋白质。

2. 按照酶的化学组成，酶可分为单纯酶和结合酶两类。

3. 酶的催化共同点：在反应前后没有质和量的变化；只能催化热力学允许的化学反应；只能加速可逆反应的进程，而不改变反应的平衡点。酶的催化特性：催化效率高；专一性强；作用条件温和；酶的活性受多种因素调节；稳定性差。

4. 淀粉酶属于水解酶类，是能催化淀粉水解转化成葡萄糖、麦芽糖及其他低聚糖的一类酶的总称，它能催化淀粉、糖原和糊精中的糖苷键。根据淀粉酶对淀粉作用方式的不同，淀粉酶可分为 α-淀粉酶、β-淀粉酶、葡萄糖淀粉酶和脱支酶。

5. 蛋白酶是催化蛋白质肽键水解的一类酶，可分为内肽酶和外肽酶。内肽酶作用于蛋白质多肽链内部的肽键，使蛋白质成为相对分子质量较小的多肽碎片；外肽酶作用于蛋白质或多肽链的氨基或羧基端的肽键，得到的水解产物是游离氨基酸。

6. β-葡聚糖酶包括了一切能分解β糖苷键连成的葡萄糖聚合物的酶系，对β-葡聚糖具有重要的水解作用，能使其降解为低相对分子质量片段，可分为内切和外切两类。

7. 脂肪酶是水解油脂酯键的一类酶的通称。它能催化天然底物油脂（三酰甘油）水解，作用于三酰甘油的酯键，产生脂肪酸和甘油，在水解过程中形成中间产物单酰甘油和二酰甘油。

8. 脂肪氧化酶是一种含非血红素铁的蛋白质，在氧气的参与下，特异地催化顺，顺-1,4-戊二烯单位结构的多元不饱和脂肪酸，通过分子加氢，生成具有共轭双键的氢过氧化物——过氧化氢物。

练习与思考

一、单项选择题(选择一个正确的答案，将相应的字母填入题内的括号)

1. 绝大多数酶的化学本质是( )。
   A. 核酸　　　　　B. 蛋白质　　　　C. 脂肪　　　　D. 糖

2. ( )分子是水解后仅有氨基酸组分的酶。
   A. 单纯酶　　　　B. 结合酶　　　　C. 辅酶　　　　D. 全酶

3. α-淀粉酶是( )。
   A. 外切酶　　　　B. 脱支酶　　　　C. 内切酶　　　D. 内外均切

4. α-淀粉酶以随机的方式水解淀粉分子内的( )糖苷键。
   A. β-1，4　　　　B. β-1，6　　　　C. α-1，6　　　D. α-1，4

5. 糖化酶是指( )。
   A. δ-淀粉酶　　　B. α-淀粉酶　　　C. 脱支酶　　　D. β-淀粉酶

6. 蛋白酶是催化蛋白质( )水解的一类酶。
   A. 肽键　　　　　B. 酯键　　　　　C. 糖苷键　　　D. 巯基

7. 脂肪氧化酶在氧气的参与下，特异地催化顺，顺-1，4-戊二烯单位结构的多元不饱和脂肪酸，通过分子加氢，生成( )。
   A. 酯类化合物　　B. 过氧化氢物　　C. 有机酸　　　D. 脂肪

二、多项选择题(选择正确的答案，将相应的字母填入题内的括号)

1. 按照酶的化学组成，酶可分为( )。
   A. 单纯酶　　　　B. 结合酶　　　　C. 辅酶　　　　D. 辅基

2. 作为生物催化剂，酶制剂具有( )特性。
   A. 催化效率高、专一性强　　　　　B. 反应条件温和
   C. 酶的活性受多种因素调节　　　　D. 稳定性差

3. 酶与一般催化剂的共同点有( )。
   A. 在反应前后没有质和量的变化
   B. 只能催化热力学允许的化学反应
   C. 只能加速可逆反应的进程，而不改变反应的平衡点
   D. 能加速可逆反应的进程，而且可以改变反应的平衡点

4. 根据淀粉酶对淀粉作用方式的不同，淀粉酶可分为( )。
   A. 葡萄糖淀粉酶　B. α-淀粉酶　　　C. 脱支酶　　　D. β-淀粉酶

5. 关于α-淀粉酶，说法正确的有( )。
   A. 一般α-淀粉酶酶活力的最适 pH 值为 4.5~7.0
   B. 纯化的α-淀粉酶在 50 ℃以上容易失活
   C. 在中性环境及有钙离子存在的情况下，具有一定的耐热性
   D. 在与钙结合的条件下，α-淀粉酶的热稳定性高于β-淀粉酶

6. α-淀粉酶水解直链淀粉分子后的产物有(　　)。
   A. 小分子糊精　　B. 麦芽糖　　C. 麦芽三糖　　D. 葡萄糖
7. 以对底物蛋白质多肽链的作用方式,蛋白酶可分为(　　)和(　　)。
   A. 内切酶　　B. 外切酶　　C. 外肽酶　　D. 内肽酶
8. 脂肪酶作用于三酰甘油的酯键,产生(　　)。
   A. 葡萄糖　　B. 脂肪酸　　C. 甘油　　D. 氨基酸

三、思考题
1. 酶的定义及化学本质是什么?
2. 酶有哪些催化特点?

模块七　粮食中的微量成分

模块概述

粮食中富含膳食纤维、维生素、矿物质及其他生物活性成分。摄入足够的膳食纤维有助于预防便秘、维持肠道健康。五谷杂粮中的维生素有助于提供营养支持，维持正常的生长和功能。而其中的矿物质在身体各种功能中发挥作用。因此，建议人们在日常饮食中适量摄取五谷杂粮，以获得全面的营养，并保持健康的生活方式。

需求分析

谷物是我国最大宗的农产品，谷物加工业是农产品加工业的基础产业，是食品工业的支柱产业。近年来，我国慢病发生率不断上升，并且呈年轻化趋势。随着大众健康意识提升，健康饮食成为趋势，低GI（血糖指数）食品、全谷物食品和植物基食品为消费者提供了更多健康选择，市场需求不断增加。

精细化加工的精米白面只保留了天然谷物籽粒的淀粉质胚乳，去除了外层的麸皮和胚芽部分。但是种皮与胚芽中的营养物质非常丰富，包括膳食纤维、B族维生素、各种矿物元素等微量营养素，以及很多的生物活性成分。在精米白面的加工过程中，这些营养与活性物质60%~90%都会损失。因此，发展全谷物饮食对于减少粮食资源的浪费、降低慢病风险非常重要，是科研工作者当下面临的挑战。

重难点分析

（1）通过学习和观察，了解维生素和矿物质的分类，掌握维生素和矿物质的生理功能、缺乏症及食物来源。

（2）通过学习和研究，熟悉粮食中的生物活性成分及其分布情况，掌握谷物合理加工的方法。

单元一　维生素

学习目标

知识目标：了解谷物中维生素的概念和分类，熟悉谷物中脂溶性维生素和水溶性维生素的种类，掌握谷物中脂溶性维生素和水溶性维生素的分布及功能。

技能目标：能利用维生素含量与谷物加工的关系对谷物进行合理的加工及营养强化。

素养目标：培养探索未知、追求真理、永攀科学高峰的责任感和使命感，以及精益求精的大国工匠精神。

单元导入

19世纪80年代，当时荷兰统治下的东印度群岛上的居民们长期受着脚气病的折磨，为解除这种病对荷属东印度群岛的威胁，1896年，荷兰政府成立了一个委员会，专门开展研究防治脚气病的工作。埃克曼也参加了这个委员会的工作。当时科学家和医生们认为脚气病是一种多发性的神经炎，并从脚气病人血液中分离出了一种细菌，便认为是这种细菌导致了脚气病的蔓延，它是一种传染病，但埃克曼对这一结论产生了质疑。

1896年，就在埃克曼做试验的陆军医院里养的一些鸡得了多发性神经炎，发病症状和脚气病状相同。这一发现使埃克曼很高兴，他决心从病鸡身上找出得病的真正原因。起先他想在病鸡身上查细菌。他给健康的鸡喂食从病鸡胃里取出的食物，也就是让健康的鸡"感染"脚气病菌，结果健康的鸡竟然全部安然无恙，这说明细菌并不是引起脚气病的原因。

就在埃克曼继续着他的试验的时候，医院里的鸡忽然一下子都好了。原来在鸡患病之前，喂鸡的人一直用医院病人吃剩的食物喂鸡，其中包括白米饭。后来，这个喂鸡的人调走了，接替他的人觉得用人吃的上好的食物来喂鸡太浪费了，便开始给鸡吃廉价的糙米。意想不到的是，鸡的病反而好了。埃克曼决定再做一番试验。他选出几只健康的鸡，开始用白米饭喂它们。过了一阵子，鸡果然患了多发性神经炎。他随即改用糙米来喂鸡，很快，这些鸡都痊愈了。埃克曼反复这样的试验，最后，他可以随心所欲地使鸡随时患病，随时复原。于是，埃克曼把糙米当作"药"，给许多得了脚气病的人吃，果然这种"药"医好了他们。

1911年，埃克曼和另一个科学家终于成功地从米糠中提炼出这种物质，它可以用来治疗脚气病。这是人类第一个发现的维生素。后来，波兰的生物化学家冯克把它称为"生命胺"，现如今我们称它为硫胺素，即维生素 B_1。

埃克曼的发现在营养学中起到了重要的作用，他发现了食物中含有人体和生命所必需的微量营养物质，开辟了研究维生素的新领域。

基础认识

一、维生素的概念和分类

(一)维生素的概念

从19世纪60年代到20世纪初,经过半个多世纪的研究,人们对维生素的作用有了清楚的认识。1912年,波兰科学家冯克(Funk)首次将这种生物体中为了维持生命、在新陈代谢过程中不可缺少的物质取名为Vitamin(维他命),即维生素。

维生素是维持人和动物机体健康所必需的一类低分子有机化合物,它们不能在机体内合成,或者所合成的量难以满足机体的需要,所以必须由食物供给。维生素的每日需求量甚少(常以mg或g计),它们既不是构成机体组织的原料,也不是体内供能的物质,然而在调节物质代谢、促进生长发育和维持生理功能等方面发挥着重要作用,如果长期缺乏某种维生素,就会导致疾病。因缺乏维生素而引发的疾病称为维生素缺乏症。

谷物籽粒中含有多种维生素,大部分分布在胚和糊粉层中,胚乳中很少。谷物加工以后维生素大多数转入副产品,所以谷物加工精度越高,维生素含量就越低。从营养学角度出发,合理的加工过程,应该是既达到一定精度,又尽量保留谷物原有的维生素。

(二)维生素的分类

维生素按其溶解性的不同,可分为脂溶性维生素和水溶性维生素两大类。

脂溶性维生素主要有维生素A、维生素D、维生素E、维生素K等;水溶性维生素包括B族维生素和维生素C。

二、脂溶性维生素

维生素A、维生素D、维生素E、维生素K均不溶于水,而能溶于油脂及脂溶剂(如乙醇、乙醚、苯及氯仿等),故称为脂溶性维生素。在食物中,它们常和脂类同存,因此,它们在肠道被吸收时也与脂类的吸收密切相关。当脂类吸收不良时(如胆道梗阻或长期腹泻),脂溶性维生素的吸收大为减少,甚至会引起缺乏症。吸收后的脂溶性维生素可以在体内,尤其是在肝脏内储存。

(一)维生素A

维生素A是不饱和的一元醇类,其基本形式是全反式视黄醇,即维生素A_1。维生素A_1以棕榈酸酯的形式存在于哺乳动物及咸水鱼的肝脏中;在淡水鱼肝油中还发现另一种维生素A,称为维生素A_2,其生理效用仅及维生素A_1的40%。一般所说的维生素A常指维生素A_1。

维生素A是淡黄色的结晶体,天然存在于动物中的维生素A是相对稳定的。在空气中和光照条件下,维生素A会被氧化而失去效力。它对热比较稳定,一般的食品加工方法不会使其破坏。维生素A对碱稳定,而在酸性条件下不稳定。在相同的条件下,植物性食物中维生素A原较易被破坏。当食物中含有磷脂、维生素E与维生素C或与其他抗氧化物存在时,均有助于保护维生素 A 的稳定性。

维生素 A 和视觉有关。缺乏维生素 A 时,就会导致夜盲、干眼、角膜软化、表皮细胞角化、失明等症状。

维生素 A 主要来源为鱼类、动物肝脏、乳制品和蛋黄等,以及维生素 A 原含量丰富的菠菜、胡萝卜、紫菜、南瓜等。

(二)维生素 D

维生素 D 为类固醇衍生物,有多种形式,主要包括维生素 D_2 和维生素 D_3。前者是麦角胆固醇经紫外光照射后转变而成的;后者是人和动物皮下脂肪组织中的 7—脱氢胆固醇经紫外光线照射后的产物。维生素 D_3 被运送至肝脏、肾脏转化为具有生理活性的形式后,再发挥其生理作用。

维生素 D_2 和维生素 D_3 均为无色针状结晶,易溶于脂肪和有机溶剂,除对光敏感外,化学性质一般稳定。

维生素 D 和动物骨骼的钙化有联系,能促进钙、磷在肠道内的吸收,调节钙的代谢,促进骨骼和牙齿的形成。缺乏维生素 D 时,儿童将引起佝偻病,成人则会引起骨质疏松症。

维生素 D 通常在食品原料中与维生素 A 共存,在鱼、蛋黄、奶油中含量丰富,尤其是鱼肝油中含量最为丰富。

(三)维生素 E

维生素 E 又称生育酚,在化学结构上,是 6-羟基苯并二氢吡喃的衍生物,具有生物活性的生育酚的种类很多,已知自然界共有 8 种化合物,它们的差异在于环状结构上的甲基数目和位置不同,包括 α-、β-、γ-、δ-几种异构体,其中以 α-生育酚的生物活性最大。

维生素 E 是淡黄色的油状物,不溶于水而溶于有机溶剂(如乙醚、石油醚及酒精)。在酸性条件下较为稳定,在无氧条件下加热 200 ℃ 以上也不会被破坏。其对氧十分敏感,易被氧化破坏,特别是在光照及热、碱、铁或铜等存在下,可加速其氧化。维生素 E 被氧化后即失效。

维生素 E 是一种有效的生物抗氧化剂,且能阻止不饱和脂肪酸的氧化,同时还具有抗不育症,防止肌肉萎缩、肌肉营养障碍等功能。近年来研究发现维生素 E 还具有抗衰老、防治肿瘤等作用。

维生素 E 广泛地存在于植物油及各种油料种子中,麦胚油、棉籽油、玉米油、花生油及芝麻油是维生素 E 的良好来源。莴苣叶和柑橘皮中也富含维生素。动物性食物中含量较丰富的是蛋和肝。

(四)维生素 K

维生素 K 是一切具有叶绿醌生物活性的 2-甲基-1,4 萘醌衍生物的统称,是凝血酶原形成所必需的因子,故又称凝血维生素。维生素 K 分为天然产物和人工合成两类。天然的维生素 K 有维生素 K_1 和维生素 K_2。维生素 K_1 在绿叶植物中含量丰富,维生素 K_2 是人体肠道细菌的代谢产物。现如今临床上所用的维生素 K 是人工合成的,有维生素 K_3、维生素 K_4、维生素 K_5 和维生素 K_7 等。

维生素 K 为黄色油状物,溶于油脂及脂溶剂,不溶于水;对热、酸较稳定,对碱不稳定；对光较敏感，遇光很快被破坏，故需避光保存，在空气中被氧缓慢地氧化而分解，在正常的食品加工过程中，维生素 K 的损失很少。

维生素 K 主要有助于某些血浆凝血因子的产生，即参与凝血作用，故又称凝血维生素。缺乏维生素 K 会导致人体的凝血功能障碍。人体肠道内的细菌可合成维生素 K，所以在一般条件下人类很少有缺乏维生素 K 的现象。

维生素 K 最好的来源是绿色蔬菜，如菠菜、花椰菜、卷心菜等，猪肝和鱼肉等食品中的含量也较为丰富。

微课：脂溶性维生素

三、水溶性维生素

(一) B 族维生素

1. 维生素 B_1

维生素 B_1 的化学名称为硫胺素，又称抗脚气病因子、抗神经炎因子，是维生素中发现最早的一种。在动植物组织和微生物体内以焦磷酸硫胺素（TPP^+）的形式存在并发挥作用。

维生素 B_1 为白色针状粉末或晶体，味苦，是 B 族维生素中最不稳定的维生素。干燥结晶态热稳定性好，易溶于水，其水溶液在空气中将逐渐被分解。在酸性条件下对热较为稳定，在中性及碱性溶液中易被氧化，因此在食品加工中尽量避免加碱。二氧化硫或亚硫酸盐在中性及碱性介质中都能加速维生素 B_1 的分解，所以，在储藏含有维生素 B_1 较多的食物（如谷类、豆类和猪肉）时，不宜用亚硫酸盐作为防腐剂或以二氧化硫熏蒸谷仓。硫胺素经氧化后转变成脱氢硫胺素（又称硫色素）。脱氢硫胺素在紫外光下显现蓝色荧光，可以利用这一特性测定食物中的硫胺素。

维生素 B_1 对神经生理活动有调节作用，与心脏活动、食欲维持、胃肠道正常蠕动及消化液分泌有关。缺乏维生素 B_1，易造成胃肠蠕动缓慢、消化液分泌减少、食欲不振、消化不良等消化功能障碍，并使人健忘、不安，进一步发生四肢无力、肌肉疼痛、皮肤渐渐失去知觉等症状，临床上称为脚气病。

维生素 B_1 广泛存在于动植物食品中，在稻谷、小麦、豆类、酵母及动物内脏、瘦猪肉、蛋类、马铃薯等食品原料中含量比较丰富。在谷物原料中，它主要存在于外表部分（如糊粉层），故碾磨得过于精细的米和面粉将损失大量的硫胺素，若长期食用这种精米、面，同时又缺乏其他硫胺素丰富的副食品，将会引起硫胺素的缺乏症或患脚气病。

2. 维生素 B_2

维生素 B_2 是由核糖醇与异咯嗪组成，它溶于水呈黄绿色荧光，故又名核黄素。本品为黄色，故也可用作食用着色剂。

维生素 B_2 味苦，为橘黄色针状结晶，溶于水呈黄绿色荧光，在碱性溶液中受光照射时极易破坏，因此，维生素 B_2 应储存于褐色容器，避光保存。

缺乏维生素 B_2 时，主要表现为口角炎、舌炎、阴囊炎及角膜血管增生等。

维生素 B_2 广泛地存在于动物体内，以禽肉、畜类内脏中含量最高，其次是乳类和蛋类。植物性食物中以豆类、花生和绿叶蔬菜中含量较多。一些调味品和菌藻类食物中维生素 B_2 的含量很高，如香菇等各种食用菌中含量较为丰富。

3. 维生素 B_3

维生素 B_3 是自然界分布十分广泛的维生素，故又称泛酸或遍多酸，是由 α，γ-二羟基-β-β 二甲基丁酸和 β-丙氨酸脱水缩合而成的一种有机酸，以结合的形式存在于所有的动物和植物组织中。

维生素 B_3 是浅黄色黏性油状物，易潮解，具有酸性，易溶于水和乙醇，不溶于脂肪溶剂，易被酸、碱、加热等破坏，对氧化剂及还原剂极为稳定。

维生素 B_3 与糖类、脂类及蛋白质代谢都有密切关系。它的存在对于人体合理利用维生素 B_1、维生素 B_2 都有协调作用。由于人体肠道细菌能合成维生素 B_3，所以尚未发现人的典型缺乏症。

酵母中含有丰富的维生素 B_3，肝脏、肾、蛋黄、新鲜蔬菜，以及全面粉面包、牛乳等也是维生素 B_3 的主要来源。另外，人体肠道内细菌也能合成泛酸。

4. 维生素 B_5

维生素 B_5 又称维生素 PP、抗癞皮病维生素。维生素 B_5 实际上包括两种物质，即烟酸（尼克酸）和烟酰胺（尼克酰胺），两者均属于吡啶衍生物。烟酸是烟酰胺的前体，两者在体内可相互转化，具有同样的生物效价。

维生素 B_5 为白色或淡黄色针状晶体，无臭或有微臭，味苦，不易被光、空气及热破坏，对碱也很稳定，溶于水及酒精，不溶于乙醚。它是 B 族维生素中最稳定的一种。

典型的维生素 B_5 缺乏症称为癞皮病，其症状为皮炎、腹泻及痴呆。癞皮病的皮炎有特异性，仅发生在肢体暴露的部位，而且有对称性，患者皮肤发红发痒，发病区与健康区域界限分明。当胃肠道黏膜受影响时，患者出现腹泻等症状，进而头痛、失眠，重症产生幻觉，神志不清甚至痴呆等。

在人体内，色氨酸能转变为烟酸，烟酸又可转变为烟酰胺，因此，富含色氨酸的食物也富含烟酸。动物肉类、肝脏是维生素 B_5 的良好来源。酵母、花生、谷类、豆类等含维生素 B_5 都很丰富。牛乳中烟酸含量不多，但色氨酸的含量多。

5. 维生素 B_6

维生素 B_6 又称吡哆素、抗皮炎维生素。在生物体组织中有吡哆醇、吡哆醛和吡哆胺三种形式。吡哆醇在机体内可转变成后两种衍生物，吡哆醛与吡哆胺又可互相转换。维生素 B_6 是三者的统称。

三种维生素 B_6 都是白色晶体，味酸苦，易溶于水和酒精。这三种化合物都以磷酸酯的形式广泛存在于动植物中。吡哆醇对热、强酸和强碱都很稳定，在碱性溶液中对光敏感，尤其对紫外线更敏感。吡哆醛和吡哆胺在高温时可迅速被破坏。

维生素 B_6 是机体中许多重要酶系统的辅酶，参与人体蛋白质和脂肪的代谢活动。长期缺乏维生素 B_6 会导致皮肤、中枢神经系统和造血机能的损害。因为维生素 B_6 广泛地存在于食物中，并且人体肠道细菌能合成一部分供人体所需，故人体一般不会发生缺乏症。

维生素 B_6 在自然界分布很广，其中含量较多的食物如蛋黄、肉、鱼、奶、全谷、白菜及豆类。三种维生素 B_6 的化合物中，以吡哆醇最为稳定，因此可用来强化食品。

6. 维生素 B_{11}

维生素 B_{11} 包括一系列化学结构相似、生物活性相同的化合物，它们的分子结构包括三个部分，即嘌呤、对氨基苯甲酸和谷氨酸。因其在植物的叶子中提取到，故又称叶酸。

维生素 B_{11} 为黄色或橙色薄片状或针状结晶，无臭、无味，微溶于水和乙醇，不溶于脂溶剂。在酸性溶液中不耐高温，对光敏感。

叶酸在核酸合成中发挥着重要作用，当叶酸缺乏时会引起红细胞中核酸合成受阻，使红细胞的发育和成熟受到影响。红细胞比正常的大而少称为巨幼红细胞性贫血，此类贫血以婴儿和妊娠期妇女较多见，可用叶酸治疗，因此，叶酸又称抗贫血维生素。在正常情况下，除膳食供给外，人体肠道细菌能合成部分叶酸，一般不易发生缺乏，但当吸收不良或组织需要增多或长期使用抗生素等情况下也会造成叶酸缺乏。

叶酸广泛存在于动植物食品中，含量丰富的有肝、肾、蛋和鱼，以及梨、蚕豆、芹菜、花椰菜、莴苣、柑橘和香蕉及其他坚果类。

7. 维生素 B_{12}

维生素 B_{12} 因分子中含有钴（含量为 4.5%），所以又称钴胺素，是唯一含有金属元素的维生素。进入体内的维生素 B_{12}，必须转变为辅酶形式才具有生物活性，所以也称辅酶 B_{12}。

维生素 B_{12} 为粉红色针状结晶，对热稳定，加热到 210 ℃ 颜色加深。维生素 B_{12} 溶于水和乙醇，在 pH 值为 4.5～5 的水溶液中稳定，在强酸或碱中则易分解，对光、氧化剂及还原剂敏感易被破坏。

维生素 B_{12} 可增加叶酸的利用率，促进人体中核酸和蛋白质的合成，也可促成红细胞的生成、发育和成熟。其能力是叶酸的 1 000 倍，具有抗恶性贫血作用。维生素 B_{12} 还参加胆碱等合成过程，胆碱是磷脂的组分，在肝脏内参与脂蛋白的形成，有助于把脂肪从肝脏中移出，具有防脂肪肝的作用。

动物瘤胃和结肠中的细菌可合成维生素 B_{12}，因此动物食品富含维生素 B_{12}，其中肝脏是维生素 B_{12} 的最好来源，其次为奶、肉、蛋、心、肾等。另外，发酵的豆制品（如腐乳等食品）中也含有维生素 B_{12}。

（二）维生素 C

维生素 C 有 4 种异构体：D-抗坏血酸、D-异抗坏血酸、L-抗坏血酸、L-异抗坏血酸，其中 L-抗坏血酸的生物活性最高，而 D-抗坏血酸的生物活性仅是 L-抗坏血酸的 10%，其余两种的生物活性为零。因其具有防治坏血病的生理功能，并有显著酸味，故又名抗坏血酸。

维生素 C 为白色或微黄色片状晶体或粉末，无臭，微酸，干燥的纯品在空气中稳定，但在受潮、加热或光照时不稳定；在酸性溶液中（pH<4）较稳定，但在中性以上溶液（pH>7.6）中非常不稳定。总之，维生素 C 是最不稳定的维生素，易通过各种方式或途径进行降解，在食品的加工和储藏中的损失率较高；而且其破坏率随着金属的存在而增加，尤其是铜和铁的作用最大。

维生素 C 在机体代谢中具有多种功能，主要是参与机体的羟化反应和还原作用，此外，对铁的吸收、预防疾病等方面也有积极的作用；严重缺乏时，将出现坏血病等症状。

维生素 C 主要的食物来源为水果和蔬菜。尤其以鲜枣、山楂、柑橘类及青椒、花椰菜等蔬菜中的含量最为丰富。

在食品加工中，维生素 C 的用途非常广泛，例如，用维生素 C 可防止水果和蔬菜产品褐变、脱色；在脂肪、鱼及乳制品中可用作抗氧化剂；在肉中可作为色泽的稳定剂；还可作为面粉的改良剂等。

微课：水溶性维生素

模块七　粮食中的微量成分

> **知识拓展**
>
> 维生素 C 的发现可以追溯到大航海时代，彼时航海常会在海上漂泊数月，船员中流传着一种流行病——包括牙齿脱落、疲乏易怒、易感染，这被称为"坏血病"。
>
> 1747 年，英国医生詹姆斯·林德发现患坏血病的主要为普通水兵，他们的饮食通常比较单一，而饮食营养丰富的军官则比较少出现，通过各种食物搭配对照，最终发现吃了橘子或柠檬水可有效缓解这种症状，后来，柠檬中的"抗坏血酸"被提炼出来，也就是我们所认知的"维生素 C"。

单元二　矿物质

学习目标

知识目标：了解主要谷物中矿物质的分类、分布特点，熟悉矿物质含量与谷物加工的关系，掌握易缺乏性元素钙、铁、锌、碘的生理功能及强化方法。

技能目标：能利用矿物质含量与谷物加工的关系对谷物进行合理的加工及营养强化。

素养目标：弘扬中华传统文化精神，树立文化自信。

单元导入

《三国志·吴志·周瑜传》："不习水土，必生疾病。"《宋书·索虏传》："道理来远，或不服水土，药自可疗。"很早以前我们的祖先就把"水土不服"看成一种疾病，那时就已经意识到环境中有一种客观的因素对人体产生影响，但限于条件还不了解它的本质。直到科学发展的今天，人们对含有许多微量元素的无机盐在营养上的重要性逐渐有所了解，发现缺少某种元素会造成人体代谢功能的障碍。矿物质与其他营养物质不同，它们不能在人体内合成，由于新陈代谢，每天都有一定数量的矿物质随汗、尿、粪便排出体外，所以必须不断给予补充。人体所需要的矿物质一部分从食物中获得，一部分从水、食盐中摄取。

基础认识

一、谷物中矿物质的含量与分布

到目前为止已发现谷物中含有 30 种以上的矿物质元素。按矿物质元素在人体内的含量和人体对膳食中矿物质的需要量，矿物质可分为两大类，即常量元素和微量元素。人体中矿物质含量在 0.01% 以上的称为常量元素或大量元素，如钙、磷、硫、钾、钠、氯、镁 7 种元素；含量在 0.01% 以下的称为微量元素或痕量元素，如铁、锌、铜、碘、锰等。

由于谷物种类和栽培条件的不同，其矿物质含量有很大差异。豆类的矿物质含量较丰富，接近5%，含有钾、磷、铁、镁、锌、锰等。谷物中矿物质含量相对较少，主要存在于种子皮层中。一般带壳的禾谷类粮粒（稻谷、燕麦等）的矿物质含量高于不带壳的禾谷类粮粒（小麦、玉米等）；大粒油料子粒（豌豆）的矿物质含量低于小粒油料子粒（油菜籽）；皮薄的子粒（花生仁）的矿物质含量低于皮厚的子粒（大豆）。

谷物（以稻谷为例）灰分中以磷为最多，约占谷物灰分总含量的50%，大多以有机状态存在，是磷酸己糖、磷酸丙糖、磷脂、植酸盐、某些辅酶和核酸等有机物的组成成分。磷在生物代谢中起着极为重要的作用。钾的含量仅次于磷，占总灰分的1/4～1/3，多数以离子状态存在。在植物代谢过程中，特别是对糖类的合成、转运与储存，以及蛋白质的代谢都有密切的关系。两个碱性金属元素镁和钙都是植酸盐的组分，但镁的总含量是钙的4倍之多，同时，镁是与光合作用有关的叶绿素的组成成分。硫的含量很少，为蛋白质中含硫氨基酸及辅酶A的特有成分。硅在稻谷中含量最多，占稻壳总灰分的94%以上。硅酸与钙盐作为细胞壁的填充剂，有加强组织机械性能的作用。

矿物质在谷物中分布不均匀，谷物子粒的皮层（壳、皮、糊粉层）灰分含量最多，其次是胚部，内胚乳中灰分含量最少。以稻谷为例，稻谷全粒灰分含量为5.3%，其中稻壳灰分占全粒总灰分17%，皮及糊粉层占11%，而内胚乳只占0.4%。可见谷物类谷物的壳、皮、糊粉层及胚部含量较多，而胚乳含量较少。因此，谷物加工制品中，加工精度越高，灰分含量则越少。

二、矿物质含量与谷物加工的关系

从谷物中矿物元素的分布情况看，灰分主要集中在粮粒的皮层，而它们多是纤维素和半纤维素聚集的部位，也是制米和磨制面粉应去掉的部分，因此，灰分与谷物子粒中的纤维素含量有着正相关性。也就是说，谷物子粒中纤维素含量多的部位其灰分含量也高，反之则低。

所以在制米、磨制面粉过程中，去皮程度越大，其加工精度越高，说明被加工的粮粒中胚乳部分与果皮、种皮及胚等部分分离得越彻底。因为粮粒中的灰分主要分布在皮层及胚部，所以加工精度高的米、面中灰分含量基本上与内胚乳中的灰分含量接近，只要有部分的皮及胚留在米、面中，就会明显增加灰分的含量，因此，世界各国都以灰分含量的多少作为鉴别面粉加工精度或确定等级的依据。然而，灰分在麦粒中分布最多的部位并不是纤维素和半纤维素含量最多的皮层，而是糊粉层。如黑麦子粒果皮的灰分占全粒灰分的3.54%，种皮灰分占2.89%，糊粉层灰分占7.87%，胚乳灰分占0.42%，胚灰分占5.30%。因此，以灰分的含量表示面粉加工精度的高低，就受到一定限制，在这种情况下，必须和其他检验项目结合起来才能比较准确地评定面粉品质的优劣。在磨制标准粉时，只要去掉含纤维素较高的皮层，保留大部分含纤维素不高而含灰分较高的糊粉层，就可以大大提高出粉率和矿物质含量。

微课：谷物中的矿物质

三、几种重要的矿物质元素

（一）钙、磷

钙、磷是动物体内含量最多的矿物质。动物体内99%的钙存在于骨骼和牙齿之中，以磷酸钙$[Ca_3(PO_4)_2]$的形式存在，其中钙/磷比例为2:1左右。其余分布于血液、淋巴、唾液及其他消化液中。钙能促进体内酶的活性，对血液的凝固、维持神经与肌肉的功能、维持体液的酸碱平衡等起着重要作用。

钙的吸收与年龄、个体机能状态有关。年龄大，钙吸收率低；胃酸缺乏、腹泻等会降低钙的吸收；若机体缺钙，则吸收率提高。此外，尚有多种因素可促进钙的吸收。已知维生素 D 可促进钙的吸收，从而使血钙升高，并促进骨骼中钙的沉积。蛋白质促进钙的吸收，可能是蛋白质消化后释放出的氨基酸与钙形成可溶性配合物或螯合物的结果。食物中钙的来源以乳及乳制品为最好，不但含量丰富，吸收率也高。豆类和油料种子含钙较多，谷类含钙量较少，且谷类含植酸较多，钙不易吸收。

磷除了组成骨骼和牙齿，还以有机磷的形式存在于细胞核和肌肉中，参与氧化磷酸化过程，形成高能磷酸化合物——ATP（三磷酸腺苷）储存能量，供生命活动所需。同时磷是酶的重要成分，调节机体酸碱平衡。磷在成人体内的总量为 600～900 g，占体重 1%。

磷普遍存在于各种动植物食品中，食物中以豆类、花生、肉类、核桃、蛋黄中磷的含量比较丰富。但谷类及大豆中的磷主要以植酸盐形式存在，不易被人体消化，若能预先通过发酵或将谷粒、豆粒浸泡在热水中，植酸能被酶水解成肌醇与磷酸盐时就可以提高磷的吸收率。

(二) 镁

人体内 70% 的镁存在于骨骼和牙齿中，其余分布于软组织及体液中。镁是许多酶的激活剂，对维持心肌正常生理功能有重要作用。缺镁会引起情绪激动，手足抽搐；长期缺镁会使骨质变脆，牙齿生长不良。镁广泛存在于植物中，肉和脏器中也富含镁，奶中则较少。

(三) 钠、钾、氯

钠和钾主要分布于体液和软组织中。钠、钾、氯三种元素的主要作用是维持渗透压、酸碱平衡和水的代谢。氯和钠在体内不仅有营养作用，还有刺激唾液的分泌及激活消化酶的作用。氯又是胃酸的主要成分，保持胃液呈酸性，有杀菌作用。缺乏钠、钾、氯会使动物产生食欲下降、营养不良、生长停滞、肌肉衰弱等不良现象。钾可由食品供给，并由肾脏、汗、粪排出。富含钾的食品有水果、蔬菜、面包、油脂、酒、马铃薯、糖浆等。

(四) 硫

硫是人体内不可缺少的一种元素，人身体内的每一个细胞都含有硫，其中毛发、皮肤和指甲中浓度最高。硫的作用主要是通过体内的含硫有机物实现的，是蛋氨酸、胱氨酸、半胱氨酸，以及生物素和硫胺素的组成部分。硫的优质食物来源是干酪、鱼类、蛋类、谷类及谷物制品、豆类、肉类、坚果类和家禽等。

(五) 铁

铁是构成血红蛋白、肌红蛋白、细胞色素和多种氧化酶的重要成分。铁在动物体内的含量约为 0.004%，其中 2/3 存在于红细胞的血红蛋白中。铁和血液中氧的运输、细胞内生物氧化密切相关，参与能量代谢，促进肝脏等组织的生长发育。食物中铁元素摄入量不足就会出现缺铁性贫血症。正常成年人的食物铁吸收率一般在 10% 左右，其余部分随粪便排出体外。但人体的机能状态对食物铁的吸收利用影响很大，如缺铁性贫血患者或缺铁的受试者对食物铁的吸收增加。放射性铁的试验表明，正常成年男女对食物铁的吸收为 1%～12%，缺铁受试者对铁的吸收率可达 45%～64%。妇女的铁吸收比男子多一些，小孩随年龄的增长，铁吸收率逐步下降。食品中铁的含量通常不高，尤其是谷物中的铁，因可能与磷酸盐、草酸盐、植酸盐等结合成难溶性盐，溶解度大幅度下降，很难被机体吸收利用。

食物中铁的来源以肝、肾、蛋、大豆、芝麻、绿色蔬菜中居多。

(六) 铜

铜存在于各种组织中，以骨骼和肌肉中含量较高，浓度最高的是肝和脑，其次是肾、心脏和头发。铜参加血红蛋白的合成及某些氧化酶的合成和激活，在红细胞和血红素的形成过程中起催化作用；能促进骨骼正常的发育，使钙、磷在软骨基质上沉积；同时铜有助于维持血管的弹性和血管的正常功能，维持中枢神经系统正常活动和正常的繁殖功能。机体缺乏铜会出现贫血、骨质疏松及佝偻病，导致发育停滞。铜的食物来源很广，一般动植物食品都含有铜，但其含量随产地土壤的地质化学因素而有差别。

(七) 锌

锌主要存在于骨骼、皮肤、头发和血液中，其中有 25%～85% 在红细胞中。锌是构成激素、胰岛素的成分，它参与蛋白质、糖类和脂类的代谢，与毛发的生长、皮肤的健康、嗅觉迟钝、创伤的愈合等有关。缺乏锌的动物因采食量降低而使生长受阻，皮肤、骨骼等出现异常，繁殖机能下降。锌的吸收与铁相似，可受多种因素的影响，尤其是植酸严重妨碍锌的吸收，但面粉经发酵可破坏植酸，有利于锌的吸收。当食物中有大量钙存在时，可形成不溶性的钙锌植酸盐复合物，这极大地影响了对锌的吸收。许多谷物都含有锌，如豆类、小麦含锌量可达 15～20 mg/kg。

(八) 碘

机体内含碘甚微，不超过 0.000 4%，且 20%～30% 的碘存在于甲状腺中。碘是甲状腺素的重要组成成分，参与甲状腺素的合成及机体代谢的调节。甲状腺素是一种激素，可促进幼小动物的生长、发育。缺碘会产生甲状腺肥大，基础代谢率下降。幼儿期缺碘可引起先天性心理和生理变化，导致呆小症。

含碘最丰富的食物是海产品和海盐，其他食品的碘含量则主要取决于动植物生长地区的地质化学状况，谷物中含碘甚微。

微课：重要的矿物质

知识拓展

硒是人体需要的一种矿物质元素，它一般具有抗氧化、维持甲状腺功能、提高免疫力、预防癌症、辅助调节血糖等作用和功效。在很多场合，硒常常被称为"月亮女神"。为什么硒会有这样一个美丽的名字呢？这要从硒的发现和命名说起。

1817 年，勤奋的瑞典化学家贝采里乌斯（Berzelius）在自家经营的硫酸工厂铅室底部发现了一种奇怪的红色粉状物质，除去已知的硫黄后，用吹管加热，会有一种蔬菜腐烂的味道，最初他将这种物质误认为是碲。但是，后来他对这种物质不断地进行试验、分析后，确定这是一种新元素。由于它的性质非常类似碲元素，碲的名称为 Tellurium，含义是地球。因此，作为碲的姊妹元素，贝采里乌斯以月亮给硒命名，在希腊文中叫作 Selene（赛勒涅），是指"满月女神"。

正是一个科学家的艺术情怀，为今人展开了很多想象的空间，现如今的"月亮女神""硒姑娘"称呼由此传开。

模块七　粮食中的微量成分

单元三　粮食中的活性成分

学习目标

知识目标：了解粮食中活性成分的种类，熟悉粮食中活性成分的功能作用，掌握活性成分开发利用的方法。

技能目标：能对粮食中的活性成分进行开发利用。

素养目标：树立为全面推进乡村振兴、加快建设农业强国，为全面建设社会主义现代化国家、全面推进中华民族伟大复兴而奋斗的责任意识和使命担当。

单元导入

小麦是中国的主要粮食作物之一，其中80%左右用于生产面粉。小麦胚芽是小麦制粉时的副产品，占籽粒质量的2%～3%，中国小麦胚芽年潜藏量高达200万～250万吨。小麦胚芽是小麦籽粒的生命源泉，含有极其丰富且优质的蛋白质、脂肪、多种维生素、矿物质及微量生理活性成分，被誉为人类"天然的营养宝库"。小麦胚芽虽然来源丰富，但利用率不高，大多面粉厂在面粉加工中将胚芽与麸皮共同处理掉，没有很好地利用起来，造成极大的浪费。近年来，国内外研究者渐渐对小麦胚芽卓越的营养保健功能重视起来，研究日益深入。从胚芽油、胚芽蛋白等大方向细化到其中具体组分，如二十八烷醇、麦胚凝集素等，研究的针对性越来越强。小小一片小麦胚芽，其可研究的地方还有很多，开发利用农副产品对贯彻执行"农业强国"战略具有重要意义。

基础认识

一、小麦活性成分

(一)小麦胚

小麦胚含有极其丰富而优质的蛋白质、脂肪、多种维生素、矿物质及一些尚未探明的微量生理活性物质，小麦胚蛋白质含量高达30%左右，而且小麦胚蛋白质中必需氨基酸的组成比例与FAO/WHO颁布的理想模式值基本接近，是一种近完全蛋白；小麦胚的脂肪含量可超过10%，此外还含有1.38%的磷脂(主要是脑磷脂和卵磷脂)及4%的不皂化物(植物甾醇等)，小麦胚油中不饱和脂肪酸含量达84%，从营养学上看，小麦胚油脂的组成非常理想，其中的亚油酸能与人体血管中的胆固醇起酯化反应，具有防止人体动脉硬化的功效，对调节人体血压、降低血清胆固醇、预防心血管疾病有重要作用，还可防止机体代谢紊乱产生的皮肤病变和生殖机能病变；小麦胚中的维生素种类多，含量丰富，其中维生素E的含量高达69 mg/(100 g)，居各植物性食品资源之首，而且是全价的维生素E，其中α体、β体所占比例大，各约占60%和35%，这是其他食品所无法比的。

1. 谷胱甘肽

谷胱甘肽(Glutathione，GSH)是由谷氨酸、半胱氨酸和甘氨酸组成的三肽，其中谷氨酸是以γ-羧基与半胱氨酸形成肽键。GSH在自然界中分布很广，动物肝脏、酵母和小麦胚中含量丰富。有文献报道，小麦胚中的GSH含量达98~107 mg/(100 g)。GSH含量的多少成为衡量机体抗氧化能力大小的重要因素。

谷胱甘肽主要存在于胚乳和糊粉层中，因此，随着面粉精度的增加，其含量增加。谷胱甘肽与氨基酸的主动运输有关，由于它的氧化作用，也与许多氧化还原反应有关。通过氧化成相应的硫酸—二硫化物与面筋互相转变来影响小麦粉面团的流变性质。大量减少面粉中的谷胱甘肽可导致蛋白质中的二硫键的减少和相应的面团的某些蛋白质组分的分子质量的减少。

2. 黄酮类物质

小麦胚也是黄酮类化合物的良好来源，近几年的研究表明，黄酮类化合物作为食物中的一种非营养成分，呈现多种生物活性。小麦胚中的黄酮类化合物主要是黄酮和花色素。小麦胚黄酮类提取物能明显抑制人乳腺髓样癌细胞株Beap-37的生长、克隆形成和DNA合成能力，呈现明显的剂量疗效关系，并随作用时间延长其效果增强。小麦胚黄酮类提取物可能是通过抑制了Beap-37细胞M23的合成而降低其生长和繁殖的能力。

3. 麦胚凝集素

麦胚凝集素是指麦胚中能与专性糖结合，促进细胞凝集的单一蛋白质。麦胚凝集素与脂肪细胞反应，有类似胰岛素的作用，能激活葡萄糖氧化酶，降低血糖含量。小麦胚脂酶抽提物中含有凝集素，从小麦胚酸性磷脂酶中也提取出了凝集素，此后直接从小麦胚中分离提取了凝集素。尤其是亲和层析技术和晶体X射线衍射技术的应用，使麦胚凝集素的纯化技术、结构研究及生理功能等研究均取得了飞速的发展。

4. 甾醇

小麦胚油中不皂化物含量较高，为2%~6%，其中大部分为甾醇，并以谷甾醇为主，占甾醇总量的60%~70%；其次为菜油甾醇，占20%~30%；小麦胚油所含甾醇基本无胆固醇。

植物甾醇的生理功能：干扰食物中胆固醇在肠道的吸收和干扰胆汁所分泌的胆固醇的重吸收，促进胆固醇排泄，降低人体血清胆固醇，预防心、脑血管疾病；在人体内可转变成胆汁酸和激素，参与人体的新陈代谢。甾醇是化学合成甾类激素的基础物质。因此，小麦胚油甾醇的开发在医药工业中占有重要地位。

(二) 麦麸

小麦麸皮占小麦籽粒的22%~25%，除含有丰富的膳食纤维外，还含有蛋白质、矿物质、维生素、有机酸、酚类化合物等。

1. 膳食纤维

小麦麸皮是优质活性膳食纤维的重要来源之一，而膳食纤维被称为人体的第七大营养素，其化学组成特性是含有很多亲水基因，所以有很高的持水能力，大致是自身质量的1.5~

25倍。研究表明,膳食纤维的持水性可能增加人体排便的体积和速度,减轻直肠内压力,能有效地预防结肠癌、便秘等;膳食纤维表面的许多活性基团,可以螯合吸附胆固醇和胆汁酸之类有机分子并促使它们排出体外,有效地降低血液胆固醇的水平,达到预防与治疗动脉粥样硬化和冠心病的目的。此外,膳食纤维能延缓糖分的吸收,改善末梢神经对胰岛素的感受性,调节糖尿病患者的血糖水平,还能使胰岛素分泌下降。

2. 有机酸类

麦麸中还含有γ-氨基丁酸、植酸、草酸等成分。γ-氨基丁酸是一种非蛋白质天然氨基酸,其含量约占麦麸质量的0.3%,具有延缓神经细胞衰老、降低血压、抗惊厥、预防和治疗癫痫、改善脑机能及肝肾功能,以及改善脂质代谢、修复皮肤等多种功能。植酸是淡黄色或黄褐色黏稠状液体,通常以钙镁复盐(又名菲汀)的形式存在于麦麸中。菲汀是天然制取植酸、肌醇的主要原料,国际上对植酸、肌醇的需求与日俱增。菲汀已广泛用于食品和医药工业,既可替代酒类酵母培养时的磷酸钾和酿酒用水的加工剂及酒类等产品的除金属剂,还可配制成内服药品,促进人体的新陈代谢,恢复体内磷的平衡,具有补脑,以及治疗神经炎、神经衰弱及小儿佝偻等作用。草酸作为一种重要的化工原料,广泛用于药物生产、稀土元素的提取,以及织物的漂白、高分子合成等工业,需用量日趋增加。

3. 酚类化合物

酚类化合物是一类具有广泛生物活性的植物次生代谢物,麦麸中含量较少,但对人体的生理机能有不容忽视的作用。麦麸中的酚类物质主要有酚酸、类黄酮、木酚素。

(1)酚酸。酚酸主要存在于麦麸皮层中,是细胞壁组分之一,具有抗氧化性和抗癌作用,并对环境中的有毒物质(如多环芳香烃和亚硝胺及真菌毒素)有抗诱变作用。酚酸中以阿魏酸含量较高,而阿魏酸是一种优良的氢自由基清除剂,在癌症的预防中有重要作用。

(2)类黄酮。类黄酮主要位于麦麸皮层中,是一类具有广泛生物活性的植物雌激素。类黄酮物质可防止低密度脂蛋白的氧化,清除生物体内自由基,在抗衰老、预防心血管疾病、防癌、抗癌方面有一定功效。类黄酮是极具开发潜力的老年食品的保健基料。麦麸中含有的黄酮类物质,具有降低心肌耗氧量,使冠状动脉和脑血管血流量增加、抗心律失常、软化血管、降血糖、调血脂、抗氧化、消除机体内自由基、抗衰老和增强机体免疫力等功能,具有很强的抗氧化活性。黄酮类物质具有清除超氧阴离子自由基和羟自由基的能力已被证实。

(3)木酚素。木酚素在小麦麸皮中含量特别高,而面粉中极少,主要是植物细胞壁成分木质素的原始物质,也属于植物雌性激素化合物。流行病学研究表明,木酚素对乳腺癌、子宫黏膜癌及前列腺癌等与激素有关的癌症具有预防作用。此外,木酚素能阻碍胆固醇7α-羟化酶形成初级胆酸,从而具有预防肠癌的作用。

微课:小麦中的活性成分

二、稻谷活性成分

稻米不仅可作为人的食物,也可作为新型功能保健品的一种重要原材料。稻谷皮层富含维生素、铁、钙、锌等微量营养元素、膳食纤维及植酸等;胚富集多种功能性的生理活性成分，如 γ-氨基丁酸、肌醇、谷维素、维生素 E、谷胱甘肽、N-去氢神经酰胺(抑制黑色素生成，美化皮肤)等。此外，黑米和红米还富含黄酮类化合物、生物碱等功能成分。稻谷中主要活性成分有 γ-氨基丁酸、多磷酸肌醇、谷维素、维生素 E 和二十八烷醇等。

　　米糠油含有多种生物素，这些生物素不仅具有高的生物活性，而且含量也较高，如含有 4％的不可皂化成分。在米糠油中比较重要的不可皂化成分主要包括植物固醇(1.5％～2％)、谷维素(1.2％～1.8％)、维生素 E(0.15％～0.2％)。并且，米糠油含有大量的蜡(1.5％～4％)、磷脂(0.5％～1.5％)和游离脂肪酸(59.19％)，这些游离的脂肪酸包括油酸、亚油酸、亚麻酸、棕榈酸、硬脂酸、花生四烯酸。米糠油的游离脂肪酸中油酸和亚油酸约占 70％，而棕榈酸约占 22％，它的游离脂肪酸值高于其他植物油。

知识拓展

　　提取植物活性成分的方法有许多种，除了最简单的压榨法，常常利用溶剂去萃取。例如，油脂极性小，可以提取植物中的脂溶性成分和甾体、萜类等中性物质；水可以提取水溶性生物碱、氨基酸、维生素、糖类、果酸等水溶性物质；乙醇能提取黄酮、酚类物质。精油常常使用蒸馏法来得到植物中易挥发物质。采用不同的萃取方式，从植物中得到的物质也会不同。

模块小结

1. 维生素按其溶解性的不同，可分为脂溶性维生素和水溶性维生素两大类。脂溶性维生素主要有维生素 A、D、E、K 等；水溶性维生素包括 B 族维生素、维生素 C。

2. 维生素 A 和视觉有关，缺乏时，就会导致夜盲、干眼、角膜软化、表皮细胞角化、失明等症状。维生素 A 主要来源为深色蔬菜、鱼类、动物肝脏、乳制品和蛋黄等。

3. 维生素 D 和动物骨骼的钙化有关，能促进钙、磷在肠道内的吸收，调节钙的代谢，促进骨骼和牙齿的形成。缺乏时，儿童将引起佝偻病，成人则会引起骨质疏松症。维生素 D 可通过晒太阳获取。

4. 维生素 E 是一种有效的生物抗氧化剂，还具有抗不育症、防止肌肉萎缩、肌肉营养障碍等功能，广泛地存在于植物油及各种油料种子中。

5. 维生素 K 主要参与凝血作用，缺乏维生素 K 会导致人体的凝血功能障碍。一般条件下人类很少缺乏维生素 K。

6. 维生素 B_1 的化学名称为硫胺素，又称抗脚气病因子、抗神经炎因子，缺乏可导致脚气病，在稻谷、小麦及动物内脏、瘦猪肉、蛋类等食品原料中含量比较丰富。

7. 维生素 B_2 又名核黄素，缺乏维生素 B_2 时，主要表现为口角炎、舌炎、阴囊炎及角膜血管增生等。维生素 B_2 广泛地存在于动物体内，以禽肉、畜类内脏中含量最高，其次是乳类和蛋类。

8. 维生素 B_3 又称泛酸或遍多酸，与糖类、脂类及蛋白质代谢都有密切关系，酵母、肝脏、肾、蛋黄、新鲜蔬菜及全面粉面包中含有丰富的维生素 B_3。

9. 维生素 B_5 又称维生素 PP、抗癞皮病维生素，典型的维生素 B_5 缺乏症称为癞皮病，动物肉类、肝脏是维生素 B_5 的良好来源。

10. 维生素 B_6 又称吡哆素、抗皮炎维生素。人体一般不会发生缺乏症。

11. 维生素 B_{11} 又称叶酸，缺乏可导致巨幼红细胞性贫血、胎儿神经管畸形。

12. 维生素 B_{12} 又称钴胺素，是唯一含有金属元素的维生素，具有抗恶性贫血、防脂肪肝的作用。

13. 维生素 C 又名抗坏血酸，参与机体的羟化反应和还原作用，此外，对铁的吸收、预防疾病等方面也有积极的作用。人严重缺乏维生素 C 时，将出现坏血病等症状。维生素 C 主要的食物来源为水果和蔬菜。

14. 矿物质分为两大类，人体中矿物质含量在 0.01% 以上的称为常量元素，如钙、磷、硫、钾、钠、氯、镁 7 种元素；含量在 0.01% 以下的称为微量元素元素，如铁、锌、铜、碘、锰等。

15. 矿物质主要集中在粮粒的皮层，制米、磨制面粉过程中，去皮程度越大，其加工精度越高，矿物质损失越严重。

16. 钙、磷主要组成人体的骨骼和牙齿，食物中钙的来源以乳及乳制品为最好，豆类、花生、肉类、核桃、蛋黄中磷的含量比较丰富。

17. 镁是许多酶的激活剂，对维持心肌正常生理功能有重要作用，肉和脏器中富含镁。

18. 钠、钾、氯三种元素的主要作用是维持渗透压、酸碱平衡和水的代谢。

19. 铁是构成血红蛋白、肌红蛋白、细胞色素和多种氧化酶的重要成分，摄入量不足会导致缺铁性贫血症，食物中铁的来源以肝、肾、蛋、大豆、芝麻、绿色蔬菜中居多。

20. 锌是构成激素、胰岛素的成分，缺乏锌可导致儿童生长发育受阻、食欲下降、异食癖等。锌主要来源为动物性食物，许多谷物也都含有锌。

21. 碘是甲状腺素的重要组成成分，缺碘会产生甲状腺肥大，基础代谢率下降。幼儿期缺碘可导致呆小症，含碘最丰富的食物是海产品和海盐，谷物中含碘甚微。

22. 小麦胚中含有的主要活性成分有谷胱甘肽、黄酮类物质、麦胚凝集素、甾醇；麦麸中含有的主要活性成分有膳食纤维、有机酸类、酚类化合物

练习与思考

一、单项选择题(选择一个正确的答案，将相应的字母填入题内的括号)

1. 下列矿物质不属于常量元素的是(　　)。
   A. 铁　　　　　B. 钙　　　　　C. 镁　　　　　D. 硫

2. 矿物质元素在生物体内含量低于(　　)% 称为微量元素。
   A. 10　　　　　B. 1　　　　　C. 0.1　　　　　D. 0.01

3. (　　)是理想的钙源。
   A. 奶及奶制品　B. 大豆　　　　C. 小麦　　　　D. 稻谷

4. 铁参与(　　)的形成，负责人体内氧气的输送。
   A. 肌红蛋白　　B. 血红素酶类　C. 辅助因子　　D. 血红蛋白

5. 维生素A缺乏容易导致（   ）。
   A. 骨质疏松症   B. 佝偻病   C. 夜盲症   D. 骨关节疼痛
6. 缺乏维生素D可使成人引起（   ）。
   A. 骨关节疼痛   B. 肾结石   C. 骨质软化病   D. 食欲不振
7. 过度碾磨的精白米、精白面会造成维生素（   ）的大量丢失。
   A. B_1 B. B_2 C. B_5 D. B_6
8. 烟酸缺乏会引起（   ）。
   A. 癞皮病   B. 脚气病   C. 巨红细胞性贫血   D. 小细胞性贫血
9. （   ）缺乏容易导致巨红细胞性贫血和胎儿神经管畸形。
   A. 维生素A   B. 叶酸   C. 烟酸   D. 维生素C
10. 谷类中所含的主要维生素类别是（   ）。
    A. B族维生素   B. 维生素A   C. 维生素D   D. 维生素C
11. 谷物灰分中以（   ）为最多，约占谷物灰分总含量的50%。
    A. 钙   B. 锌   C. 铁   D. 磷
12. 矿物质在谷物中分布不均匀，谷物子粒的（   ）灰分含量最多。
    A. 胚部   B. 皮层   C. 胚乳   D. 芽

二、多项选择题（选择正确的答案，将相应的字母填入题内的括号）
1. 下列均属于微量元素的是（   ）。
   A. 铁   B. 硒   C. 钴   D. 钙
2. 在制米、磨制面粉过程中，会导致维生素和矿物质丢失的操作有（   ）。
   A. 去皮程度大   B. 去皮程度小   C. 加工精度低   D. 加工精度高
3. 下列哪些是钙的生理功能？（   ）
   A. 形成和维持骨骼、牙齿的结构   B. 参与血凝的过程
   C. 抑制钾、钙通道   D. 维持肌肉和神经的正常活动
4. 磷的生理功能有（   ）。
   A. 磷和钙是骨骼牙齿的重要构成材料
   B. 参与许多重要生理功能
   C. 参与体内能量的转移和酸碱平衡的调节
   D. 磷是组成遗传物质核酸的基本成分之一
5. 小麦胚中含有哪些活性成分？（   ）
   A. 谷胱甘肽   B. 黄酮类物质   C. 麦胚凝集素   D. 甾醇
6. 谷物子粒中含有多种维生素，大部分分布在（   ）。
   A. 胚   B. 糊粉层   C. 胚乳   D. 胚芽
7. 维生素E食物来源有（   ）。
   A. 坚果类   B. 各种油料种子及植物油
   C. 水果类   D. 绿叶菜

三、思考题
1. 麦麸中含有哪些生物活性成分？
2. 从营养学角度出发，谷物如何加工比较合理？

模块八　粮食加工和储藏过程中的化学变化

模块概述

"仓廪实，天下安"，粮食事关国运民生，粮食安全是国家安全的重要基础。粮食安全的内涵从粮食供给安全拓展到包括粮食生产、收储、物流、加工、销售等诸多环节的全过程的安全。

近年来，我国粮食连年丰收，谷物供应基本实现自给。自2015年以来，我国粮食总产量连续8年稳定在6.5亿吨以上，2022年达到6.865亿吨。随着社会发展与科技进步，我国粮食生产基本实现机械化，粮食生产水平大幅提升。

我国粮食储藏主要包括国家储备、地方储备、企业储存、农户储粮4个部分。总体来看，在设施设备、技术和管理方面，国家和地方储备水平较高，而企业和农户储备水平相对较低。在整个粮食储存环节，农户储粮是最薄弱的部分。

需求分析

当前粮食收获、储运、加工、销售、消费等环节浪费尤甚。中国农业科学院发布的《中国农业产业发展报告(2023)》测算显示，到2035年，如果我国粮食收获、储藏、加工和消费环节损失率分别减少1~3个百分点，三大主粮损失率减少40%，可降低损失约1100亿斤。由此可见，节粮减损潜力巨大。了解粮食在加工和储藏期间发生的化学变化，对于节粮减损意义重大。

重难点分析

(1)通过学习和分析，熟悉粮食籽粒不同部位营养成分的分布情况，掌握粮食加工过程中营养成分的变化情况。

(2)通过学习和研究，熟悉影响粮食劣变的因素，掌握粮食主要化学成分糖类、蛋白质、脂肪、酶类、维生素、矿物质在储藏过程中的变化情况。

粮食化学

单元一　粮食在加工过程中的化学变化

学习目标

知识目标：了解粮食的主要营养成分，熟悉粮食籽粒不同部位营养成分的分布情况，掌握粮食加工过程中营养成分的变化情况。

技能目标：能分析粮食籽粒不同部位的主要营养成分，能根据加工过程分析成品粮的营养流失情况。

素养目标：粮食加工和储运过程易造成营养损失，在学习的过程中注重术道结合，养成"为耕者谋利、为食者造福、为业者护航"的担当精神。

单元导入

袁隆平被誉为"杂交水稻之父"，中国杂交水稻事业的开创者和领导者，1964年开始研究杂交水稻，1974年育成第一个杂交水稻强优组合——南优2号；1975年研制成功杂交水稻制种技术，从而为大面积推广杂交水稻奠定了基础。2003年，袁隆平指导博士生开展远缘物种基因组DNA导入水稻的研究，将一批外源DNA转基因进入水稻。

袁隆平出席湖南农业大学2019级本科新生开学典礼会场，分享自己的人生体会。袁隆平谈及成功的"秘诀"，用8个字概括是"知识、汗水、灵感、机遇"。知识就是力量，是创新的基础；汗水是要能吃苦；灵感就是思想火花，是知识、经验、思索和追求综合在一起升华的产物；机遇就是要做一名"有心人"，要学会用哲学的思维看问题，透过偶然性的表面现象，找出隐藏在其背后的必然性。坚持做到这几点，才能突破障碍，实现梦想。

基础认识

粮食在加工过程及储藏条件下，会产生一系列化学及生物化学等特性的变化。这些变化会影响粮食相应的品质指标，如化学品质、营养品质、食品加工品质、储藏保鲜品质等，因此在加工和储藏粮食过程中，应相应地采取一些必要的措施，并引导这些变化向有利的方向发展，使粮食的劣变有所改善。

一、稻谷制米过程中化学成分的变化

制米是稻谷加工的主要方式。米粮的优点是加工工艺比较简单，成品粮装运比较方便，其储藏稳定性也较好，而且制备熟食非常方便，胀性很强。

稻壳为稻谷籽粒的最外层，是糙米的保护组织，含有大量的粗纤维和灰分。灰分中90%以上是二氧化硅，使稻壳质地粗糙而坚硬。稻壳中完全不含淀粉，因而不能食用，加工时要全部除去。皮层是胚乳和胚的保护组织，含纤维素较多，脂肪、蛋白质和矿物质含

量也较多。因为有皮层的糙米具有吸水性差、出饭率低、蒸饭时间长、饭的食味不佳等缺点，所以加工时需将全部或大部分皮层碾去。胚乳是储藏养分的组织，主要含淀粉，其次是蛋白质，而脂肪、灰分和纤维素的含量都极少。因此，胚乳是米粒中主要营养成分所在，是稻谷籽粒供人们食用的最有价值的部分，加工时要尽量保留。胚是谷粒生理活性最强的部分，富有蛋白质、脂肪、可溶性糖和维生素等，营养价值很高。因此，如大米储藏期不长，应尽量保留胚。但胚中的脂肪易酸败变质，使大米不耐储藏。

在制米过程中，随着稻壳的除去，皮层的不断剥离，碾米精度越高，成品大米的化学成分越接近纯胚乳，即大米中淀粉的含量随精度的提高而增加。而稻谷的矿物质（如铝、钙、氯、铁、镁、锰、磷、钾、硅、钠、锌等）及维生素（如 B_1、B_2、B_3、B_5、B_6 等 B 族维生素及维生素 E）主要存在于稻壳、胚及皮层中，胚乳中含量极少，因此，大米的精度越高，灰分及维生素的含量越低，其他各种成分也相对地减少。糙米经碾米机碾白，除去 8%～10% 的米糠而余留 90%～92%（质量）的白米者则为精白米，如 92 米（100 斤糙米出 92 斤白米）。如果不完全碾白，仅除去 4%～6% 的米糠，如 96 米（100 斤糙米出 96 斤白米），尚残留一部分的种皮、胚及糊粉层，则 B 族维生素含量较多。如果采用特殊方法碾白，除去糠层而保留米胚则为胚芽米，胚芽米营养价值较高。糙米及各种不同精度大米的化学成分见表 8-1。

表 8-1　糙米及不同精度大米的化学成分（每 100 g 中含量）

100 g 中	糙米	96 米	94 米	92 米
发热量/kcal	337	345	350	351
水分/g	15.5	15.5	15.5	15.5
粗蛋白质/g	7.4	6.9	6.6	6.2
粗脂肪/g	2.3	1.5	1.1	0.8
无氮抽出物/g	72.5	74.5	75.6	76.6
粗纤维/g	1.0	0.6	0.4	0.3
灰分/g	1.3	1.0	0.8	0.6
钙/mg	10	7	6	6
磷/mg	300	200	170	150
铁/mg	1.1	0.7	0.5	0.4
维生素 B_1/mg	0.36	0.25	0.21	0.09
维生素 B_2/mg	0.10	0.07	0.05	0.03
维生素 B_5/mg	4.5	3.5	2.4	1.4

从食用和营养的观点来看，大米精度越高，淀粉的相对含量越高，粗纤维含量越少，因此，消化率也越高，也越是好吃；但是，某些营养成分，如蛋白质、脂肪、矿物质及维生素等的损失也越多，这对人体健康不利。因此，为了保留大米的这些营养成分，加工精度不宜过高。目前，我国加工的标准米，尚保存一部分的皮层和米胚，这样既可保留必要的营养成分；又可增加出米率，因而是比较合理的。

与谷壳不同，米糠是有营养价值的副产品，其成分不恒定，但富有蛋白质、脂肪、矿物质和维生素(表 8-2)。

表 8-2　米糠的成分　　　　　　%

水分	蛋白质	脂肪	粗纤维	灰分	无氮抽出物
11	12	16	12	10	39

米糠的化学成分显著依赖于碾磨的程度(一些胚乳是否同麸糠一起被除去)，碾磨前的去壳和分离效果(夹带谷壳碎片)及品种与种植条件的不同而有差异。

二、小麦制粉过程中化学成分的变化

面粉化学成分与加工精度密切相关，随面粉的等级变化而有规律变化。

小麦胚乳、胚芽及麸皮(包括糊粉层、果皮和种皮)的质量比为82∶2∶16。实际上出粉率低于80%。我国的标准粉出粉率在85%左右，即有一部分皮层被磨入面粉，也可能有胚乳混入麸皮。

小麦各部分的组成成分见表 8-3，小麦与面粉的化学成分见表 8-4 及表 8-5。

表 8-3　小麦各部分的组成成分　　　　　　%

部位	水分	纯蛋白质	酰胺类	油脂	淀粉	糊精	蔗糖	戊聚糖	纤维	灰分	主要维生素
胚乳	12.50	11.23	0.15	1.38	65.75	5.53	0.35	2.60	0.10	0.40	均少
胚芽	7.80	25.87	2.65	11.40	13.72	7.00	14.60	4.90	1.35	4.70	各种 B 及 E
麸皮	11.80	14.65	0.95	3.80	16.30	1.85	4.60	23.73	11.30	5.00	各种 B

表 8-4　小麦及各种面粉的化学成分比较

100 g	软麦	硬麦	强力粉		中力粉		弱力粉	
			一等粉	二等粉	一等粉	二等粉	一等粉	二等粉
发热量/kcal	334	330	354	354	354	354	356	356
水分/g	12.0	13.0	14.5	14.5	14.5	14.5	14.0	14.0
粗蛋白质/g	10.4	13.0	11.0	12.0	8.5	8.5	8.3	8.5
粗脂肪/g	1.9	2.2	1.1	1.3	1.0	1.1	0.9	1.0
无氮抽出物/g	72.2	67.8	72.6	71.3	75.3	75.0	76.2	75.9
粗纤维/g	2.0	2.4	0.3	0.3	0.3	0.3	0.2	0.2
灰分/g	1.5	1.6	0.5	0.6	0.4	0.5	0.4	0.4
钙/mg	40	30	15	18	10	20	18	21
磷/mg	310	300	98	120	95	110	80	95
铁/mg	3.0	3.9	1.0	1.2	1.0	1.1	0.8	0.9
维生素 B_1/mg	0.28	0.36	0.15	0.22	0.15	0.20	0.15	0.20
维生素 B_2/mg	0.08	0.11	0.05	0.06	0.05	0.05	0.04	0.04
维生素 B_6/mg	4.2	5.0	1.1	1.5	1.0	1.4	1.0	1.2

表 8-5　不同出粉率面粉的化学成分　　　　　　　　　　　　%

成分	出粉率					
	100	93	88	80	70	60
粗蛋白质	9.7	9.5	9.2	8.8	8.8	8.2
粗脂肪	1.9	1.8	1.7	1.4	1.2	1.0
无氮抽出物	84.8	86.0	87.2	88.6	89.8	90.1
粗纤维	2.0	1.4	0.8	0.5	0.3	0.2
灰分	1.6	1.3	1.1	0.7	0.5	0.4
消化率	83	91	94	97	98	98

由以上各表可见，在制粉时，出粉率越高，则面粉的化学成分越接近全麦粒；出粉率越低，则面粉的化学成分越接近纯胚乳。

在制粉时，面粉等级越高，则灰分、纤维、戊聚糖和脂肪的含量越少，而淀粉的含量则越多。就同一批原料小麦来说，产生的面粉等级越高，则蛋白质和面筋含量越低。这是因为高级面粉来自胚乳中心，低级面粉来自胚乳周边的缘故，而胚乳周边层的面筋蛋白质较胚乳内部高。

以上是用化学分析的方法来检验面粉成品的情况。实际上，这种方法可应用于整个制粉过程中任何阶段的任何一种物料，据此可以做出化学成分平衡表，指出各种物料在加工前后成分的不同，从而发现它们的变化规律，可借此鉴定某种机械设备的工作效能。

化学控制的另一个重要任务，就是解决理论出粉率，即"应出粉率"的问题。出粉率实际上就是小麦籽粒中的纯胚乳（不包括糊粉层）所占的百分率。其确定的方法可以有以下几种。

(1)用解剖法将小麦籽粒的胚、麦皮及糊粉层逐粒剥离下来，然后分别干燥称重，并计算纯胚乳所占的百分率。这种方法虽然操作十分困难，但在理论研究方面有十分重要的意义。

(2)分析淀粉含量。既然胚乳以外的部分都不含淀粉，那么，淀粉的含量就与"应出粉率"有着直接的正比关系。但是由于面筋蛋白质的含量是一个变数，因此，单凭淀粉含量来推定应出粉率会有一些误差。

(3)胚乳的饱满程度对出粉率有直接的影响，因此可根据相对密度（或千粒质量）来推定理论出粉率。这种方法很简便，已普遍应用于实际生产，但准确性较差。

(4)根据灰分来推算。在品质相同的条件下，小麦灰分含量越高，则胚乳所占的部分越小，其出粉率也越低。

在现代技术水平的条件下，理论出粉率与实际出粉率还有相当差距。例如，小麦灰分约为2%，占麦粒质量约85%的胚乳其灰分只有0.5%左右，然而在任何技术条件下都不可能制出含灰分为0.5%而出粉率达到85%的面粉，也就是说由纯胚乳构成的特等面粉。由此可见，无论怎样高级的面粉，它里面总会或多或少混进一部分的麸皮或麦胚。因此，面粉的含麸量和麸皮的含粉量的测定就成为制粉过程中化学控制方面的一个重要部分。

接下来我们来观察小麦的维生素含量在制粉过程中的变化情况。

小麦籽粒中的维生素主要是 B 族中的维生素 B_1、维生素 B_2 和维生素 B_5,它们都集中在麦胚和麸皮(糊粉层)中,出粉率不同,分离出来的麦胚和麸皮的数量也不同,见表 8-6。

表 8-6　不同出粉率的面粉中麦胚和麸皮的残留量　　%

出粉率	胚乳	麦胚	麸皮
100	85.5	2.5	12
85	79.7	1.9	3.4
82.5	78.8	1.7	2.0
80	77.0	1.6	1.4

从表 8-6 可见,出粉率越低,残留在面粉中的麦胚和麸皮就越少,从而可以推测出面粉中保留的维生素也越少。许多试验结果也清楚地说明了这一点,见表 8-7 和表 8-8。

表 8-7　不同出粉率的面粉中的几种维生素含量　　mg/(100 g)

出粉率/%	维生素 B_1	维生素 B_2	维生素 B_5
100	0.405	0.15~0.22	4.3~5.6
85	0.30	0.16	1.5
75	0.135	0.07	0.9
72	0.105	0.06	0.4
67~70	0.084	0.05	0.8

表 8-8　小麦及其加工品中维生素的含量　　mg/(100 g)

成分	A/IU	B_1	B_2	B_5	B_6	泛酸	叶酸	胆碱	肌酐	E
全麦粒	20	0.5	0.10	6.3	0.6	1.4	0.05	105	170	3.5
上等面粉	10	0.2	0.05	2.0	0.3	1.0	0.09	100	80	2.0
次等面粉	10	0.3	0.05	4.0	0.4	1.0	0.09	100	90	—
白面包	0	0.2	0.03	1.5	0	0.6	—	70	50	—
麦胚	70	3.0	0.50	5.2	5.0	1.5	0.01	400	690	15.0
麸皮	20	0.9	0.30	14.0	3.8	3.0	0.02	110	500	0.3

矿物质在小麦磨粉过程中也会由于胚芽和外面的麦麸层的去除而损失,因为矿物质在麦粒中的分布不同,所以损失量在不同矿物质间也有差异。损失量在 70% 以上的有钴、锰、锌、铁、铜等;损失接近 5% 的有钼和铬;硒则损失 16% 左右。

出粉率对于面粉中蛋白质的必需氨基酸成分的影响见表 8-9。

表 8-9 不同出粉率面粉的氨基酸含量　　　　　　　g/(100 g)

氨基酸名称	出粉率/%		
	65	75	100
缬氨酸	3.8	3.5	3.8
亮氨酸	6.8	6.7	6.5
异亮氨酸	3.5	3.5	3.4
苏氨酸	2.8	2.8	3.0
甲硫氨酸	1.5	1.5	1.7
苯丙氨酸	5.8	5.3	4.8
色氨酸	—	—	1.2
赖氨酸	1.9	2.1	2.6
组氨酸	1.9	2.1	2.2
精氨酸	3.5	3.5	4.2

如表 8-9 所示，高级面粉中的蛋白质最缺乏的必需氨基酸是赖氨酸（与 FAO/WHO 的暂定标准比较）。

微课：小麦制粉过程中
化学成分的变化

知识拓展

小米不仅可以在盐碱土地上种植，也可以在相对贫瘠和干旱的土地上种植，能够适应各种恶劣的环境，但是对温度的要求较高。每 100 g 的小米中碳水化合物含量为 72.80 g，蛋白质含量为 9.70 g，其中氨基酸种类比较丰富，是人体获取氨基酸的主要来源。另外，小米的脂肪含量较高，脂肪中的油酸含量偏高，亚油酸含量最高，亚油酸能够调节细胞功能，是前列腺素的前体。小米中具有较为丰富的维生素，无论是维生素 B_1 还是维生素 B_2，都是人体不可或缺的营养素。

综上所述，小米中的碳水化合物、蛋白质、脂肪及微量元素含量丰富，有着极佳的营养价值。

 粮食化学

单元二　粮食在储藏过程中的化学变化

学习目标

知识目标：了解粮食的有氧呼吸和无氧呼吸，熟悉影响粮食劣变的因素，掌握粮食主要化学成分糖类、蛋白质、脂肪、酶类、维生素、矿物质在储藏过程中的变化情况。

技能目标：能根据粮食劣变的影响因素合理储藏粮食，能分析粮食主要营养成分在储藏期间发生的化学变化。

素养目标：培养创新意识与思维能力，努力研究粮食变化规律，践行科学家精神，为"健康中国"和"食品安全"建设做出贡献。

单元导入

自从人类开始粮食生产以来，就有粮食的储藏。据考证，我国粮食的储藏出现在1万年以前，即从旧石器时代的晚期到新石器时代的原始农业形成开始。在距今6 700年左右的西安半坡村遗址和距今5 000多年的洛阳仰韶文化时期便出现了地窖储粮。在公元6世纪贾思勰所著的《齐民要术》中记载了"窖麦法：必须日曝令干，及热埋之"。这是以热入仓防止害虫的安全储粮方法之一，至今仍被人们所采用。

基础认识

粮食是活的有机体，其化学组成十分复杂。粮食从收获的那一天起，就面临着储藏问题，粮食在储藏过程中的变化，随储藏条件的不同所发生的变化也不同，而且这种变化十分复杂。了解这些变化及其产生的原因，对粮食储藏十分重要。

一、影响粮食劣变的因素

影响粮食及其加工品品质变化的各种因素很多，其中最重要的是水分、温度、氧气供给及粮粒生理状态等条件。

1. 水分

在所有影响粮食变质的因素中，水分是最重要的因素。粮食的含水量如果能一直保持很低的水平，即使储藏条件并不很好，粮食也可以储藏较长的时间而不致变质。如籼稻水分不超过14%，只要保管方法合理，其稻谷可以全年不发热、不霉变。如果温度不变，粮食水分的增加直接影响粮食品质，粮食本身的呼吸作用增强，害虫易繁殖及微生物易生长。例如，粮温15 ℃的稻谷，其水分在14%以下，即可抑制害虫繁殖和微生物的生长，粮食本身的呼吸作用也较低，因而可以确保粮食的安全储藏。

2. 温度

温度是储粮的重要因子，没有一种生物能完全不受外界温度的影响，粮食及油料也是如此。粮食与其他食品一样，在低温中比在高温中易于储藏。这是因为低温可以有效抑制粮堆中生物体的生命活动，减少储粮的损失，延缓粮食陈化，特别是能使面粉、大米、油脂、食品等安全度夏，保鲜效果显著；同时具有不用或少用化学药剂，避免或减少了污染，保持储粮卫生等优点。

粮食在储藏过程中，大多数的生物化学变化随着温度的升高而加速，具体表现在旺盛的呼吸作用。旺盛的呼吸作用消耗了粮食籽粒内部的储藏物质，产生的水分增加了粮食的含水率，如不及时通风，将会增加粮堆中的空气湿度，甚至造成"出汗"现象，从而使粮食的储藏稳定性下降；产生的能量，一部分以热量的形式散发到粮堆中，由于粮堆的导热能力差，所以热量聚集，很容易使粮温上升，严重时会导致粮堆发热。

3. 氧气的供给

粮食与寄附在粮食上的微生物所进行的有氧呼吸，一方面消耗 O_2，另一方面放出 CO_2，这一过程均受到供氧量的限制。因此，在一个密闭粮仓中，随着储藏时间的延长，CO_2 含量会逐渐增加，而 O_2 含量逐渐降低，呼吸强度也就随之减弱。当呼吸强度太大，则热量的产生超过热的散失，就会出现自热现象。在缺氧情况下，粮堆生物体的呼吸作用都受到很大的抑制，害虫与鼠类也不能生存，自热现象也不可能发生，从而达到粮食安全储藏的目的。但此时粮食的含水率不能太高，否则会导致粮食的变质，其主要原因就是厌氧微生物活动所产生的发酵现象。

4. 生理状态

粮堆的呼吸强度也与其品质有关。试验证明，在一定条件下，不健全的小麦种子呼吸强度显著大于健全的小麦种子。一般认为，不健全的粮粒比完好的粮粒带有更多的微生物，而粮堆的呼吸活动大部分属于微生物而不是粮粒本身，因此，不健全的粮粒的呼吸强度必然要比健全的粮粒大得多。

二、粮食的呼吸作用

粮食的呼吸作用是种子维持生命活动的一种生理表现，呼吸停止就意味着死亡。通过呼吸作用，消耗 O_2，放出 CO_2，并释放能量。对有萌发能力的种子来说，呼吸作用主要发生在胚部，它以有机物质的消耗为基础，呼吸作用强则有机物质消耗大，造成粮食品质下降。加工后的成品粮虽已丧失发芽能力，但它们也表现为消耗 O_2 与放出 CO_2，这主要由于感染了微生物和害虫的缘故，这些生物也进行呼吸，且强度比成品粮大，所以粮食的呼吸作用实际上是粮堆生态系统的总体表现。

粮食的呼吸作用有两种类型，即有氧呼吸与无氧呼吸。

1. 有氧呼吸

有氧呼吸是指活的粮油籽粒在游离氧存在的条件下，通过一系列酶的催化作用，有机物质(葡萄糖)彻底氧化分解成 CO_2 和 H_2O，并释放能量的过程。其代谢途径主要包括糖酵解、三羧酸循环氧化分解。葡萄糖经糖酵解途径(图8-1)和三羧酸循环(图8-2)被彻底氧化分解的总反应式如下：

$$C_6H_{12}O_6 + 6O_2 + 38ADP + 38Pi \xrightarrow{EMP-TAC} 6CO_2 + 6H_2O + 38ATP$$

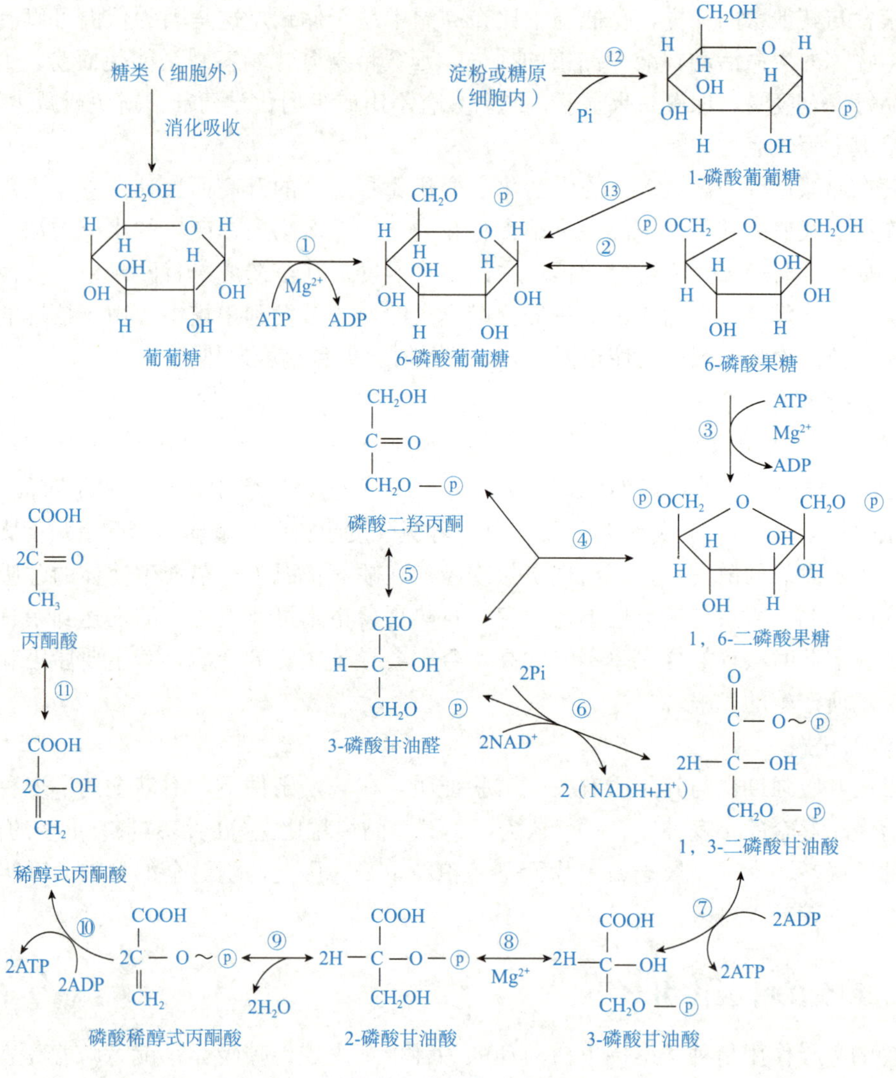

图 8-1　糖酵解途径

催化各反应步骤的酶：①己糖激酶；②磷酸己糖异构酶；③磷酸果糖激酶；④醛缩酶；⑤磷酸丙糖异构酶；⑥3-磷酸甘油醛脱氢酶；⑦磷酸甘油酸激酶；⑧磷酸甘油酸变位酶；⑨烯醇化酶；⑩丙酮酸激酶；⑪非酶促反应酶；⑫磷酸化酶；⑬磷酸葡萄糖变位酶。

由此可知，1分子葡萄糖有氧氧化分解可生成 6 分子 CO_2 和 6 分子 H_2O，同时产生 38 分子 ATP，相当于 1.16 MJ(277 kcal)的热能。

可见，糖类物质在生物体内进行有氧氧化分解时，放出大量的能量。这些能量只有一小部分被生物有效利用，储存在 ATP 等高能化合物分子中，用于维持生物生命活动；而另一部分以热量形式散发到外界环境中，所以生物体内糖类等能量物质发生氧化分解时会产生热量。粮食在储藏期间，由于粮粒本身及感染的害虫、微生物呼吸会产生热量，如果保管不善，粮堆生物体呼吸强度增大，微生物代谢活动增强，将导致粮堆发热，储粮安全性下降，粮食品质劣变。

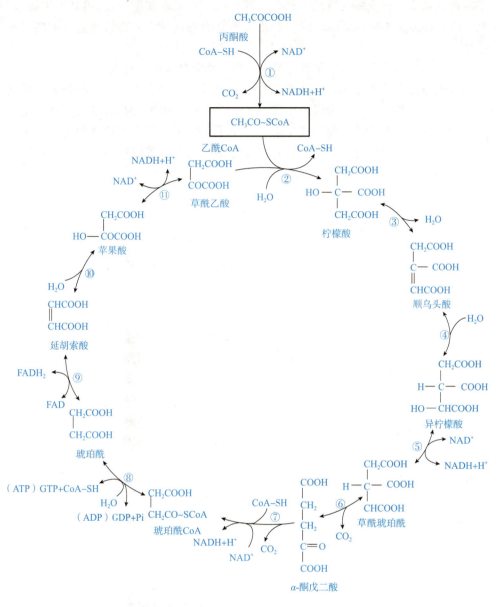

图 8-2 三羧酸循环

①—丙酮酸脱氢酶系；②—柠檬酸合成酶；③、④—顺乌头酸酶；⑤、⑥—异柠檬酸脱氢酶；
⑦—α-酮戊二酸脱氧酶系；⑧—琥珀酰 CoA 合成；⑨—琥珀酸脱氢酶；⑩—延胡索酸酶；⑪—苹果酸脱氢酶

2. 无氧呼吸

无氧呼吸是粮油籽粒在无氧或缺氧条件下进行的。籽粒的生命活动取得能量不是靠空气中的氧直接氧化营养物质，而是靠内部的氧化还原反应来取得能量。无氧呼吸基质的氧化不完全，因此产生 CH_2OH（乙醇）、CO_2 和 H_2O，同时放出少量的热。其反应式如下。

$$C_6H_{12}O_6 + 2ADP + 2Pi \xrightarrow{乙醇发酵} 2CH_3CH_2OH + 2CO_2 + 2H_2O + 2ATP$$

粮堆在缺氧或发热变质的情况下都有乙醇生成，其原理在于粮食（包括微生物等）进行了无氧降解，许多微生物（如厌氧微生物）主要依靠糖的这种无氧降解所生成的能量来维持生命活动。

无氧呼吸产生的乙醇会影响粮食籽粒的品质，水分越高影响越大。

有氧呼吸与无氧呼吸之间既有区别又有密切的联系，粮堆的有氧呼吸是无氧分解过程的继续。从葡萄糖到丙酮酸的阶段与无氧分解完全一样，丙酮酸在有氧的条件下进入三羧酸循环，经过脱羧产生 CO_2；脱氢产生电子与质子。电子在细胞线粒体内沿着一定的电子传递体系（呼吸链）进行传递，产生水，并释放能量。在生物体内这种能量都以高能磷酸键形式（三磷酸腺苷，即 ATP）储存起来，需要时再予以释放。

三、粮食主要化学成分在储藏期间的变化

每种粮食和油料都是由不同的化学物质按一定的比例构成的，这些化学物质具有不同程度的营养价值。粮油储藏的目的在于使这些营养成分在储藏期间尽量保持不变，甚至可使油料、小麦等品质有所改善。粮食及油料在储藏过程中，随着储藏时间的延长，虽未发热、霉变，但其品质已逐渐劣变。粮油在储藏过程中品质发生劣变是不可避免的，是自然规律。所谓储藏保鲜，并不是可以终止劣变的进行，更无法使之逆转，只不过是在动力学上减慢其变化的速度，从而延长粮油的储藏期限。尽管每种粮食及油料由于自身特性不同，耐藏性有差异，但都有一定的储藏期限，这正是粮库中粮食"推陈储新"的依据。采取有效的储藏措施保持储粮品质具有重要的实际意义。

在储藏过程中，粮油品质发生不可逆转的变化，但有不同的变化规律。

（一）外观品质的变化

1. 气味的变化

气味成分即为低沸点的挥发性物质。粮食随储藏时间的延长，其挥发性成分会发生很大的改变。气味可用感官鉴别，可以作为评判粮食新鲜度的指标。

2. 色泽的变化

色泽包括颜色与光泽。各种不同的粮油均有其固有的色泽。新鲜的粮食，光泽鲜明，随储藏时间的延长而渐变灰暗。缺氧储藏的粮食在出仓进入常规储藏后色泽迅速变化。

（二）种用品质的变化

粮油籽粒是有生命的有机体，保持粮油籽粒活力是优质粮食及油料的综合指标。新收获的粮油籽粒，一般表现为新鲜饱满，有较高的活性，除了有休眠特性的籽粒，发芽率一般都能达 90% 以上；但在储藏过程中，往往因湿、热影响而发生霉变，极易丧失活力，特别是胚部容易受损伤发霉变质，从而使发芽率降低。发芽率是种子种用品质的重要指标，即使是在良好条件下储藏，粮油籽粒的发芽率也逐步降低，最终丧失其种用品质。所以发芽率是粮油籽粒活力早期劣变的较好指标，同时也可用来检验粮食的新鲜度。储藏温度较高时，稻谷、玉米活力下降得很快；而储存温度低时活力无变化，原因是种子内部胶体发生变化，蛋白质变性。研究表明，储藏温度每下降 10 ℃，种子生活力就增加 3.3 倍。

但必须指出，由于储存而失去发芽率的粮食，其食用品质的变化是缓慢而不显著的。

发芽率下降与食用品质劣变间有一个时间差，因而可以食用。品质好的粮食，发芽率不一定都高。

(三)储藏过程中主要营养成分的变化

粮油籽粒的化学成分相当复杂，它们与粮油的储藏和加工关系密切，其中有的比较稳定，有的容易变质，有的具有丰富的营养价值，有的可供其他方面的应用。一般而言，粮油储藏的目的是如何使营养成分在储藏期间尽量保持不变，有时还可以因势利导使粮食某些品质得到改善。粮食加工的目的是去粗存精，去粗是除去人体所不能利用的化学成分，而存精是保存人体所需的各种营养成分。

1. 糖类的变化

糖类是粮食中的主体成分，约占80%，其中以淀粉为主。

(1)淀粉。淀粉在粮油储藏期间会在酶的作用下发生水解而逐渐降解生成麦芽糖，进而水解生成葡萄糖。葡萄糖可作为储粮呼吸的基质而消耗，从而造成储粮干物质的损耗。但由于淀粉占籽粒的基数大，淀粉因水解而减小的量变化不明显，通常认为量变不是淀粉变化的主要方面。

淀粉在储藏期间的变化主要表现为质变，其质变规律(以稻米为例)表现：淀粉组成中直链淀粉含量增加(如大米、绿豆等)，黏性下降，糊化温度升高，吸水率(亲水性)增加，米汤固形物减少，碘蓝值下降。这些变化都是稻米劣变(自然的质变)的结果，不适宜的储藏条件会使之加快，显著地影响淀粉的加工与食用品质。研究认为，质变的机制是由于淀粉分子与脂肪酸之间相互作用而改变了淀粉的性质，特别是黏度；另一种可能性是淀粉(特别是直链淀粉)间的分子聚合，从而降低了糊化与分散的性能。由于劣变而产生的淀粉质变，可通过在煮米饭时加少许油脂得到改善；也可用高温高压处理或减压膨化改变由于劣变给淀粉粒造成的不良后果。

(2)还原糖与非还原糖。还原糖和非还原糖在粮油储藏过程中的变化是另外一个重要指标。粮油在储藏期间，非还原糖含量总是逐渐下降，而还原糖含量会逐渐上升。但还原糖含量上升到一定程度后又会下降。还原糖上升是由于淀粉发生水解，之后下降的原因是粮食自身和储粮微生物的呼吸消耗。还原糖上升再下降意味着储粮不稳定。

非还原糖、还原糖的变化受储粮温度和粮食水分的影响。水分越大，粮温越高，影响越大。气调储藏对非还原糖、还原糖的影响不大。

2. 蛋白质的变化

粮食在正常储藏条件下，其蛋白质变化缓慢。储藏初期，盐溶性氮没有显著变化，储藏2年以后有下降的趋势。蛋白质在储藏过程中的变化主要是水解或变性。发热霉变的粮食，其蛋白质在蛋白酶的作用下逐渐水解成多肽、氨基酸，使蛋白质溶解度增加，蛋白态氮减少。随着温度的进一步上升，蛋白质就会部分甚至完全变性，使粮食的营养价值大大下降。据研究发现，在40 ℃和4 ℃条件下储藏1年的稻米，总蛋白质含量没有明显的差异，但水溶性蛋白质和盐溶性蛋白质明显下降，醇溶性蛋白质也有下降趋势，胃蛋白酶、胰蛋白酶的消化率减少，原因是蛋白质空间结构受到一定程度的影响。

3. 脂肪的变化

粮食中脂类变化主要有两方面：一是氧化酸败，这是脂肪酸败的主要形式。油脂不饱和脂肪酸氧化生成过氧化物，之后过氧化物分解，生成低分子羰基化合物，如醛、酮、酸类物质，形成臭味。一般来说，成品粮以氧化酸败为主，陈米臭、哈喇味等均与此相关。低温、缺氧、避光、降水等有利于预防氧化酸败。二是水解酸败。脂肪在脱酰水解酶的作用下水解生成甘油和游离脂肪酸，造成粮食脂肪酸值增加。新粮中脂肪酸值在 15 mgKOH/(100 g)，很少超过 20 mgKOH/(100 g)。脱酰水解酶本身存在于粮食中，霉菌代谢也可产生降脂酶，因此，国际仓储会议确定了霉菌引起粮食损害的重要标志之一是使粮食游离脂肪酸值增高。游离脂肪酸值的增加，对粮食的种用品质和食用品质产生重要影响。碳数为 4~10 的脂肪酸，有特殊的汗臭味和苦涩味，稻米游离脂肪酸值的增多，伴随着米饭变硬，甚至产生异味，米饭流变学特性受到损害。

4. 酶类的变化

(1) 淀粉酶。粮油籽粒中的淀粉酶有 3 种：α-淀粉酶、β-淀粉酶及异淀粉酶。

α-淀粉酶又称糊精化酶，对粮食食用品质影响较大。大米劣变时流变学特性的变化与 α-淀粉酶的活性有关，随着大米陈化时间的延长，α-淀粉酶活性降低。高水分粮在储藏过程中 α-淀粉酶活性较高，它是高水分粮品质劣变的重要因素之一。小麦在发芽后，α-淀粉酶活性显著增加，导致面包烘焙品质下降。α-淀粉酶活性的测定通常采用降落数值仪测定降落数值。

β-淀粉酶也称糖化酶，它能使淀粉分解为麦芽糖，对谷物的食用品质影响主要表现在馒头和面包制作效果及新鲜甘薯蒸煮后的特有香味上。

(2) 蛋白酶。蛋白酶在未发芽的粮粒中活性很低。研究得比较深入的是小麦和大麦中的蛋白酶。小麦蛋白酶与面筋品质有关，大麦蛋白酶对啤酒的品质产生很大影响。

小麦籽粒各部分的蛋白酶相对活力以胚为最强，糊粉层次之。小麦发芽时蛋白酶的活力迅速增加，在发芽的第 7 天增加 9 倍以上。至于麸皮和胚乳淀粉细胞中，无论是在休眠或发芽状态蛋白酶的活力都是很低的。

蛋白酶对小麦面筋有弱化作用，发芽、虫蚀或霉变的小麦制成的面粉，因含有较高活性的蛋白酶，使面筋蛋白质溶化，所以只能形成少量的面筋或不能形成面筋，因而极大地损坏了面粉的工艺和食用品质。

(3) 脂肪酶。该酶与粮食及油料中脂肪含量并无直接关系，但对粮油储藏稳定性影响较大，粮油籽粒中脂肪酸含量的增加主要是由脂肪酶作用所引起的。在良好的储藏条件下，脂肪酶的活性很低。

(4) 脂肪氧化酶。脂肪氧化酶能把脂肪中具有孤立不饱和双键的不饱和脂肪酸氧化为具有共轭双键的过氧化物，造成必然的酸败条件，这种酶能使面粉及大米产生苦味。

(5) 过氧化物酶和过氧化氢酶。过氧化物酶对热不敏感，即使在水中加热到 100 ℃，冷却后仍可恢复活性。过氧化氢酶主要存在于麦麸中，而过氧化物酶存在于所有粮食籽粒中，粮食储藏过程中变苦与这两种酶的作用及活性密切相关。

总之，粮食储藏中的淀粉酶、脂肪酶、过氧化氢酶与过氧化物酶等的活性都随着储藏时间的延长而减弱。一般来说，它们的失活程度与储粮的含水率、温度都有直接的关系。水分大、温度高则失活也快。在正常的储藏条件下蛋白酶的变化是不大的。

5. 维生素的变化

由于粮食储藏条件和粮食水分含量不同，各类维生素的变化也不一致。在正常储藏条件下，安全水分以内的粮食的维生素 B_1 的损失比高水分粮食要小得多。试验结果显示，含水率17%的小麦在储藏5个月之后,维生素B_1的含量减少约30%,这些小麦在储藏过程中由于水分含量太高而发生了显著的品质劣变。但在同一期间内含水率为12%的小麦,其维生素B_1的损失仅为12%左右。也有人研究稻米中的维生素B_1,结果证明,维生素B_1在储藏期间相当稳定。一般来说,高温、高湿可加速维生素B_1的损失。

6. 矿物质的变化

粮食中的矿物质,如果没有特殊情况,储藏期间很少变化,但为人类与其他动物营养所必需的磷元素的可利用率在储藏过程中有所增加。谷粒中大部分的磷都是以植酸形式存在的,这类化合物的磷酸盐不易为动物体所充分利用,在人体中约60%不经消化便排出体外。在面粉的储藏过程中,植酸盐为植酸酶所作用而放出水溶性的、可利用的磷酸化合物。在完整的谷粒中,这种变化进行得较缓慢。

微课:谷物主要化学成分在储藏期间的变化

知识拓展

> 粮食中的害虫大致有3个来源:一是粮食收获时就感染了害虫。储粮前的曝晒中,绝大部分害虫被晒死,少数幸存的个体繁殖,粮食中害虫的数量不断增加。二是人为因素。原来存放的粮食有虫,未进行杀虫处理,又入新粮,使本来无虫的粮食被已经生虫的粮食感染。三是粮食储藏期间感染了害虫。因此,要避免粮食储藏期间害虫的感染,最重要的是粮食要严格密封,不给外界害虫侵入的机会;同时搞好清洁卫生,不留残存的粮食、食物和其他杂物,不使害虫有滋生、藏身的场所。

模块小结

1. 稻谷制米过程去除了稻壳、皮层和胚。稻壳含有大量的粗纤维和灰分,质地粗糙、坚硬,不能食用,加工时全部去除。皮层中含纤维素较多,脂肪、蛋白质和矿物质含量也较多,因为带有皮层的糙米吸水性差、出饭率低等缺点,加工时全部或大部分碾去。胚中富有蛋白质、脂肪、可溶性糖和维生素等,其营养价值很高,但因脂肪易酸败变质,加工时也需去除。

2. 小麦制粉时,出粉率越高,则面粉的化学成分越接近全麦粒;出粉率越低,则面粉的化学成分越接近纯胚乳。面粉等级越高,则灰分、纤维、戊聚糖和脂肪的含量越少,而淀粉的含量则越多。

3. 影响粮食劣变的因素:粮食水分的增加,粮食本身的呼吸作用增强,害虫易繁殖及微生物易生长;温度的升高,粮食在储藏过程中的生物化学变化加速;O_2含量降低,呼吸强度减弱;不健全的粮粒的呼吸强度必然要比健全的粮粒大得多。

4. 粮食的呼吸作用有两种类型:即有氧呼吸与无氧呼吸。有氧呼吸代谢途径主要包括糖酵解、三羧酸循环氧化分解。

5. 谷物主要化学成分在储藏期间的变化包括外观品质的变化、种用品质变化、主要营养成分的变化。

6. 粮油在储藏期间，非还原糖含量总是逐渐下降，而还原糖含量会逐渐上升。淀粉会在酶的作用下发生水解而逐渐降解生成麦芽糖，进而水解生成葡萄糖。

7. 谷物在正常储藏条件下，其蛋白质变化缓慢。

8. 谷物中脂类变化主要有两方面：一是氧化酸败；二是水解酸败。

9. 谷物储藏中的淀粉酶、脂肪酶、过氧化氢酶与过氧化物酶等的活性都随着储藏时间的延长而减弱。

10. 维生素 B_1 在储藏期间相当稳定。高温、高湿可加速维生素 B_1 的损失。

练习与思考

一、单项选择题（选择一个正确的答案，将相应的字母填入题内的括号）

1. 稻米在加工过程中保留（　　）部分。
   A. 胚乳　　　　B. 皮层　　　　C. 胚　　　　D. 子叶

2. 大米的精度越高，灰分及维生素的含量（　　）。
   A. 越高　　　　B. 越低　　　　C. 不变　　　　D. 为零

3. 粮食水分的增加直接影响粮食品质，会使粮食的呼吸作用（　　）。
   A. 增强　　　　B. 减弱　　　　C. 不变　　　　D. 不确定

4. 新收获的粮油籽粒，一般表现为新鲜饱满，其有较高的活性，发芽率一般都能达（　　）%以上。
   A. 80　　　　　B. 85　　　　　C. 90　　　　　D. 95

5. 小麦在发芽后，（　　）活性显著增加，导致面包烘焙品质下降。
   A. α-淀粉酶　　B. β-淀粉酶　　C. 异淀粉酶　　D. 蛋白酶

二、多项选择题（选择正确的答案，将相应的字母填入题内的括号）

1. 稻米的胚中富有（　　）等。
   A. 蛋白质　　　B. 脂肪　　　　C. 可溶性糖　　D. 维生素

2. 1分子葡萄糖有氧氧化分解可生成（　　）。
   A. 3分子 CO_2　B. 3分子 H_2O　C. 6分子 CO_2　D. 6分子 H_2O

3. 粮食进行无氧呼吸时，分解出（　　）。
   A. CH_3OH　　B. H_2O　　　C. CO_2　　　D. CO

4. 淀粉在储藏期间的变化主要表现（　　）。
   A. 直链淀粉含量增加　　　　B. 黏性下降
   C. 糊化温度升高　　　　　　D. 碘蓝值下降

5. 采取（　　）等措施有利于预防粮食的氧化酸败。
   A. 低温　　　　B. 缺氧　　　　C. 避光　　　　D. 降水

三、思考题

1. 粮食在储藏期间外观品质有哪些变化？
2. 粮食在储藏期间粮食籽粒中酶的活性有哪些变化？

模块九　试验操作技术

模块概述

2022年，习近平总书记致首届大国工匠创新交流大会上提到：技术工人队伍是支撑中国制造、中国创造的重要力量。我国工人阶级和广大劳动群众要大力弘扬劳模精神、劳动精神、工匠精神，适应当今世界科技革命和产业革命的需要，勤学苦练、深入钻研，勇于创新、敢为人先，不断提高技术技能水平，为推动高质量发展、实现制造强国战略、全面建设社会主义现代化国家贡献智慧和力量。

高职教育是培养市场所需要的应用型人才的教育。我们在加强培养学生职业技能的同时，还应高度重视对学生职业精神的塑造和培养，通过具体工作任务的收集、准备、实施与评价等完整的试验过程，有效地培养工匠精神，提高职业能力培养的效率。

需求分析

化学是一门应用性极强的试验学科，是以试验为基础发展起来的。粮食化学是从化学角度去分析粮食籽粒的结构和营养价值，我们不仅要学习粮食化学涉及的基础理论，还须具有扎实有效的试验技能，并能熟练运用相应的试验设备完成试验。通过试验基本操作为载体，培养创新性思维和精益求精、永不满足的"匠人精神"。

重难点分析

（1）通过学习和分析，熟悉试验原理，熟悉试验试剂的准备方法。

（2）通过学习和分析，掌握试验操作步骤，能对试验数据进行处理并正确汇报试验结果。

思政案例：大国工匠，培养高技能人才

试验一　水分含量测定

学习目标

知识目标：了解粮食中水分测定的意义，熟悉直接干燥法测定水分的原理，掌握直接干燥法测定水分的操作过程。

技能目标：会正确操作电热恒温干燥箱和实验室用电动粉碎机、测水专用磨等仪器，能正确制备水分测定的样品并正确测定粮食中的水分含量。

素养目标：深刻体会"水是生命之源"的思想，养成良好的用水习惯，树立正确的用水、节水观念，养成良好的敬业精神和食品安全意识。

知识准备

水分是一种重要的营养成分，对人体具有重要的生理意义，是生物体内化学反应的介质，也是生化反应的参与者，且具有体内物质运输及载体的作用。粮食的水分含量是指粮食试样中水分的质量占试样质量的百分比。目前测定方法主要有加热干燥法、电测法、核磁共振法、近红外分光光度法等。测定时可根据测定的准确性、重复性和再现性，操作的难易程度，测定所需时间，分析时所需成本来选择测定方法。

任务实施

一、前期准备工作

（一）仪器设备材料

(1) 扁形铝盒。
(2) 电热恒温干燥箱。
(3) 干燥器：内附变色硅胶干燥剂。
(4) 天平：感量为 0.1 mg。
(5) 实验室用电动粉碎机、测水专用磨。

二、试验原理

本试验是利用样品中的游离水和部分结晶水在 101.3 kPa（1 个大气压），温度 101～105 ℃条件下能挥发的特性，采用挥发方法，在上述条件下对样品进行干燥，测定其干燥减失的质量，通过干燥前后的称量数值计算出水分含量。

三、试样的制备

从试验样品中分取一定量的样品,按表 9-1 中规定的方法制备试样。

表 9-1　试样制备方法

粮种	分样数量/g	制备方法
粒状原粮或成品粮	30~50	除去大样杂质和矿物质,粉碎细度通过 1.5 mm 圆孔筛的不少于 90%,装入磨口瓶内备用
大豆	30~50	除去大样杂质和矿物质,粉碎细度通过 2.0 mm 圆孔筛的不少于 90%,装入磨口瓶内备用
花生仁、桐仁等	约 50	取净仁切成 0.5 mm 以下的薄片或剪碎,装入磨口瓶内备用
带壳果实(花生果、菜籽、桐籽、蓖麻籽、文冠果等)	约 100	取净果(籽)剥壳,分别称量,计算壳、仁百分比,将壳磨碎或研碎,将仁切成薄片,分别装入磨口瓶内备用
棉籽、葵花籽等	约 30	取净籽剪碎或用研钵敲碎,装入磨口瓶内备用
油菜籽、芝麻等	约 30	除去大样杂质的整粒试样,装入磨口瓶内备用
甘薯片、甘薯丝、甘薯条	约 100	取净片(丝、条)粉碎,细度同粒状粮,装入磨口瓶内备用

四、样品的测定

取洁净铝盒,置于 101~105 ℃干燥箱,盖斜支于铝盒边,加热 1.0 h,取出盖好,置干燥器内冷却 0.5 h,称量,并重复干燥至前后两次质量差不超过 2 mg,即为恒重。称取 3 g 试样(精确至 0.000 1 g),放入铝盒,精密称量后,置于 101~105 ℃干燥箱,盖斜支于铝盒边,干燥 2~4 h 后,盖好取出,放入干燥器内冷却 0.5 h 后称量;然后放入 101~105 ℃干燥箱干燥 1 h 左右,取出,放入干燥器内冷却 0.5 h 后再称量;重复以上操作至前后两次质量差不超过 2 mg,即为恒重。

注:两次恒重值在最后计算中,取质量较小的一次称量值。

五、数据记录与处理

试样中的水分含量,按式(9-1)进行计算:

$$X = \frac{m_1 - m_2}{m_1 - m_3} \times 100 \tag{9-1}$$

式中　X——试样中水分的含量[g/(100 g)];
　　　m_1——铝盒和试样的质量(g);
　　　m_2——铝盒和试样干燥后的质量(g);
　　　m_3——铝盒的质量(g);
　　　100——单位换算系数。

水分含量≥1 g/(100 g)时，计算结果保留 3 位有效数字；水分含量<1 g/(100 g)时，计算结果保留两位有效数字。在重复性条件下获得的两次独立测定结果的绝对差值不得超过算术平均值的 10%。

六、注意事项

（1）烘箱有各种形式，常用的有普通电烘箱和鼓风电烘箱。鼓风电烘箱风量较大，烘干大量试样时效率高，但质轻的试样会飞散，因此，测定水分时，宜采用普通电烘箱。

（2）普通电烘箱内部温度不均匀，烘盒放入烘箱时，应放在温度计水银球下方同一烘网上，占烘网 1/2~1/3 面积排列，与门、壁应有一定的距离，烘箱内一次烘干的铝盒不宜太多，一次测定的铝盒最多 12 个。

（3）干燥器大小以内径 20~22 cm 较好，规定 8 个铝盒为一批放入干燥器。变色硅胶干燥剂置于干燥器底部，占底部容积的 1/3~1/2。

（4）变色硅胶一经呈现红色就不能继续使用，应在 130~140 ℃温度下烘至全部呈蓝色后再用。

微课：水分含量测定

实训：小麦水分含量的检测

动画：干燥剂变色硅胶的变色过程

任务评价

水分含量测定的评分标准见表 9-2。

表 9-2　水分含量测定的评分标准

内容	评价标准	分值	评分记录
样品制备	能够按照粮食种类，正确制备样品	20	
铝盒恒重	铝盒恒重操作规范、结果准确	10	
称量	样品混匀，能够准确称量无撒漏	10	
样品烘干	样品烘干操作规范，铝盒盖斜靠铝盒旁边	20	
恒重	进行复烘操作，恒重符合要求	10	
数据处理	及时记录试验数据，并能正确地对数据进行处理分析	20	
5S 管理	试验结束，及时进行 5S 整理	10	

试验二　水分活度的测定

学习目标

知识目标：了解粮食中水分存在的状态；掌握水分活度的测定方法。
技能目标：会正确操作电子天平，能正确制备试验试剂并正确测定水分活度。
素养目标：充分理解"工匠精神"，树立质量至上的职业操守，培养持之以恒、精益求精、勇于创新的精神。

知识准备

水分活度 A_W 的定义为一定温度下食品所显示的水蒸气压 p 与同一温度下纯水蒸气压 p_0 之比，即水分活度 $A_W = p/p_0$。对于纯水而言，其 p 与 p_0 值相等，因此水分活度 A_W 值为 1。一般食品不仅含有水，而且含有蛋白质、淀粉等固形物，所以食品中的水相对就比纯水中的水少，水分活度 A_W 为 0~1。

任务实施

一、前期准备工作

（一）材料

各种水果、蔬菜。

（二）仪器

康氏（Conway's）皿、称量瓶、分析天平、恒温箱。

（三）试剂

(1) 氯化镁（$MgCl_2 \cdot 6H_2O$）饱和溶液（$A_W = 0.52$）。称取 167 g 氯化镁溶于 100 mL 水中至有不溶结晶物（25 ℃）。
(2) 氯化钠饱和溶液（$A_W = 0.72$）。称取 35.7 g 氯化钠溶于 100 mL 水中至有不溶结晶物（0 ℃）。
(3) 硝酸钾饱和溶液（$A_W = 0.92$）。称取 13.3 g 硝酸钾溶于 100 mL 水中至有不溶结晶物（0 ℃）。

二、试验原理

用已知水分活度的饱和盐类溶液使密闭容器内的空间保持在一定的相对湿度环境。放入试样后,待水分关系达到一定的平衡状态后,测定试样质量的增减。以用不同标准试剂测定后的试样质量的增减为纵坐标,以各个标准试剂的水分活度值为横坐标,制成坐标图。连接这些点的直线与横坐标交叉的点就是此试样的水分活度值。

三、样品的测定

将上述 3 种盐的饱和溶液分别置于 3 个康氏皿的外室。样品放在硫酸纸上,用分析天平精密称取 1.00 g(要快),以硫酸纸至于康氏皿的内室(记下硫酸纸和样品的总质量),立即用康氏皿盖盖好,使之密闭。然后放入 25 ℃恒温箱静置 2~3 h。取出康氏皿,迅速准确称取样品和硫酸纸的总质量,求出样品的质量。

四、数据记录与处理

根据样品在不同饱和溶液环境下质量增减数(mg)作图(图 9-1),即可求出样品的水分活度。

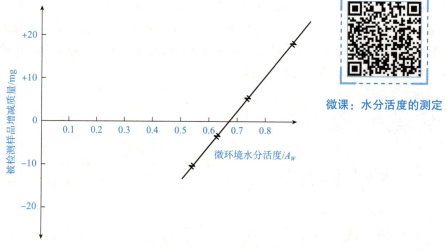

微课:水分活度的测定

图 9-1　样品在不同饱和溶液环境下质量增减坐标图

五、注意事项

(1)样品称重应迅速,精确度必须符合需求,否则会造成测定误差。

(2)当试样的水分活度高于标准试剂时,将失去水分,试样的质量减少;相反,当低于标准试剂时,试样将吸取水分,质量则增加。若样品中含有水溶性挥发物,不可能准确测定其水分活度。

任务评价

水分活度测定的评分标准见表 9-3。

表 9-3　水分活度测定的评分标准

内容	评价标准	分值	评分记录
饱和溶液制备	氯化镁饱和溶液、氯化钠饱和溶液、硝酸钾饱和溶液制备规范	30	
测定	样品称量操作规范、结果准确、康氏皿操作规范	30	
数据处理	及时记录试验数据，并能正确地对数据进行处理分析	30	
5S 管理	试验结束，及时进行 5S 整理	10	

试验三　蔗糖和淀粉的水解

学习目标

知识目标：了解双糖和多糖酸水解过程及其水解产物。
技能目标：能正确制备试验试剂并正确进行蔗糖和淀粉的水解试验。
素养目标：培养实事求是、求真求实的科研和人生态度，增强社会责任感和职业认同感，养成良好的职业素养。

知识准备

蔗糖在酸或蔗糖酶的作用下，水解成等量的葡萄糖和果糖；淀粉经 α-淀粉酶水解为糊精和低聚糖，进一步水解为葡萄糖。

$$(C_6H_{10}O_5)_n + nH_2O \longrightarrow nC_6H_{12}O_6$$

淀粉(162)　　水(18)　　葡萄糖(180)
100 g　　　　　　　　　111.11 g

任务实施

一、前期准备工作

(一)仪器与用具

试管及试管架、试管夹、水浴锅、小烧杯、滴管、电炉、石棉网。

(二)试剂与材料

(1) 2% 蔗糖溶液。
(2) 10% 硫酸溶液。取相对密度 1.84 的浓硫酸 56 mL 缓慢注入 944 mL 蒸馏水。
(3) 3 mol/L 氢氧化钠溶液。
(4) 斐林试剂。

试剂 A：将 34.5 g 结晶硫酸铜($CuSO_4 \cdot 5H_2O$)溶于 500 mL 蒸馏水中，加 0.5 mL 浓硫酸，混合均匀。

试剂 B：将 125 g 氢氧化钠和 137 g 酒石酸钾钠溶于 500 mL 蒸馏水中，储于带橡皮塞的瓶子内。

临用时将试剂 A 与试剂 B 等量混合。

(5)1％淀粉。

(6)浓盐酸。

(7)碘试剂(碘化钾—碘溶液)。将碘化钾 20 g 及碘 10 g 溶于 100 mL 蒸馏水中，使用前需稀释 10 倍。

二、试验原理

蔗糖是典型的非还原糖，在酸或蔗糖酶的作用下，水解成等量的葡萄糖和果糖；淀粉是由葡萄糖分子聚合而成的大分子化合物，在酸或酶的作用下，最终可水解成葡萄糖。葡萄糖和果糖是还原糖，可以与蓝色的斐林试剂共热发生氧化还原反应，产生砖红色的 Cu_2O。

三、操作步骤

(一)蔗糖的水解

取两支试管，编号后各加入 0.5 mL(约 10 滴)2％蔗糖溶液。向甲管内再加入 0.25 mL(约 5 滴)10％硫酸，混匀，放在沸水浴中加热(10~15)min。取出冷却后，用 8~10 滴 3 mol/L 氢氧化钠中和剩余的酸。然后，用斐林试剂检查甲管的蔗糖水解液和乙管的蔗糖溶液的还原性，即各加入斐林试剂 A 和 B 各 1 mL 后，在沸水浴煮 2~3 min，观察各管内颜色的变化。

(二)淀粉的水解

取 1％淀粉约 10 mL，放入小烧杯，加入浓盐酸 8 滴，放在沸水浴中加热，每隔 2 min 取出一滴，放在白瓷板上，加 1 滴碘试剂，注意观察其颜色的变化，直到无蓝色出现为止。然后向烧杯内加入 8~10 滴 3 mol/L 氢氧化钠溶液，以适当中和前面加入的盐酸。再从烧杯中取出1 mL 此淀粉水解液，另取 1 mL 1％淀粉溶液，分别放入两支试管中，用斐林试剂检查它的还原性，观察其颜色的变化。

微课：蔗糖和淀粉的水解

四、试验记录

将试验现象分别记录在表 9-4、表 9-5 中。

表 9-4 蔗糖的水解试验现象记录

样品编号	观察试验现象即颜色的变化	结果分析
1		
2		

表 9-5 淀粉的水解试验现象记录

样品编号	观察试验现象即颜色的变化	结果分析
1		
2		

任务评价

蔗糖和淀粉的水解评分标准见表 9-6。

表 9-6 蔗糖和淀粉的水解评分标准

内容	评价标准	分值	评分记录
试验准备	试验试剂配制准确，操作规范	10	
蔗糖水解	蔗糖溶液、硫酸溶液加入操作规范；加热时间正确；碱中和操作规范；斐林试剂加入正确	30	
淀粉水解	浓硫酸滴数正确，观察仔细；氢氧化钠加入规范，颜色观察正确	30	
数据处理	及时记录试验数据，并能正确地对数据进行处理分析	20	
5S 管理	试验结束，及时进行 5S 整理	10	

试验四　蛋白质的等电点测定

学习目标

知识目标：了解蛋白质的两性解离性质；掌握测定蛋白质等电点的基本方法。
技能目标：能正确制备试验试剂并正确测定蛋白质等电点。
素养目标：认识到"氮守恒"对营养均衡的重要作用，以发展的眼光看问题，善于探究，培养发现问题、解决问题的综合能力。

知识准备

蛋白质和氨基酸一样也是两性电离质。蛋白质分子中所含的氨基酸种类及数量多，可解离的基团除主链网端自由的氨基和羧基外，还有侧链上的氨基、羟基、胍基、咪唑基、羧基等功能团，因此，可以把蛋白质分子看作多价离子的高分子化合物，两性解离较氨基酸复杂。

任务实施

一、前期准备工作

(一)仪器

试管、吸管、滴管;100 mL 容量瓶和 25 mL 锥形瓶;水浴锅。

(二)试剂

(1)1.00 mol/L 醋酸;0.10 mol/L 醋酸;0.01 mol/L 醋酸。

(2)0.5%酪蛋白醋酸钠溶液:将酪蛋白充分研磨后称量 0.5 g 于 250 mL 锥形瓶中,加入 10 mL 1.00 mol/L 醋酸钠溶液,将锥形瓶置于 50 ℃左右水浴,并小心转动,使酪蛋白充分溶解。然后将瓶内酪蛋白溶液转移到 100 mL 容量瓶中,加蒸馏水至刻度。

二、试验原理

蛋白质分子中总是有一定数量的自由氨基和自由羧基存在,因此,蛋白质与氨基酸一样,是一种两性电解质。当调节溶液的酸碱度,使蛋白质分子上所带的正负电荷相等时,在电场中该蛋白质分子既不向阳极移动,也不向阴极移动,这时溶液中的 pH 值就是该蛋白质的等电点(pI)。在等电点时,由于蛋白质分子所带正负电荷之和为零,在静电引力作用下,失去胶体的稳定条件,而迅速结合成较大的聚集体以致沉淀析出。因此,可以借助在不同 pH 值溶液中的某蛋白质的溶解度来测定该蛋白质的等电点。

三、样品的测定

取 5 支同种规格的试管,编号,按表 9-7 顺序精确加入各种试剂,然后逐一振荡,使溶液混合均匀。

表 9-7 5 支试管中加入试剂量

编号	蒸馏水/mL	1.00 mol/L 醋酸/mL	0.10 mol/L 醋酸/mL	0.01 mol/L 醋酸/mL	0.1%酪蛋白溶液/mL	溶液 pH 值	浑浊度
1	8.4	—	—	0.6	1.0	5.9	
2	8.7	—	0.3	—	1.0	5.3	
3	8.0	—	1.0	—	1.0	4.7	
4	0.0	—	9.0	—	1.0	1.1	
5	7.4	1.6	—	—	1.0	3.5	

将上述试管静置于试管架上约 15 min 后，仔细观察，比较各管的浑浊度，浑浊度可用−、＋、＋＋、＋＋＋等符号表示。将观察结果记录于表 9-7 内，并指出酪蛋白的等电点。

任务评价

微课：蛋白质的等电点测定

蛋白质的等电点测定评分标准见表 9-8。

表 9-8　蛋白质的等电点测定评分标准

内容	评价标准	分值	评分记录
试验准备	试验试剂配制准确，操作规范	20	
样品测定	蒸馏水、各种溶液量取准确，加入操作规范	40	
加热	加热时间准确，观察仔细	10	
数据处理	及时记录试验数据，并能正确地对数据进行处理分析	20	
5S 管理	试验结束，及时进行 5S 整理	10	

试验五　蛋白质的功能性质试验

学习目标

知识目标： 以卵蛋白、大豆蛋白为代表，通过一些定性试验了解蛋白质的主要功能性质。

技能目标： 能正确制备试验试剂并正确测定蛋白质的主要功能性质。

素养目标： 做到"干一行，爱一行"，具备与人沟通和合作的职业素养，具有分析问题和解决问题的能力，具有良好的职业道德。

知识准备

蛋白质的功能性质一般是指对食品的加工、储藏、销售过程中发生作用的那些性质，可分为水化性质、表面性质、蛋白质—蛋白质相互作用的有关性质 3 个主要类型，主要包括吸水性、溶解性、保水性、分散性、黏度和黏着性、乳化性、起泡性、凝胶作用等。这些性质与蛋白质在食品体系中的用途有着十分密切的关系，是开发和有效利用蛋白质资源的重要依据。

任务实施

一、前期准备工作

(一)材料

(1) 2%蛋清蛋白溶液：取 2 g 蛋清加 98 g 蒸馏水稀释，过滤取清液。
(2) 卵黄蛋白：鸡蛋除蛋清后剩下的蛋黄捣碎。
(3) 大豆分离蛋白粉。

(二)试剂

1 mol/L 盐酸；1 mol/L 氢氧化钠；氯化钠饱和溶液；饱和硫酸铵溶液；硫酸铵；氯化钠；水溶性红色素。

二、样品的测定

(一)蛋白质的水溶性

(1) 蛋清蛋白的水溶性测定：在 50 mL 的小烧杯中加入 0.5 mL 蛋清蛋白，再加入 5 mL 水，摇匀，观察其水溶性，有无沉淀产生。在溶液中逐滴加入饱和氯化钠溶液，摇匀，得到澄清的蛋白质的氯化钠溶液。

取上述蛋白质的氯化钠溶液 3 mL，加入 3 mL 饱和的硫酸铵溶液，观察球蛋白的沉淀析出，再加入粉末硫酸铵至饱和，摇匀，观察蛋清蛋白从溶液中析出，解释蛋清蛋白质在水中及氯化钠溶液中的溶解度，以及蛋白质沉淀的原因。

(2) 大豆分离蛋白粉的水溶性测定：在 4 个试管中各加入 0.1 g～0.2 g 大豆分离蛋白粉，分别加入 5 mL 水、5 mL 氯化钠饱和溶液、5 mL 1 mol/L 的氢氧化钠溶液、5 mL 1 mol/L 的盐酸溶液，摇匀，在温水浴中温热片刻；观察大豆蛋白在不同溶液中的溶解度。在第一、第二支试管中加入饱和硫酸铵溶液 3 mL，析出大豆球蛋白沉淀。第三、第四支试管中分别用 1 mol/L 盐酸及 1 mol/L 氢氧化钠中和至 pH＝4～4.5，观察沉淀的生成，解释大豆蛋白的溶解性及 pH 值对大豆蛋白溶解性的影响。

(二)蛋白质的乳化性

(1) 卵黄蛋白的乳化性测定：取 5 g 卵黄蛋白加入 250 mL 的烧杯，加入 95 mL 水，0.5 g 氯化钠，用电动搅拌器搅匀后，在不断搅拌下滴加植物油 10 mL，滴加完后，强烈搅拌 5 min 使其分散成均匀的乳状液，静置 10 min。待泡沫大部分消除后，取出 10mL，加入少量水溶性红色素染色，不断搅拌直至染色均匀，取一滴乳状液在显微镜下仔细观察，被染色部分为水相，未被染色部分为油相，根据显微镜下观察所得到的染料分布，确定该乳状液是属于水包油型还是油包水型。

(2) 大豆分离蛋白的乳化性测定：配制 5%的大豆分离蛋白溶液 100 mL，加 0.5 g 氯化钠，在水浴上温热搅拌均匀，同上法加 10 mL 植物油进行乳化。静止 10 min 后，观察其乳状液的稳定性，同样在显微镜下观察乳状液的类型。

任务评价

蛋白质的功能性质试验评分标准见表9-9。

微课：蛋白质的功能性质试验

表9-9 蛋白质的功能性质试验评分标准

内容	评价标准	分值	评分记录
试验准备	试验试剂配制准确，操作规范	10	
蛋白质的水溶性	蛋清蛋白的水溶性测定：样品加入准确，氯化钠溶液、硫酸铵溶液等溶液量取准确、加入操作规范	20	
	大豆分离蛋白粉的水溶性测定：样品、水、氯化钠溶液、氢氧化钠溶液、盐酸溶液等量取准确、加入操作规范，硫酸铵溶液、中和操作正确	20	
蛋白质的乳化性	卵黄蛋白的乳化性测定：水、氯化钠加入正确，搅拌、静置等操作规范	20	
	大豆分离蛋白的乳化性测定：氯化钠加入正确，搅拌、静置等操作规范	20	
5S管理	试验结束，及时进行5S整理	10	

试验六　油脂酸价的测定

学习目标

知识目标：了解影响油脂酸价的主要因素，熟悉测定油脂酸价的意义；掌握油脂酸价测定的原理和测定过程。

技能目标：学会使用滴定管，能正确制备试验试剂并正确测定油脂酸价。

素养目标：培养实事求是、求真求实的科研和人生态度，增强社会责任感和职业认同感，养成良好的职业素养。

知识准备

油脂酸价是指中和 1 g 油脂中游离脂肪酸所需氢氧化钾的质量，用 mg/g 表示。该指标是评价油脂品质好坏的重要依据之一。

一般从新收获、成熟的油料种子中制取的植物油脂,含有游离脂肪酸的质量分数约为 1%;但是当原料中含有较多的未熟粒、生芽粒、霉变粒等时,制取的植物油脂中将会有较高的酸价。此外,在油脂储藏过程中,如果水分、杂质含量高,储存温度高,脂肪酶活性大时,也会使植物油中游离脂肪酸含量增高,从而造成油脂中的酸价升高。因此,测定油脂中酸价可评价油脂品质的好坏,也可判断储藏期间品质变化情况,同时还可指导油脂碱炼工艺,提供需要加碱的量。目前测定油脂酸价的方法是按照《食品安全国家标准 食品中酸价的测定》(GB 5009.229—2016)进行的。

任务实施

一、前期准备工作

(一)试剂

(1)乙醇:最低浓度为 95% 乙醇。
(2)氢氧化钠或氢氧化钾标准滴定水溶液:浓度为 0.1 mol/L 或 0.5 mol/L。
(3)乙醚—异丙醇混合液:乙醚+异丙醇=1+1,500 mL 的乙醚与 500 mL 的异丙醇充分互溶混合,用时现配。
(4)酚酞指示剂:称取 1 g 的酚酞,加入 100 mL 的 95% 乙醇并搅拌至完全溶解。
(5)碱性蓝 6B 或百里香酚酞(适用于深色油脂):称取 2 g 碱性蓝 6B 或百里香酚酞,加入 100 mL 的 95% 乙醇溶液并搅拌至完全溶解。

(二)仪器与设备

(1)微量滴定管:10 mL,最小刻度 0.05 mL。
(2)天平:感量 0.001 g。
(3)恒温水浴锅。
(4)恒温干燥箱。
(5)植物油料粉碎机或研磨机。

二、试验原理

本方法用有机溶剂将油脂试样溶解成样品溶液,再用氢氧化钾或氢氧化钠标准滴定溶液中和样品中的游离脂肪酸,以指示剂相应的颜色变化来判定滴定终点,最后通过滴定终点消耗的标准滴定溶液的体积计算样品油脂试样的酸价。本法适用于常温下能够被冷溶剂完全溶解成澄清溶液的食用油脂样品。

三、样品测定

(一)称样

根据样品的颜色和估计的酸价按表 9-10 所示称样。

表 9-10 试样称样表

估计的酸价/(mg·g)	试样的最小称样量/g	使用滴定液的浓度/(mol·L)$^{-1}$	试样称重的精确度/g
0～1	20	0.1	0.05
1～4	10	0.1	0.02
4～15	2.5	0.1	0.01
15～75	0.5～3.0	0.1 或 0.5	0.001
>75	0.2～1.0	0.5	0.001

(二)测定

取一个干净的 250 mL 的锥形瓶，按照表 9-9 的要求用天平称取制备的油脂试样，其质量 m 单位为克。加入乙醚—异丙醇混合溶液 50～100 mL 和 3～4 滴的酚酞指示剂，充分振摇溶解试样。再用装有标准氢氧化钠或氢氧化钾标准滴定水溶液的刻度滴定管对试样溶液进行手工滴定，当试样溶液初现微红色，且 15 s 无明显褪色时，为滴定的终点。此时立刻停止滴定，记录下此滴定所消耗的标准滴定溶液的毫升数，此数值为 V。

(三)空白试验

另取一个干净的 250 mL 的锥形瓶，准确加入与试样测定时相同体积、相同种类的有机溶剂混合液和指示剂，振摇混匀。再用装有标准氢氧化钠或氢氧化钾标准滴定水溶液的刻度滴定管对试样溶液进行手工滴定，当溶液初现微红色，且 15 s 无明显褪色时，为滴定的终点。此时立刻停止滴定，记录下此滴定所消耗的标准滴定溶液的毫升数，此数值为 V_0。

对于此法，也可在配置好的试样溶解液中滴加数滴指示剂，然后用标准滴定溶液滴定试样溶解液至相应的颜色变化，且 15 s 无明显褪色后停止滴定，表明试样溶解液的酸性正好被中和。然后以这种酸性被中和的试样溶解液溶解油脂试样，再用同样的方法继续滴定试样溶液至相应的颜色变化，且 15 s 无明显褪色后停止滴定，记录下此滴定所消耗的标准滴定溶液的毫升数，此数值为 V，如此无须再进行空白试验，即 $V_0=0$。

四、结果计算

酸价按照式(9-2)的要求进行计算：

$$X_{AV}=\frac{(V-V_0)\times c\times 56.1}{m} \tag{9-2}$$

式中　X_{AV}——酸价(mg/g)；
　　　V——试样测定所消耗的标准滴定溶液的体积(mL)；
　　　V_0——相应的空白测定所消耗的标准滴定溶液的体积(mL)；
　　　c——标准滴定溶液的摩尔浓度(mol/L)；
　　　56.1——氢氧化钾的摩尔质量(g/mol)；
　　　m——油脂样品的称样量(g)。

酸价≤1 mg/g，计算结果保留 2 位小数；1 mg/g＜酸价≤100 mg/g，计算结果保留 1 位小数；酸价＞100 mg/g，计算结果保留至整数位。

任务评价

油脂酸价测定的评分标准见表 9-11。

微课：油脂酸价的测定

表 9-11　油脂酸价测定的评分标准

内容	评价标准	分值	评分记录
准备	混合溶剂配置、标准溶液配置准确	20	
称量	样品混匀，能够准确称量无滴漏	10	
溶解	混合溶剂及指示剂滴加量正确、混合均匀	10	
滴定	滴定操作规范、滴定终点判断准确	30	
平行试验	完成平行试验	10	
原始记录及结果计算	原始记录规范、有效数字修约正确；计算过程完整、计算正确	20	

试验七　粗脂肪含量的测定

学习目标

知识目标： 了解粗脂肪含量的测定原理，掌握索氏抽提法的测定过程。
技能目标： 学会安装索氏抽提器，能正确进行粗脂肪含量测定试验操作。
素养目标： 深刻领悟"不忘初心，牢记使命"的历史责任，树立诚信意识，提高职业道德，增强责任意识和社会使命感。

知识准备

脂肪是粮食和油料籽粒中重要的化学成分，最常用的方法是采用索氏抽提的测定方法。由于应用乙醚作为提取剂，除将粮食籽粒中脂肪提取出来外，抽提物中尚含有游离脂肪酸、磷脂、甾醇、蜡质、色素等脂溶性物质，故称为粗脂肪测定。

任务实施

一、前期准备工作

（一）试剂

（1）无水乙醚：分析纯。

(2)石油醚:沸程为 30~60 ℃。

(二)仪器用具

(1)分析天平:分度值 0.001 g 和 0.000 1 g。
(2)电热鼓风干燥箱。
(3)恒温水浴锅。
(4)粉碎机、研钵,备有变色硅胶的干燥器。
(5)滤纸筒。
(6)索氏抽提器:各部件应洗净,在 105 ℃温度下烘干,其中抽提瓶烘至恒质。
(7)圆孔筛:孔径为 1 mm。
(8)广口瓶、脱脂线、脱脂细砂。
(9)脱脂棉:将医用级棉花浸泡在乙醚或己烷中 24 h,其间搅拌数次,取出在空气中晾干。

二、试验原理

试样直接用无水乙醚或石油醚等溶剂回流抽提后,使试样中的脂肪被溶剂抽提出来,蒸发除去溶剂,干燥,得到的残留物即为游离态脂肪。

三、样品测定

(一)样品制备

取除去杂质的干净试样 30~50 g,磨碎,通过孔径为 1.0 mm 圆孔筛,然后装入广口瓶中备用。试样应研磨至适当的粒度,保证连续测定 10 次,测定的相对标准偏差 RSD≤2.0%。

(二)操作方法

(1)试样包扎。从备用的样品中,用烘盒称取 2~5 g 试样,在 105 ℃温度下烘 30 min,趁热倒入研钵,加入约 2 g 脱脂细砂一同研磨。将试样和细砂研到出油状后,完全转入滤纸筒(筒底塞一层脱脂棉,并在 105 ℃温度下烘 30 min),用脱脂棉蘸少量乙醚擦净研钵上的试样和脂肪,并入滤纸筒,最后用脱脂棉塞入上部,压住试样。

(2)抽提与烘干。将装有试样的滤纸筒放入索氏抽提器(图 9-2)的抽提筒,连接已干燥至恒重的接收瓶,由抽提器冷凝管上端注入乙醚至虹吸管高度以上,待乙醚流净后,再加入乙醚至虹吸管高度的三分之二处,用一小块脱脂棉轻轻地塞入冷凝管上口,打开冷凝管进水管,于水浴锅上加热抽提。控制加热的温度,使冷凝乙醚以每分钟回流 120~150 滴,抽提的乙醚每小时回流 6 次以上。抽提的时间须视试样含油量而定,一般抽提 6~10 h,抽提结束时,用磨砂玻璃棒接取 1 滴提取液,磨砂玻璃棒上无油迹表明提取完毕。

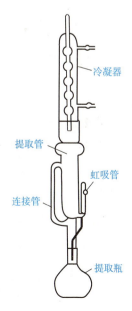

图 9-2 索氏抽提装置

抽净脂肪后，用长柄镊子取出滤纸筒，再加热使乙醚回流 2 次，然后取下接收瓶，回收无水乙醚或石油醚，待接收瓶内溶剂剩余 1～2 mL 时在水浴上蒸干，再于(100±5) ℃ 干燥加热除尽抽提瓶中残余的乙醚，用脱脂棉蘸乙醚揩净抽提瓶外部，然后将抽提瓶在 105 ℃ 温度下先烘 90 min，再烘 20 min，烘至恒质为止(前后两次质量差在 0.2 mg 以内即视为恒重)。抽提瓶增加的质量即为粗脂肪的质量。

四、结果计算

粗脂肪湿基含量、干基含量和标准水杂下含量分别按式(9-3)～式(9-5)计算：

$$X(湿基\%)=100\times\frac{m_l}{m} \tag{9-3}$$

$$Y(干基\%)=10\,000\times\frac{m_l}{m(100-M)} \tag{9-4}$$

$$Z(标准水杂下,\%)=100\times\frac{m_l(100-M_l)}{m(100-M)} \tag{9-5}$$

式中　X——湿基粗脂肪含量(以质量分数计)(%)；
　　　Y——干基粗脂肪含量(以质量分数计)(%)；
　　　Z——标准水杂下粗脂肪含量(以质量分数计)(%)；
　　　m_l——粗脂肪质量(g)；
　　　m——试样质量(g)；
　　　M——试样水分(以质量分数计)(%)；
　　　M_l——试样标准水分、标准杂质之和(%)。

双试验结果允许差不超过 0.4%，求其算术平均数作为测定结果。测定结果取小数点后一位。

微课：粗脂肪含量的测定

任务评价

粗脂肪含量测定的评分标准见表 9-12。

表 9-12　粗脂肪含量测定的评分标准

内容	评价标准	分值	评分记录
试验准备	组装索氏提取装置正确，样品制备规范	10	
称样	样品混匀，能够准确称量无撒漏	10	
试样包扎	试样包扎规范	20	
抽提	抽提操作规范，温度控制合适，终点判断准确	20	
乙醚回收	乙醚回收操作正确，不撒液漏液	10	
烘干至恒重	恒重操作规范、判断正确	20	
数据记录	能够准确快速记录试验数据	10	

模块九　试验操作技术

试验八　卵磷脂的提取、鉴定和应用

学习目标

知识目标：了解卵磷脂的溶解性、乳化作用；掌握卵磷脂的提取、鉴定方法。
技能目标：学会使用磁搅拌器和离心机，能正确制备试验试剂并正确进行卵磷脂的提取和鉴定操作。
素养目标：培养精益求精的工匠精神，树立安全无小事理念，增强持之以恒、精益求精、勇于创新的精神。

知识准备

卵磷脂广泛分布于动植物中，在植物种子和动物的脑、神经组织、肝、肾上腺、红细胞中含量较多；其中蛋黄中含量最丰富，高达8%～10%，因而得名。卵磷脂在食品工业中广泛用作乳化剂、抗氧化剂和营养添加剂。它可溶于乙醚、乙醇等，因而可以利用这些溶剂进行提取。

任务实施

一、前期准备工作

（一）仪器

磁搅拌器，离心机。

（二）材料和试剂

鸡蛋，花生油，乙醚，10% NaOH。

二、试验原理

本试验以乙醚作为溶剂提取生蛋黄中的卵磷脂，通常粗提取液中含有中性脂肪和卵磷脂，两者浓缩后通过离心进行分离，下层为卵磷脂。卵磷脂的胆碱基在碱性溶液中可分解为三甲胺，三甲胺有特异的鱼腥臭味，可以此鉴别。

三、操作步骤

（一）卵磷脂的提取

取15 g生鸡蛋黄（通常含水50%，脂类32%，蛋白质16%，灰分2%），于150 mL三角锥瓶中加入 40 mL 乙醚,放入磁搅拌器,室温下搅拌提取 15 min。然后静置 30 min,上层清液用带棉花塞漏斗过滤。往残渣中再加入 15 mL 乙醚,搅拌提取 5 min。第二次提取液过滤后,与第一次提取液合并,于 60 ℃ 热水浴蒸去乙醚,将残留物倒入烧杯,放入真空干燥箱中减压干燥 30 min 以除尽乙醚,约可得 5 g 粗提取物。

粗提物进行离心(4 000 r/min)10 min,下层为卵磷脂,得 2.5～2.8 g,卵磷脂可以通过冷冻干燥得到无水的产物。

(二)卵磷脂的鉴定

取以上提取物约 0.1 g,于试管内加入 10% 氢氧化钠溶液 2 mL,水浴加热数分钟,嗅之是否有鱼腥味,以确定是否为卵磷脂。

(三)乳化作用

两支试管中各加入 3～5 mL 水,一支加卵磷脂少许,溶解后滴加 5 滴花生油,另一支也滴入 5 滴花生油,加塞后用力振摇试管,使花生油分散。观察比较两支试管内的乳化状态。

注意:新提取的卵磷脂为白色蜡状物,遇空气即氧化变成黄褐色,这是由其中不饱和脂肪酸被氧化所致。

任务评价

卵磷脂的提取、鉴定和应用的评分标准见表 9-13。

表 9-13 卵磷脂的提取、鉴定和应用的评分标准

内容	评价标准	分值	评分记录
试验准备	准备试验所需仪器、材料	10	
卵磷脂的提取	乙醚加入正确,搅拌规范	20	
	去除乙醚、干燥操作规范	20	
	离心操作规范、卵磷脂质量合适	20	
卵磷脂的鉴定	操作规范,结论正确	20	
卵磷脂的乳化作用	操作规范	10	

试验九 酶的催化特性

学习目标

知识目标:了解酶的化学本质和催化作用,掌握酶的催化特点。

技能目标:学会溶液配制方法,能正确进行酶催化的高效性和专一性测定操作。

素养目标:培养实事求是、求真求实的科研和人生态度,增强社会责任感和职业认同感,养成良好的职业素养。

知识准备

酶是生物催化剂，是具有催化功能的蛋白质，生物体内的化学反应绝大多数是在酶的催化下进行的。

酶与一般催化剂主要的区别是其高效的催化性和高度的专一性。高效的催化性表现在其催化效率比无机催化剂铁粉高 10 个数量级，反应速率可观察 O_2 产生情况。高度的专一性即一种酶只能对一种或一类化合物起催化作用，例如，淀粉酶和蔗糖酶虽然都催化糖苷键的水解，但是淀粉酶只对淀粉起作用，蔗糖酶只水解蔗糖。

任务实施

一、前期准备工作

(一)仪器和材料

(1)恒温水浴(37 ℃)、沸水浴(100 ℃)。
(2)试管 18 mm×180 mm 共 10 根。
(3)吸管 1 mL(7 支)、2 mL(3 支)、5 mL(5 支)。
(4)量筒 100 mL(1 个)。
(5)胶头滴管(3 支)。

(二)材料和试剂

(1)选择完好马铃薯(生、熟)，去皮切成 5 mm 的方块。
(2)Fe 粉。
(3)2% H_2O_2(用时现配)。
(4)唾液淀粉酶原液：先用蒸馏水漱口，再含 10 mL 左右蒸馏水，轻轻漱动，数分钟后吐出收集在烧杯中，用数层纱布或棉花过滤，即得清澈的唾液淀粉原液。
(5)蔗糖酶溶液：取 1 g 鲜酵母或干酵母放入研钵，加入少量石英砂和水研磨，加 50 mL 蒸馏水，静置片刻，过滤即得。
(6)2%蔗糖溶液：用分析纯蔗糖新鲜配制。
(7)1%淀粉溶液：1 g 淀粉和 0.3 g NaCl，用 5 mL 蒸馏水悬浮，慢慢倒入 60 mL 煮沸的蒸馏水，煮沸 1 min，冷却至室温，加水到 100 mL，冰箱储存。
(8)0.1%淀粉溶液：0.1 g 淀粉，以 5 mL 水悬浮，慢慢倒入 60 mL 煮沸的蒸馏水，煮沸 1 min，冷却至室温，加水到 100 mL，冰箱储存。
(9)班氏试剂(Benedict)：17.3 g $CuSO_4 \cdot 5H_2O$，加入 100 mL 蒸馏水加热溶解，冷却；173 g 柠檬酸钠和 100 g $Na_2CO_3 \cdot 2H_2O$，以 600 mL 蒸馏水加热溶解，冷却后将 $CuSO_4$ 溶液慢慢加入柠檬酸钠—碳酸钠溶液，边加边搅拌，最后定容至 1 000 mL。如有沉淀可过滤除去，此试剂可长期保存。

二、试验原理

过氧化氢酶广泛分布于生物体内，能将代谢中产生的有害的 H_2O_2 分解成 H_2O 和 O_2，使 H_2O_2 不致在体内积聚。通过本试验了解酶高效性、专一性的催化特性，对于进一步掌握酶的催化特点和酵促反应动力学具有重要意义。

三、操作步骤

1. 酶催化的高效性

取 4 支试管，按照表 9-14 操作。

表 9-14 酶催化的高效性试验操作步骤

操作项目	序号			
	1	2	3	4
2%H_2O_2/mL	3	3	3	3
生马铃薯小块/块	2	0	0	0
熟马铃薯小块/块	0	2	0	0
铁粉	0	0	一小勺	0
现象				
解释试验现象				

观察并记录各管反应现象，并做出相应解释。

2. 酶催化的专一性

取 6 支干净试管，按表 9-15 操作。

表 9-15 酶催化的专一性试验操作步骤

操作项目	序号					
	1	2	3	4	5	6
1%/淀粉溶液/mL	1	1	0	0	1	0
2%/蔗糖溶液/mL	0	0	1	1	0	1
唾液淀粉酶原液/mL	1	0	1	0	0	0
蔗糖酶溶液/mL	0	1	0	1	0	0
蒸馏水/mL	0	0	0	0	1	1
酶促水解	摇匀，37 ℃水浴中保温 10 min					
班氏试剂/mL	2	2	2	2	2	2
反应	摇匀，沸水浴中加热 5～10 min					
现象						
解释试验现象						

观察并记录各管反应现象，并做出相应解释。

四、注意事项

各人唾液中淀粉酶的活力不同，唾液淀粉酶原液的活性也有所不同；2% H_2O_2 应用时现配，防止长时间放置失去氧化作用。

任务评价

酶的催化特性评分标准见表9-16。

表9-16　酶的催化特性评分标准

内容	评价标准	分值	评分记录
试验准备	准备试验所需仪器、材料	10	
酶催化的高效性	操作规范	40	
酶催化的专一性	操作规范	40	
试验现象	试验现象观察仔细，描述正确	10	

试验十　酶促反应的影响因素

学习目标

知识目标：了解温度、pH值、激活剂、抑制剂对酶促反应速度的影响，掌握检定温度、pH值、激活剂、抑制剂影响酶促反应速度的操作要求。

技能目标：学会溶液配制方法，能正确进行酶促反应的影响因素测定操作。

素养目标：树立以严谨求实的科学态度，探索未知世界、崇尚真理的意识；树立粮以质为安的观念。

知识准备

在酶促反应中，酶的催化活性与环境温度、pH值有密切关系，通常各种酶只有在一定的温度、pH值范围内才表现它的活性，一种酶表现其活性最高时的温度、pH值称为该酶的最适温度、最适pH值。

在酶促反应中，酶的激活剂和抑制剂可加速或抑制酶的活性，氯化钠在低浓度时为唾液淀粉酶激活剂，而硫酸铜是它的抑制剂。

任务实施

一、前期准备工作

（一）仪器和材料

试管和试管架、恒温水浴、冰浴、吸量管（1 mL 6 支、2 mL 4 支、5 mL 4 支）、滴管、量筒、玻璃棒、白瓷板、秒表、烧杯、棕色瓶。

（二）试剂

（1）新鲜唾液稀释液（唾液淀粉酶液）：每位同学进实验室自己制备，先用蒸馏水漱口，以消除食物残渣，再含一口蒸馏水，0.5 min 后使其流入量筒并稀释至 200 倍（稀释倍数因人而异）混合备用。

（2）1％淀粉溶液 A（含 0.3％氯化钠）：将 1 g 可溶性淀粉及 0.3 g 氯化钠混悬于 5 mL 蒸馏水中，搅动后，缓慢倒入沸腾的 60 mL 蒸馏水，搅动煮沸 1 min，冷却至室温，加水至 100 mL，置冰箱中保存。

（3）1％淀粉溶液 B（不含氯化钠）。

（4）碘液：称取 2 g 碘化钾溶于 5 mL 蒸馏水，再加入 1 g 碘，待碘完全溶解后，加蒸馏水 295 mL，混匀存于棕色瓶中。

（5）1％氯化钠溶液。

（6）1％硫酸铜溶液。

（7）缓冲溶液系统：按表 9-17 混合配制。

表 9-17　缓冲溶液系统

pH	0.2 moL/L 磷酸氢二钠溶液体积/mL	0.1 moL/L 柠檬酸溶液体积/mL
5.0	5.15	4.85
5.8	6.05	3.95
6.8	7.72	2.28
8.0	9.72	0.28

二、试验原理

本试验利用淀粉水解过程中不同阶段的产物与碘有不同的颜色反应，定性观察唾液淀粉酶在酶促反应中各种因素对其活性的影响。

淀粉（遇碘呈蓝色）　紫色糊精（遇碘呈紫色）　红色糊精（遇碘呈红色）
无色糊精（遇碘不呈色）　麦芽糖（遇碘不呈色）　葡萄糖（遇碘不呈色）

所以淀粉被唾液淀粉酶水解的程度，可由水解混合物遇碘呈现的颜色来判断，依次反映淀粉酶的活性，由此检定温度、pH、激活剂、抑制剂对酶促反应的影响。

三、操作步骤

(一)温度对酶促反应的影响

取 3 支试管编号,按表 9-18 进行操作。

表 9-18 温度对酶促反应的影响

试管号	淀粉酶液体积/mL	酶液处理温度(5 min)/℃	pH＝6.8 缓冲溶液体积/mL	1%淀粉溶液 A 体积/mL	反应温度(10 min)/℃	观察结果
1	1	0	2	1	0	
2	1	37～40	2	1	37～40	
3	1	70 左右	2	1	70 左右	

上述各管在不同温度下保温 10 min 后,立即取出,流水冷却 3 min,向各管分别加入碘液 1 滴。仔细观察各试管颜色并记录,说明温度对酶活性的影响,确定最适温度。

(二)pH 值对酶促反应的影响

取一支试管,加入 1%淀粉溶液 A 2 mL、pH＝6.8 缓冲溶液 3 mL、淀粉酶液 2 mL,摇匀后,向试管内插入一支玻璃棒,置 37 ℃水浴保温。每隔 1 min 用玻璃棒从试管中取出 1 滴混合液于白瓷板上,随即加入碘液 1 滴,摇匀后,观察溶液的颜色,再次确认水解程度。记录从加入酶液到加入碘液的时间,此时间为保温时间。若保温时间太短(2～3 min),说明酶液活力太高,应酌情稀释酶液;若保温时间太长(15 min 以上),说明酶液活力太低,应酌情减少稀释倍数,保温时间最好在 8～15 min。然后进行如下操作。

微课:酶促反应的影响因素

取 4 支试管编号,按表 9-19 操作。

表 9-19 pH 值对酶促反应的影响

| 试管号 | 缓冲溶液体积/mL | | | | 1%淀粉溶液 A 体积/mL | 淀粉酶液体积(每隔 1 min 逐管加入)/mL | 观察结果 |
	pH＝5.0	pH＝5.8	pH＝6.8	pH＝8.0			
1	3	0	0	0	2	2	
2	0	3	0	0	2	2	
3	0	0	3	0	2	2	
4	0	0	0	3	2	2	

将上述各试管混匀后,再以 1 min 间隔依次将 4 支试管置于 37 ℃水浴保温。达保温时间后,依次将各管迅速取出,并立即加入碘液 1 滴。观察各试管溶液的颜色并记录。分析 pH 值对酶促反应的影响,确定最适 pH 值。

(三)激活剂、抑制剂对酶促反应的影响

取 3 支试管编号，按表 9-20 加入各试剂。

表 9-20　激活剂、抑制剂对酶促反应的影响　　　　　　　　　　　　　mL

试管号	1%淀粉溶液 B	1%NaCl 溶液	1%CaSO$_4$ 溶液	蒸馏水	淀粉酶液	观察结果
1	2	1	0	0	1	
2	2	0	1	0	1	
3	2	0	0	1	1	

将上述各试管溶液混匀后，向 1 号试管内插入一支玻璃棒，3 支试管同置于 37 ℃水浴保温 1 min 左右，用玻璃棒从 1 号试管中取出 1 滴混合液，检查淀粉水解程度[方法同(二)pH 值对酶促反应的影响操作步骤]。待混合液遇淀粉不变色时，从水浴中迅速取出 3 支试管，各加碘液 1 滴。摇匀观察各试管溶液的颜色并记录，分析酶的激活和抑制情况。

任务评价

酶促反应的影响因素评分标准见表 9-21。

表 9-21　酶促反应的影响因素评分标准

内容	评价标准	分值	评分记录
试验准备	准备试验所需仪器、材料	20	
温度对酶促反应的影响	操作规范	20	
pH 值对酶促反应的影响	操作规范	20	
激活剂、抑制剂对酶促反应的影响	操作规范	20	
试验现象	试验现象观察仔细，描述正确	20	

模块小结

1. 依托模块一至模块八的知识基础，结合企业生产，凝练试验项目，提升实操技能，共设置了 10 个试验内容，训练学生动手试验操作能力。

2. 通过试验操作技能的训练，深刻理解"厚基础、强能力、高标准、严要求"的教学理念，激发学习知识技能的热情，领悟中华民族优秀的文化精华，提高民族自信心和自豪感。

练习与思考

一、单项选择题(选择一个正确的答案,将相应的字母填入题内的括号)

1. 测定油脂酸度时,以酚酞为指示剂,用氢氧化钾标准溶液滴定至出现微红色并在(　　)内不褪色为止。
   A. 1 min　　　B. 0.5 min　　　C. 15 s　　　D. 5 s
2. 游离脂肪酸 RCOOH 中的 R 指的是(　　)。
   A. 羟基　　　B. 烃基　　　C. 羧基　　　D. 巯基
3. (　　)是粮食中水分的主要存在方式。
   A. 自由水与结合水　　　B. 自由水与离子水
   C. 结晶水与离子水　　　D. 结晶水与结合水
4. 测定水分含量≥1 g/(100 g)时,计算结果保留(　　)位有效数字。
   A. 1　　　B. 2　　　C. 3　　　D. 4
5. 淀粉水解的最终产物为(　　)。
   A. 果糖　　　B. 蔗糖　　　C. 葡萄糖　　　D. 半乳糖
6. 蛋白质溶液在等电点时,溶解度(　　)。
   A. 最小　　　B. 最大　　　C. 中等　　　D. 不确定
7. 蛋白质溶液在等电点时,溶液带(　　)。
   A. 正电　　　B. 负电　　　C. 不带电　　　D. 不确定
8. 油脂酸价较高,说明油脂品质(　　)。
   A. 较差　　　B. 较好　　　C. 中等　　　D. 不确定
9. 酶的化学本质是(　　)。
   A. 碳水化合物　　　B. 脂肪　　　C. 维生素　　　D. 蛋白质
10. 测定粗脂肪常用的方法是(　　)。
    A. 凯氏定氮法　　　B. 索氏抽提法　　　C. 酸水解法　　　D. 酶水解法

二、思考题

简述干燥器中变色硅胶的使用方法。

习题参考答案

模块一

一、单项选择题
1. A 2. C 3. A 4. B 5. C 6. A 7. B 8. C 9. A 10. C

二、多项选择题
1. ABCD 2. AB 3. AC 4. ABC 5. ABCD 6. AB 7. ABD 8. ABCD 9. CD
10. ABCD

三、思考题
1. 剖面粉质或玻璃质，主要与胚乳部分蛋白质和淀粉的结合强度有关。
2. 小麦制粉后，保留的胚乳部分去除了皮层和胚，化学成分上皮层所含的纤维素、半纤维素、矿物质、维生素等，以及胚中的蛋白质、脂肪、维生素等大部分都损失了。

模块二

一、单项选择题
1. B 2. A 3. C 4. A 5. C 6. A 7. B 8. D 9. C 10. B

二、多项选择题
1. ABD 2. AB 3. ABCD 4. BCD 5. ABCD 6. ABCD

三、思考题
1. 一般来说，细菌对低水分活度最敏感，酵母菌次之，霉菌的敏感性最差，当水分活度低于某种微生物生长所需的最低水分活度时，这种微生物就不能生长。
2. 糙米调质就是在一定的温度下对糙米进行喷雾着水，并将着水的糙米在精米仓内进行一定时间的湿润，使糙米皮层和胚软化的过程。糙米调质的目的是使糙米皮层吸水膨胀柔软，形成外大内小的水分梯度和外小内大的强度梯度，使皮层与胚乳结构产生相对位移，糙米外表面的摩擦系数增大。

模块三

一、单项选择题
1. A 2. B 3. A 4. B 5. C 6. D 7. C 8. B 9. A 10. D

二、多项选择题

1. ABCD 2. ABC 3. ABCD 4. AB 5. ABC 6. ABCD 7. ABCD 8. ABCD
9. ABCD 10. AC

三、思考题

1. 按照其官能团的特点，单糖可分为醛糖和酮糖；按所含碳原子数目的不同，单糖可分为丙糖(三碳糖)、丁糖(四碳糖)、戊糖(五碳糖)、己糖(六碳糖)、庚糖(七碳糖)等。

2. 淀粉的糊化性质不仅与淀粉的种类、体系的温度有关，还受以下因素的影响：①淀粉晶体结构。淀粉分子间的结合程度、分子排列紧密程度、淀粉分子形成微晶区的大小等，影响淀粉分子的糊化难易程度。②直链淀粉与支链淀粉的比例。直链淀粉在冷水中不易溶解、分散，直链淀粉分子间存在的作用相对较大，直链淀粉含量越高，淀粉难以糊化，糊化温度越高。③水分活度。水分活度受盐类、糖类和其他结合剂的影响。

模块四

一、单项选择题

1. B 2. A 3. B 4. D 5. B 6. C 7. D 8. A 9. C 10. B 11. C

二、多项选择题

1. ABC 2. BCD 3. ABC 4. ACD 5. ABD 6. ABCD 7. ABCD 8. AC 9. BCD
10. ABCD

三、思考题

1. 必需氨基酸是指人体生长发育和维持氮平衡所必需的，体内不能自行合成，必须由食物中摄取的氨基酸。必需氨基酸包括赖氨酸、苯丙氨酸、缬氨酸、蛋氨酸、色氨酸、亮氨酸、异亮氨酸和苏氨酸8种。

2. 中性盐(如硫酸铵、硫酸钠、氯化钠等)对蛋白质的溶解度有显著的影响。当盐浓度较低时，中性盐可以增加蛋白质的溶解度，这种现象称为盐溶。

模块五

一、单项选择题

1. C 2. A 3. D 4. A 5. A 6. A 7. A 8. A 9. D 10. A

二、多项选择题

1. ABC 2. AD 3. AC 4. ABCD 5. AB 6. AB 7. AB 8. BC 9. ABCD
10. ABCD

三、判断题

1. × 2. √ 3. × 4. × 5. √ 6. √ 7. √ 8. √ 9. √ 10. √

四、思考题

1. 保存应尽量避免或减少油酸发生酸败变质，如避光、低温、密封、干燥处保存。

2. 油脂精炼程度越高，所含的营养物质去除的越多，保留的越少，营养价值越低。

模块六

一、单项选择题
1. B 2. A 3. C 4. D 5. D 6. A 7. B

二、多项选择题
1. AB 2. ABCD 3. ABC 4. ABCD 5. ACD 6. ABC 7. CD 8. BC

三、思考题

1. 酶是由活细胞产生的、对其底物具有高度专一性和高度催化效率的蛋白质或核酸。绝大多数酶的化学本质是蛋白质。

2. 酶的催化共同点：在反应前后没有质和量的变化；只能催化热力学允许的化学反应；只能加速可逆反应的进程，而不改变反应的平衡点。酶的催化特性：催化效率高；专一性强；作用条件温和；酶的活性受多种因素调节；稳定性差。

模块七

一、单项选择题
1. A 2. D 3. A 4. D 5. C 6. C 7. A 8. A 9. B 10. A 11. D 12. B

二、多项选择题
1. ABC 2. AD 3. ABD 4. ABCD 5. ABCD 6. AB 7. ABD

三、思考题

1. 小麦麸皮占小麦籽粒的22%～25%，除含有丰富的膳食纤维外，还含有蛋白质、矿物质、维生素、有机酸、酚类化合物等。

2. 谷物加工以后维生素和矿物质大多数转入副产品，所以谷物加工精度越高，维生素和矿物质含量就越低。从营养学角度出发，合理的加工过程，应该是既达到一定精度，又尽量保留谷物原有营养素。

模块八

一、单项选择题
1. A 2. B 3. A 4. C 5. A

二、多项选择题
1. ABCD 2. CD 3. ABC 4. ABCD 5. ABCD

三、思考题

1. 粮食随储藏时间的延长，其挥发性成分会发生很大的改变。新鲜的粮食，光泽鲜明，随储藏时间的延长而渐变灰暗。缺氧储藏的粮食在出仓进入常规储藏后色泽迅速变化。

2. 谷物储藏中的淀粉酶、脂肪酶、过氧化氢酶与过氧化物酶等的活性都随着储藏时间的延长而减弱。一般来说，它们的失活程度与储粮的含水量、温度都有直接的关系。水分大、温度高则失活也快。在正常的储藏条件下蛋白酶的变化是不大的。

模块九

一、单项选择题
1. C 2. B 3. A 4. C 5. C 6. A 7. C 8. A 9. D 10. B

二、思考题
观察变色硅胶的颜色，硅胶失水后为蓝色，吸水后变红色。蓝色可以继续使用，大部分变红后不能继续使用。

参考文献

[1] 于国萍,吴非.谷物化学[M].北京:科学出版社,2010.
[2] 国家粮食和物资储备局职业技能鉴定指导中心.农产品食品检验员:粮油质量检验员(初级 中级 高级)[M].2版.北京:中国社会出版社,2020.
[3] 国娜,和秀广.谷物与谷物化学概论[M].北京:化学工业出版社,2017.
[4] 卞科,郑学玲.谷物化学[M].北京:科学出版社,2017.
[5] 程云燕,麻文胜.食品化学[M].北京:化学工业出版社,2008.
[6] 佘纲哲.粮食生物化学[M].北京:中国商业出版社,1987.
[7] 李敏.粮食生物化学[M].北京:中国财政经济出版社,2002.
[8] 李晓华.生物化学[M].3版.北京:化学工业出版社,2015.
[9] 天津轻工业学院,无锡轻工大学.食品生物化学[M].北京:中国轻工业出版社,1981.
[10] 李丽娅.食品生物化学[M].北京:高等教育出版社,2005.
[11] 潘宁,杜克生.食品生物化学[M].北京:化学工业出版社,2006.
[12] 李凤林,张忠,李凤玉.食品营养学[M].北京:化学工业出版社,2009.
[13] 冯凤琴,叶立扬.食品化学[M].北京:化学工业出版社,2005.
[14] 江波.食品化学[M].北京:化学工业出版社,2004.
[15] 刘英.谷物加工工程[M].北京:化学工业出版社,2005.
[16] 汪东风.食品化学[M].北京:化学工业出版社,2007.
[17] 朱永义.谷物加工工艺及设备[M].北京:科学出版社,2002.
[18] 陈炳卿.营养与食品卫生学[M].4版.北京:人民卫生出版社,2000.
[19] 蒋爱民,周佺,白艳红,等.食品原料学[M].3版.北京:中国轻工业出版社,2020.
[20] 靳利娥,刘玉香,秦海峰,等.生物化学基础[M].北京:化学工业出版社,2007.
[21] 陆启玉.粮油食品加工工艺学[M].北京:中国轻工业出版社,2005.
[22] 石伟勇.农副产品综合利用化学[M].杭州:浙江大学出版社,2000.
[23] 金征宇,顾正彪,童群义,等.碳水化合物化学——原理与应用[M].北京:化学工业出版社,2008.
[24] 毕艳兰.油脂化学[M].北京:化学工业出版社,2005.
[25] 陈洁.油脂化学[M].北京:化学工业出版社,2004.
[26] 阚建全.食品化学[M].4版.北京:中国农业大学出版社,2021.
[27] 曹亚萍.小麦的起源、进化与中国小麦遗传资源[J].小麦研究,2008,29(03):1-10.

［28］ 中国农业科学院植物研究所，中国植物保护学会．中国农作物病虫害[M]．3 版．北京：中国农业出版社，2015．
［29］ 马涛，肖志刚．谷物加工工艺学[M]．北京：科学出版社，2009．
［30］ 田建珍，温纪平．小麦加工工艺与设备[M]．北京：科学出版社，2011．
［31］ 周显青．稻谷加工工艺与设备[M]．北京：中国轻工业出版社，2011．
［32］ 刘亚伟．淀粉生产及其深加工技术[M]．北京：中国轻工业出版社，2001．
［33］ 陈茂彬．现代酶法食品分析中的新方法和新技术[J]．中国酿造，2000(04)：24-25＋34．
［34］ 李浪，周平，杜平定．淀粉科学与技术[M]．郑州：河南科学技术出版社，1994．